U0925046

《21世纪交通文化建设研究与实践》系列丛书

交通企业文化

李宗琦 主 编

李和仁 李春苗 执行主编

人民交通出版社

China Communications Press

图书在版编目（CIP）数据

交通企业文化/李宗琦主编.—北京：人民交通出版社，2008.4

ISBN 978-7-114-07079-2

Ⅰ.交… Ⅱ.李… Ⅲ.运输企业–企业文化—研究

Ⅳ.F506

中国版本图书馆 CIP 数据核字（2008）第 047700 号

书　　名：《21 世纪交通文化建设研究与实践》系列丛书

　　　　　交通企业文化

著 作 者：李宗琦

责任编辑：张征宇　乔文平

出版发行：人民交通出版社

地　　址：（100011）北京市朝阳区安定门外外馆斜街 3 号

网　　址：http://www. ccpress. com. cn

销售电话：（010）59757969，59757973

总 经 销：北京中交盛世书刊有限公司

经　　销：各地新华书店

印　　刷：北京市密东印刷有限公司

开　　本：787×1092　1/16

印　　张：16. 25

字　　数：265 千

版　　次：2008 年 8 月　第 1 版

印　　次：2008 年 8 月　第 1 次印刷

书　　号：ISBN 978-7-114- 07079-2

印　　数：0001 - 10000 册

定　　价：47. 00 元

总 序

国民之魂，文以化之；国家之神，文以铸之。“加强文化建设，明显提高全民族文明素质”，是党的十七大提出的实现全面建设小康社会奋斗目标的新要求。胡锦涛总书记在党的十七大报告中明确指出：“当今时代，文化越来越成为民族凝聚力和创造力的重要源泉、越来越成为综合国力竞争的重要因素，丰富精神文化生活越来越成为我国人民的热切愿望。要坚持社会主义先进文化前进方向，兴起社会主义文化建设新高潮，激发全民族文化创造活力，提高国家文化软实力，使人民基本文化权益得到更好保障，使社会文化生活更加丰富多彩，使人民精神风貌更加昂扬向上。”这不仅深刻阐明了兴起社会主义文化建设新高潮的重大现实意义和深远历史意义，更为新时期加强文化建设指明了方向和路径。

交通文化是社会主义先进文化的重要组成部分，是交通行业的灵魂，是实现交通又好又快发展的重要精神支柱。交通运输是支撑经济良性发展、促进社会全面进步的基础性、先导性产业和服务性行业，服务是其本质属性。基于这一认识，我们提出了“交通发展要服务国民经济和社会发展全局、服务社会主义新农村建设、服务人民群众安全便捷出行”，提出了“发展现代交通业，建设一个更安全、更通畅、更便捷、更经济、更可靠、更和谐的现代公路水路交通系统”。从文化的角度看，这也正是我们基于交通运输的本质属性和交通行业的神圣使命所作出的价值选择，是交通文化的核心内涵，是引导交通事业科学发展的价值导向，也是贯彻落实党的十七大关于加强社会主义文化建设的具体体现。

交通部党组高度重视文化建设工作。2006年全国交通工作会议明确提出：“努力建设具有鲜明行业特点和时代特征的交通文化，用文化和精神的力量凝聚全行业，使交通行业更加充满活力，不断开创交通事业发展的新局面。”2006年6月26日召开的全国交通行业精神文明建设工作会议更加明确地提出：“加强交通文化建设，努力增强行业软实力”，力争文化建设在今后五年内取得明显进展。随后，部印发了《交通文化建设实施纲要》，对交通文化建设的指导思想、目标任务、工作原则和工作措施作出了具体安排和部署。这是交通部颁布的第一个有关交通文化建设的重要文件，它强调新时期交通文化建设要深入贯彻科学发展观和构建社会主义和谐社会的要求，建设具有鲜明时代特点和交通行业特色的精神文化、制度文化和物质文化；要以实践社会主义荣辱观为主线，以弘扬爱国主义为核心的民族精神和以改革创新为核心的时代精神为重点，大力加强精神文化建设；要在实践中加强探索和研究，系统总结交通文化建设的丰硕成果，确立符合先进文化前进方向和交通事业发展要求的交通行业的核心价值体系；要实施"五个一工程"，即形成一批交通文化研究成果，提炼一种交通精神，征集确定一个交通行业徽标，创作一批交通文艺作品，完善一批交通博物馆，将全行业文化建设提高到一个新水平，全面增强交通文化的吸引力和感召力，不断增强交通行业的凝聚力，提升交通行业的影响力，提高交通发展的软实力，为交通事业又好又快发展营造良好的文化环境。

为全面深入推进交通文化建设工作，2006年11月部务会议研究决定成立了交通文化建设研究工作指导委员会，按照行业文化、系统文化、专业文化、组织文化四个层次，分别成立了交通行业文化建设研究总课题组和公路文化、道路运输文化、交通规费征稽文化、港口文化、海事文化、救捞文化、船检文化、航海文化、廉政文化、公路执法文化、长江航运文化、交通公安文化、路文化、桥文化、车文化、站文化、船文化、航标文化、航道文化、交通行政机关文化、交通企业文化和交通事业单位文化等22个子课题组，由行业内有一定研究基础、有积极性、有较好的支撑条件、具体代表性的部门或单位牵头，并邀请文化学、管理学、社会学等方面的专家学者共同参与，按照力求出精品的要求，系统地开展了交通文化研究工作。经过广大研究人员一年多的辛勤劳动和艰苦努力，研究工作进展顺利，取得了一批可喜的研究成果。出版这套多卷本的《21世纪交通文化建设研究与实践》系列丛书，是交通文化建设研究成果的重要组成部分。丛书从多个层面、多个领域系统地总结了交通文化源远流长的发展历史、积淀丰厚的特色文化、形式多样的实践活动、绚丽多彩的建设成果。"系统文化"侧重于交通行业不同系统的特色文化研究，重点提炼和阐述了各系统具有系统特色的价值理念；"专业文化"侧重于不同专业领域的特色

文化研究，重点收集、挖掘和整理了交通行业物质文化成果；“组织文化”侧重于交通行业不同组织的特色文化研究，重点梳理、凝炼和展示了各类交通组织的特色价值理念、行为规范和形象标识。整个研究工作坚持以社会主义核心价值体系为指导，将“铺路石”、“航标灯”等交通行业传统精神与包起帆、许振超、陈刚毅等先进典型所展现的时代精神有机结合，在建设交通行业核心价值理念体系方面做了积极探索。

交通文化建设是一项长期性、系统性、复杂性的工作，既要整体部署，又要稳步推进。近年来，尤其是实施《交通文化建设实施纲要》以来，全行业日益重视交通文化建设，注重丰富交通发展的文化内涵，取得了一些有行业特点和时代特征的文化成果，涌现了青岛港、天津港等一批优秀企业文化建设单位和青岛交运集团“情满旅途”、南京长途汽车站“爱心始发站”等一批知名服务品牌，形成了南京交通局“交通文化通论”等一批理论研究成果。《21世纪交通文化建设研究与实践》系列丛书的出版发行，对于全国交通行业深入贯彻落实党的十七大精神，兴起交通文化建设新高潮，进一步提高交通行业凝聚力和战斗力，推动交通事业又好又快发展，切实做好“三个服务”，必将起到重要的推动作用。

交通部部长 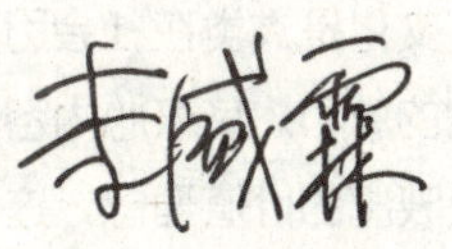

二〇〇七年十二月十三日

导论

交通为人员流动和物资流通提供基础条件，为人和物的空间位移提供运输服务，是支撑经济良性发展、促进社会全面进步的基础性产业和服务性行业。交通是一个古老而年轻的行业，自农业社会到工业社会以至信息社会，交通就一直伴随着人类文明的发展而演进，并构成人类文明的重要组成部分。中国是一个具有悠久历史的文明古国，在延绵数千年的文明进程中，曾造就了其他文明古国概莫能及的相对发达的交通体系；新中国成立后，中国交通事业进入一个崭新的发展阶段，经过近60年的建设尤其改革开放近30年的建设，交通发展在数量规模、质量水平和结构层次等方面都发生了翻天覆地的变化，取得了举世瞩目的成就，已跻身世界交通大国之列，正朝着世界交通强国迈进。中国交通发展的历史伟绩和现代成就为中华文明和世界文明做出了重大贡献，与此同时，在这个历经风雨的漫长岁月中，勤劳智慧的中华民族创造了与历史俱进、与时代同步的丰富多样、绚丽多彩的交通文化，为中华文化和世界文化的不断发展增添了更加丰富的内涵和更为亮丽的色彩。

一、交通文化的概念

理解交通文化的概念需先考查文化的概念。关于“文化”一词，长期以来，国内外一直没有形成统一的定义。但是，人们对文化内涵的解释还是存在共识，一般认为：文化是人类在社会历史发展过程中不断创造的各种精神财富、制度体系和物质财富的总和，其核心内容是人类创造各种精神财富、制度体系和物质财富所秉持的或反映出的价值理念。这是人们对社会主文化内涵所作的解释。基于这一认识，人们于是对隶属于社会主文化的各种亚文化的概念也做出了界定，如组织文化、系统文化和行业文化等。

交通文化也是隶属于社会主文化的一种亚文化，交通文化建设的理论渊源是文化人类学。对于交通文化的概念，可以根据社会主文化概念的核心内容和基本要素作出界定：交通文化是交通行业在长期的交通建设、运输和管理实践中逐步形成并不断发展的为广大交通员工所普遍认同并付诸实践的具有鲜明行业特点和时代特征的价值理念，是交通行业各种精神文化、制度文化和物质文化的总和，是交通发展的重要成果，是交通文明的重要结晶。其中，精神文化是交通行业的核心文化，是交通行业纲领性的核心思想，是指导交通发展的核心价值；制度文化是交通行业的浅层文化，是交通行业制定并执行办事规程、道德规范和行为准则所秉承的价值理念；物质文化是交通行业的表层文化，是交通行业生产物质实体、展现外在形象所秉承的价值理念。对于这一概念，可从以下角度进一步理解其内涵：

交通文化的核心内容是价值理念。价值理念属于意识形态或思想认识范畴，体现为交通行业对交通发展所秉持的态度、所采取的方式和所表现的行为，为交通发展所倡导的精神、所制定的规范和所树立的形象，这些态度、方式和行为都自觉或不自觉地反映了交通行业所秉承的价值理念，从而形成了交通文化。

交通文化的本质要求是强调实践。交通文化是交通行业普遍认同并付诸实践的价值理念，其突出强调价值理念的实践性，强调所倡导的价值理念要得到普遍认同和真正落实，要使之内化于心、固化于制、外化于形，从而在交通建设、运输和管理实践中发挥出实际的作用，为交通发展提供精神动力、制度保障和物质基础。

交通文化的层次定位是行业文化。从价值理念的从属主体来看，有国家的、民族的、组织的和个人的价值理念等，交通文化则属于整个交通行业的价值理念。因此，交通文化是对整个交通行业各部门、各单位价值理念的提炼与整合，代表了交通行业从业人员的主流思想，代表了整个行业广泛认同和普遍接受的价值理念。

交通文化的鲜明个性是交通特色。交通文化是交通行业的特色文化。各个行业的特色文化在其形成和发展过程中，虽然受到整个国家、民族的价值理念的影响，但各个行业生产特征、服务要求和管理模式存在很大差异，其价值取向也必然存在较大差异。交通作为经济社会发展的基础性产业和服务性行业，其所秉承的价值理念自然也有别于其他行业，从而有其自身鲜明的个性特色。

二、交通文化的特点

不同行业有其各自的结构形态和嬗变沿革，以及不同的静态表征和动态特征，因而体现出与之相对应的文化体系特点。从这方面考察，交通文化具有多样性、层次性、传承性、时代性等突出特点。

交通文化的多样性。交通行业由多个系统、多种专业、多种组织构成。从职能范围看，交通行业主要有公路建设与管理、道路运输、规费征稽、港口、航运、海事、救捞、船检、公安等系统；从专业性质看，交通行业主要有公路、桥梁、车辆、站场、船舶、航标、航道等专业领域；从组织性质看，交通行业主要有行政机关、执法单位、交通企业和事业单位等组织。不同的系统、专业、组织都有其自身的生产特征、服务要求和管理模式，因而具有不尽相同的价值理念，从而形成了文化的多样性。交通文化的多样性，要求交通文化建设要充分考虑不同文化价值理念的个性与共性，整个行业的文化建设在价值理念的提炼和价值体系的整合上要兼收并蓄、博采众长，从而形成能为整个行业广泛认同并普遍接受的价值理念。

交通文化的层次性。按照交通行业的职能、专业和组织等分类，可将交通文化细分为交通系统文化、交通专业文化和交通组织文化，各组成部分按照某种秩序有机结合，呈现出一定的层次性。其中，行业文化是一个面，系统文化是一条线，组织文化是一个点，专业文化则可看作对系统文化的细分，因为公路、桥梁、车辆、站场、船舶、航标和航道等是隶属于各交通系统的物质实体。整个交通文化体系因此呈现出一种“点-线-面”式的层次特征。各层次文化所秉承的价值理念具有内在的联系，一般来说，上层文化价值理念是对下层文化价值理念的归纳，上层文化更为抽象，下层文化更为具体。交通文化的层次性，要求提炼、整合交通行业的价值理念要自下而上、由点到面，逐层归纳，从而形成具有深厚基础的价值理念。

交通文化的传承性。交通文化形成于交通发展的实践，并随着交通的发展而发展。交通发展过程就是交通文化形成的过程，交通发展的历史沿革就是交通文化的传承沿革。交通发展在不同时期面临着不同的发展任务和发展条件，因而有着不同的价值理念和文化内涵。传承是发展的基础。交通文化的传承性，要求用历史唯物主义和辩证唯物主义的观点和方法去认识交通文化，从源远流长、积淀丰厚的发展历史中发掘、提炼交通文化的价值理念元素，充分吸收传统文化的合理成分，进而将交通行业优良的传统文化发扬光大。

交通文化的时代性。中国乃至世界交通发展都已进入新的阶段，快速推进中的中国交通现代化要求坚持科学的价值理念，发展先进的交通文化，以此促进交通事业又好又快发展。因此，建设交通文化，必须坚持先进文化前进方向，在传承交通传统文化的基础上，充分融入现代意识，不断丰富和发展其科学内涵，确立具有时代特征的价值理念，发展具有现代意识的物质文化、制度文化和精神文化体系。

三、交通文化的功能

交通文化的作用集中体现在“内聚人心、外塑形象”两个方面，具有凝聚、导向、激励、约束、外塑和辐射等基本功能。认识这些基本功能，是认识交通文化的建设目的与建设意义的基础。

交通文化的凝聚功能。交通文化所倡导的价值理念一旦为整体行业认同并接受，就成了千百万从业人员共同的理想与追求，进而以其强大的粘合力，从各个方面将整个行业及其成员聚合起来，形成巨大的向心力和凝聚力，形成强烈的集体意识与团队精神，为实现共同的理想与追求而齐心协力、共同奋斗。

交通文化的导向功能。交通文化所倡导的价值理念是整个行业的共同理想和共同追求的集中反映，代表了千百万交通人的主流思想和主流意识。这种共同的理想和追求，通过教育和灌输，会引导行业的个体与群体在思想、观念上做出调整，使其与整个行业所确立的价值取向保持一致，从而起到一种导向作用。

交通文化的激励功能。交通文化建设的核心要旨是以人为本、以文化人，强调确立共同的理想、营造和谐的氛围。这些都有利于增强各部门、各单位干部职工的使命感和责任感，激发干部职工的积极性和创造性，使广大干部职工乐于参与交通建设，乐于发挥聪明才智，为实现共同理想、实现自身价值而做出努力。

交通文化的约束功能。交通文化一旦形成，就建立了自身系统的价值理念，就为行业整体及其成员明确了价值取向，同时也确立了道德规范和行为准则，从而对行业整体及其成员起到一种约束作用。但是，这种约束具有自觉性，是一种软约束，这种软约束产生于整个行业的文化氛围，使各个成员产生共鸣，继而达到自我控制。

交通文化的外塑功能。交通行业特色文化所倡导并实践的价值理念是交通行业的旗帜，旗帜就是形象，这种形象包括理念形象、行为形象和视觉形象。这些形象是社会公众了解和评价交通行业的标志和表征。因此，交通文化具有外塑形象的重要功能。

交通文化的辐射功能。交通文化的辐射功能主要体现在所倡导并实践的价值理念通过外化而为广大社会公众所了解、所感受，会影响整个社会价值理念的形成与发展，从而使交通文化成为社会主文化的生长点和贡献源，为社会主义文化大发展、大繁荣做出贡献。

四、交通文化的载体

凡文化均有其价值理念的承载体或附着体。人类通过劳动创造文化。人类的劳动作用于自然形成物质文化，作用于社会形成制度文化，作用于人类自身形成精神文化。交通文化的载体主要包括主体载体、组织载体、制度载体和物质载体等。从根本上说，建设交通文化就是建设和优化这些载体。

主体载体。交通行业从业人员是交通行业的主体，自然也是交通文化的主体。交通行业从业人员既是交通行业价值理念的倡导者和实践者，也是交通行业价值理念的承载者和传播者。交通文化说到底是交通人的文化，是交通人的思想意识和价值取向。建设交通文化，要注重人的决定性因素，突出人的主体性地位，一是注重发掘广大从业人员的价值理念元素，确立具有深厚群众基础的价值理念体系；二是注重依靠广大从业人员建设交通文化，践行价值理念；三是注重通过文化建设来提升广大从业人员的综合素养，运用文化的力量来增强从业人员的凝聚力和向心力，激发交通从业人员的积极性和创造性。

组织载体。交通行业的行政机关、事业单位和交通企业等各种组织，既是交通行业的基本单元，也是交通文化建设的基本单元。这些组织作为交通文化的载体，与文化的内在联系主要体现在以下几个方面：一是组织内涵反映组织文化的性质。组织内部共同的目标追求、一致的价值取向、和谐的分工合作都是文化使然，其既是文化作用的结果，也是文化自身的表征。二是组织结构体现组织文化的个性。组织结构决定了组织内部的职责关系，其选择和形成受到组织文化的影响，并反作用于组织文化，从而使得不同的组织结构体现出不同的文化个性。三是组织功能体现组织文化的要求。组织的功能主要体现在整合人力资源、规范人的行为、满足人的需要，从而履行组织使命，实现组织目标，这些功能和作用与组织文化的功能和作用是一致的，正好体现了组织文化建设的目的和要求。建设交通文化，要求将组织建设作为重点内容，着力提升组织管理理念，改进组织管理方式，按照科学管理、规范管理的要求，优化组织的内部结构与协作关系。

制度载体。制度是要求组织成员共同遵守的办事规程、道德规范和行为准则。组织制度和组织文化之间关系十分密切。一方面，组织文化是组织制度制定与执行的重要决定因素，影响着组织制度的形成及其功效的发挥。组织制度是组织文化的产物，组织制度所具有的规范约束和激励作用等本身就体现了组织文化建设的直接目的和内在要求。这样，组织制度就成为了组织文化的重要载体，组织制定并执行各种办事规程、道德规范和行为准则都反映了组织文化所倡导的价值理念。另一方面，组织制度对组织文化的形成和发展也具有重要影响，有什么样的组织制度也必然会使组织成员表现出相应的处事态度和行为方式，从而营造相应的组织氛围、孕育相应的组织文化。建设交通文化，要求将制度建设作为重点内容，按照以人为本、科学管理的要求，以实现员工价值、规范员工行为为价值取向，着力健全组织内部的管理制度，推进制度创新与制度变革。

物质载体。物质载体是反映交通文化特色内容的重要载体和交通文化先进程度的重要标志。交通文化的物质载体主要包括以下几类：一是交通行业的生产资料，包括基础设施、运输装备及其支持保障系统，如公路、桥梁、车站、港口、航道、航标、车辆和船舶，办公场所、生产车间和服务场所等，这是交通生产力的物质基础，其外形特征、结构特点、技术价值、美学价值、历史价值、民族特色、地域特征、人文内涵及其社会经济意义等，是交通文明的重要标志，也是交通文化的重要特色所在。二是交通行业的形象标识，如各系统、部门和组织的徽标、着装和歌曲等，这也是交通文化的可感知性象征物，充分体现了交通文化的个性和风格。三是交通行业各种组织保障员工基本权益、提升员工综合素养的各种实体手段，如保健、卫生和安全等设施，技术培训、职业教育和文化教育等文化设施，这些也都充分体现了交通文化的个性和风格。建设交通文化，要求将物质载体建设作为重点内容，既要着力保证物质实体的经济社会意义，也要着意丰富物质实体的技术价值、美学价值、历史价值、民族特色、地域特征和人文内涵，着力提升交通行业的外在形象。

五、交通行业的价值体系

交通文化建设坚持社会主义先进文化前进方向，用马克思主义中国化最新成果武装和教育广大干部职工，用中国特色社会主义共同理想凝聚力量，用以爱国主义为核心的民族精神和以改革创新为核心的时代精神鼓舞斗志，用社会主义荣辱观引领风尚。经过长期的探索与实践，交通行业逐步形成了具有鲜明行业特色和时代特征的交通精神文化、制度文化和物质文化，形成了实践证明对于引导交通事业快速发展、科学发展、和谐发展具有重要指导作用的价值体系。

（一）行业使命：发展现代交通，做好“三个服务”

发展现代交通，促进民富国强，是国家和人民赋予交通行业的神圣使命。交通是支撑经济良性发展、促进社会全面进步的基础性产业和服务性行业，是促进经济增长、优化产业布局、改善人民生活、保障国家安全、维护社会稳定的基础条件和重要依托。交通发展的主要任务是发展现代交通业、实现交通现代化，根本目的是促进人民富裕、实现国家强盛。在目前及今后相当长时期内，交通行业围绕履行这一使命，必须把握世界交通发展的总体趋势和我国交通发展的阶段特征，着力调整交通结构、转变发展方式、推进自主创新、完善行业管理，加快推进交通由传统产业向现代服务业转型，努力提高做好“三个服务”（服务国民经济和社会发展全局，服务社会主义新农村建设，服务人民群众安全便捷出行）的能力和水平。

（二）共同愿景：建设一个更安全、更通畅、更便捷、更经济、更可靠、更和谐的现代化公路水路交通运输系统，实现人便于行、货畅其流，让人们享受高品质的运输服务，让经济社会发展更加充满活力，让交通与自然、交通与社会更加和谐。

交通行业致力于建设一个更安全、更通畅、更便捷、更经济、更可靠、更和谐的现代化公路水路交通运输系统，体现了交通行业基于自身使命而对未来交通发展愿望与发展前景的美好憧憬，对未来交通发展目标与发展效果的理想追求，是交通行业重要的价值取向。为实现这一愿景，一代代交通人前赴后继，作出了艰苦卓越的不懈努力，取得了举世瞩目的巨大成就，交通事业各个方面不断地实现了历史性突破和跨越式发展。目前，公路主骨架、水运主通道、港站主枢纽和支持保障系统建设全面推进，高速公路、特大桥梁、长大隧道和专业码头建设快速发展，万车竞发、百舸争流的繁荣景象已经初步形成，货畅其流、人便于行的良好效果已经日益显现，现代化公路水路交通运输系统已经初具规模，更加宏伟的发展目标正在又好又快地大力推进之中，交通发展的美好愿景必将成为现实。

（三）交通精神：艰苦奋斗、勇于创新，不畏风险、默默奉献

交通精神是民族精神和时代精神在交通实践中的生动体现，是对交通行业先进典型精神内核的高度概括，是交通行业广大从业人员共同创造的精神财富，是交通行业履行自身使命、实现共同愿景的强大动力，代表了交通行业广大从业人员的思想意志和精神风貌。交通精神的核心要素是“艰苦奋斗、勇于创新，不畏风险、默默奉献”。

艰苦奋斗是交通行业的优良传统。立足我国建设任务繁重、经济基础薄弱的基本国情，交通行业各条战线广大员工，本着高度的使命感和责任感，始终保持勤俭节约、艰苦朴素、拼搏进取、努力奋斗的优良传统，大力推进我国的现代化交通建设，确保交通发展的质量、效益和效率，创造了无数可圈可点的光辉业绩，涌现了以“一代人要有一代人的作为、一代人要有一代人的贡献、一代人要有一代人的牺牲”的“青岛港精神”，“胸怀祖国、热爱边疆的爱国精神，刻苦钻研、勤奋好学的进取精神，不懈探索、敢于突破的创新精神，恪尽职守、忘我工作的敬业精神，淡泊名利、清正廉洁的自律精神，生命不息、奋斗不止的拼搏精神”这一“刚毅精神”，以及“勇闯新路、改革进取的精神，干字当头、艰苦奋斗的精神，遵纪守法、诚实劳动的精神，领导干部以身作则、吃苦在前、享受在后的精神”这一“华铜海精神”等为代表的彰显艰苦奋斗精神的先进典型。

勇于创新是交通行业的时代追求。锐意进取、勇于创新，是交通行业在长期的改革与发展实践中不断适应新的形势变化和发展要求，有效解决突出矛盾和问题，不断取得重大进展与突破的成功经验。长期以来，交通行业抓住机遇、与时俱进，

注重理念创新、科技创新、体制机制创新和政策创新，为实现交通事业又好又快发展提供不竭动力，涌现了以 “报效祖国，服务人民的主人翁精神，立足本职、追求卓越的敬业精神，求真务实、勇攀高峰的科学精神，锲而不舍、勇于拼搏的进取精神，团结协作、淡泊名利的团队精神”这一“起帆精神”，“爱岗敬业、无私奉献的主人翁精神，艰苦奋斗、努力开拓的拼搏精神，与时俱进、争创一流的创新精神，团结协作、互相关爱的团队精神”这一“振超精神”，“恪尽职守、忘我工作的敬业精神，立足岗位、刻苦自励的拼搏精神，敢为人先、勇攀高峰的创新精神，凝心聚力、团结协作的团队精神”这一“孔祥瑞精神”，以及“凝心聚力的和谐意识，拼搏奉献的创业精神，敢为人先的创新精神，追求卓越的创优精神”这一“润阳大桥精神”等为代表的凸显勇于创新精神的先进典型。

不畏风险是交通行业的突出意志。交通建设逢山开路、遇水架桥，车辆行驶于陡峭险峻的群山之间，船舶航行于风急浪高的水面之上，无不存在一定风险，正所谓“行船走马三分险”。长期以来，中国航海者面对风浪惊涛的海洋环境和突如其来的各种困难，总是勇往直前、镇静应对、精诚协作，圆满完成国家和人民交付的各项运输任务，彰显了“乘风破浪、不畏艰险、同舟共济”的“航海精神”。尤其，在发生海上安全事故的情形下，我国海上搜救队伍更是凭藉精湛的技能和过人的胆略，不顾个人安危，及时赶赴现场，全力施行搜救，确保人民生命与财产安全，凸显了“把生的希望送给别人、把死的危险留给自己”的“救捞精神”，是交通行业坚强意志力和大无畏精神的突出体现。

默默奉献是交通行业的真情付出。我国公路水路交通建设、运输和管理大多是在气候恶劣、地形复杂、人烟稀少的特殊条件下展开的，广大交通建设、运输和管理人员，无数的铺路工、养路工和航标工，寒来暑往、经年累月，不顾风吹雨打、不计名利得失，在平凡的岗位上、在艰苦的条件下，恪尽职守、真诚奉献，用宝贵的青春和人生，铺就了无数大道、送去了万家温暖、确保了万家平安，留下了无数可歌可泣的感人事迹，涌现了以“为人民服务到白头”的“小扁担精神”，“爱岗敬业、默默奉献”的“铺路石精神”，“燃烧自己、照亮别人、奉献社会”的“航标灯精神”，“尚法弘德，为民负责，执法为民，服务社会”的“海事精神”，以及“尽职在岗、奉献在船”的“孙彪精神”等为代表的凸显默默奉献精神的先进典型。

（四）职业道德：爱岗敬业、诚实守信、服务群众、奉献社会

交通行业开展职业道德建设，坚持用社会主义荣辱观引领风尚，按照《公民道德建设实施纲要》的要求，大力倡导并努力践行以“爱岗敬业、诚实守信、服务群

众、奉献社会”为主要内容的职业道德，为交通事业又好又快发展提供有力的制度保障。

爱岗敬业是职业道德的基础。爱岗敬业要求从业人员干一行、爱一行、精一行。交通行业为全社会提供交通基础设施和客货运输服务，交通工程建设关乎百年发展大计，客货运输服务涉及广大公众利益，从业人员首先要热爱本职工作、履行岗位职责，要结合岗位需要、立足岗位工作，加强业务学习、注重实践锻炼，不断提高个人综合素质，在工作中恪尽职守、精益求精，为保证工程建设和运输服务质量作出自己应有的贡献。

诚实守信是职业道德的精髓。诚实守信要求从业人员做到诚实、诚恳，讲信义、守信用。交通行业倡导并实践诚实守信的职业道德，要着眼于切实解决交通、运输和管理中群众反映强烈、社会危害严重的突出问题，健全诚信机制，开展诚信教育，强化诚信意识，进一步推进“共铸诚信交通”实践活动，做负责任的行业、负责任的部门、负责任的岗位，努力提高整个行业的公信力和信誉度。

服务群众是职业道德的更高要求。交通行业本身是服务性行业，服务是交通的本质属性，做好服务是交通发展的突出主题。交通行业各部门、各单位广大员工要着力增强服务意识，努力提高做好服务的能力和水平。要继续开展文明行业、文明单位、示范窗口建设活动，大力推行热情服务、周到服务、规范服务，为人民群众提供更加安全、便捷、高效的优质服务。

奉献社会是职业道德的最高境界。交通作为经济社会发展的基础性产业和服务性行业，与社会生产和社会生活的各个方面息息相关，广大从业人员要将奉献社会作为职业道德建设的出发点和归宿，立足各自的本职工作，以宽广的胸襟和坦荡的胸怀，以自己的才华和汗水真情地反哺于人民、回馈于社会，在奉献中实现自我、发展自我。

六、交通文化建设的现实意义

大力推进交通文化建设，是交通行业深入贯彻落实科学发展观，促进交通事业全面发展的重要方面。党的十七大报告指出：深入贯彻落实科学发展观，要按照中国特色社会主义事业总体布局，全面推进经济建设、政治建设、文化建设、社会建设，促进现代化建设各个环节、各个方面相协调；推动社会主义文化大发展大繁荣，要坚持社会主义先进文化前进方向，兴起社会主义文化建设新高潮，提高国家文化软实力。大力推进交通文化建设，就是要确立符合先进文化前进方向和交通事业发展要求，具有鲜明行业特点和时代特征的价值体系，并付诸交通发展实践，提升交通文化软实力，为实现交通又好又快发展提供精神动力、制度保障和物质基础。

建设交通文化有利于确立共同理想，树立共同目标，进一步增强发展现代交通的使命感和责任感。理想就是信念，理想就是旗帜。交通文化建设大力倡导并努力践行建设一个更安全、更通畅、更便捷、更经济、更可靠、更和谐的现代化公路水路交通运输系统，致力促进人民富裕、实现国家强盛，这些核心价值一旦为交通行业各部门、各单位干部职工所接受，就成了广大交通员工共同的理想和信念，成了统一干部职工思想认识的旗帜和标杆，进而增强广大交通员工的使命感和责任感，引领广大交通员工为发展现代交通、促进民富国强而自强不息、奋斗不止。

建设交通文化有利于继承优良传统，弘扬时代精神，进一步提高做好“三个服务”的能力和水平。交通精神是交通行业的灵魂。交通文化建设大力倡导并努力践行以“艰苦奋斗、默默奉献、不畏风险、勇于创新”为核心要素的交通精神，是交通行业继承优良传统、体现时代要求，努力做好“三个服务”的精神追求和强大动力。建设交通文化，弘扬交通精神，就是要宣传先进典型，弘扬浩然正气，以此激发广大交通员工的积极性和创造性，使之成为不断提高做好“三个服务”的能力和水平的强大动力。

建设交通文化有利于凝聚行业力量，提升行业形象，进一步增强构建和谐交通的凝聚力和影响力。交通文化建设按照以人为本的核心要旨，在精神文化、制度文化和物质文化等各个层面，大力倡导并努力践行交通发展的事业追求和社会责任，努力实现好、维护好、发展好用户利益、公众利益、员工利益。这些价值取向，既是一种宣示，更是一种承诺，其所体现的人本主义和人文关怀，有利于改善交通行业的内在氛围、提升交通行业的外在形象，改善行业内外的关系，提高交通行业的凝聚力和影响力，从而提升交通发展的软实力，促进交通事业又好又快发展。

（执笔人：王先进　李春　樊东方　邱曼丽　刘利　张榕榕）

前言

在市场经济日益繁荣的今天，对于企业文化这个词，我们已不再陌生。

企业文化，最早源自组织文化（organizational culture）概念，它不仅是一个理性建设的问题，更重要的是一个逐渐唤醒，不断强化并得到广大组织成员认同、实践、共同遵循的过程。作为加强企业竞争优势的重要环节，企业文化建设将给企业带来巨大的潜力与动力。尤其是在建立现代企业制度过程中，如何根据企业的自身特点，设计和建设富有鲜明特色的企业文化，已经成为各类企业的一项重要战略任务。但关于企业文化的理解，国内外学者并没有一个统一的说法。有的学者认为企业文化就是渗透于企业的一切活动之中，涵盖企业物质财富和精神财富之总和的精神支柱，是企业的灵魂。也有学者认为，企业文化是影响并制约企业生存、竞争与发展的价值观念、行为标准和道德规范等文化形态。哈佛商学院的知名教授科特和赫斯科特则认为，企业文化通常是指“一个企业中各部门，至少是企业高层管理者们所共同拥有的那些企业价值观念和经营实践。”

一般来说，企业文化的核心是价值观念，当然，它还包括英雄、仪式和文化网络等要素。企业文化指的是企业员工共同遵循的人生指导原则以及在这些原则指引下的企业运作方式和员工的群体生活，是核心价值观、指导性管理信念和行为模式的总和，它为一个企业组织的成员共享和认同，并用来作为正确的方式而传授给新成员；它具有内在整合和外在适应等两种主要功能；它受企业组织的发展战略、企业组织整体结构和外部竞争环境的巨大影响等。

企业文化与企业发展战略、组织体制结构之间存在适应性要求，当发展战略、组织整体结构发生转型时，其企业文化必须进行相应转型，从而保证更好地相互适应；为了适应发展战略、组织整体结构转型，对现有企业组织文化的内容与结构需要进行变革。从而在企业变化的情况下，为企业成员提供认同感，显著增强对企业使命的承诺感，进一步明确和强化积极的正面的行为标准。

企业文化作为一种管理手段，是领导行为和员工思想、行为的综合体，它需要有具体的领导与实施途径。作为一种“整体的企业人生”，它的存在有别于一般的社会文化，它是一种文化现象，更是一种管理思想，强调职工是企业实现一切目的的源泉，良好的企业文化是职工发挥主动性、积极性的前提。虽然企业文化有着区别于一般文化的特殊性，但是，它作为整个社会文化的一个有机组成部分，与一般文化一样，也是企业所有员工长期共同行为的结果。正因为如此，企业文化一经形成，常常能保持较长时期的稳定，而且自身还会通过多种途径生存下来并得到发展。通过对那些公认的较为优秀的企业文化进行分析，我们不难发现，这些文化体系中最为核心的价值观念大都是公司发起人和企业初建时期就加以确定了的，根植于这些价值观念之上的企业文化在其后的漫长发展过程中会得到不断的改进和发展。可以说，这些企业各自特有的企业文化都成了企业最为宝贵的无形财富。

相对于企业的其他资源因素——产品、技术、资金、企业管理者以及管理方式而言，企业文化可能是最稳定发挥作用的因素。整体而言，“真正影响企业发展与走向的不是技术，也不是资金，而是文化。”科特和赫斯科特曾在美国许多著名企业进行过企业文化与企业业绩之间的关系研究，认为企业文化对企业长期经营业绩有着重大的作用。难怪有许多学者认为“企业文化在下一个10年内很可能成为决定企业兴衰的关键因素。”

交通部高瞻远瞩，组织权威而又务实的专家队伍，采用文献分析、问卷调查、案例调研、统计分析与专家研讨相结合等实证研究方法，对交通企业文化建设的基本理论、典型交通企业文化现状、交通企业文化核心理念、交通企业文化建设的实施纲要等核心内容进行了较为系统的研究。从调查、研究典型交通企业文化建设的典型案例入手，借鉴国内外著名企业文化建设的成功经验，分析、归纳、整理、提炼具有时代特征的符合交通企业特点的交通企业文化价值体系。据我了解，这一就某一特定行业企业文化采用经验和实证相结合的系统研究，在研究方法方面是具有创新性的，其研究结果是可信的，对持续提升交通企业的竞争优势是具有强大的理论和现实意义的。

有些研究结论是仅凭经验分析难以得出的，读来给人耳目一新的感觉。摘录几段如下，以先睹为快。

社会使命，是交通企业使命表述的典型特征。“目标、责任、发展、利益、报国”是交通企业使命表述频次最高的要素语言。

“知名度、一流、发展方式、国际化”是交通企业愿景结构的主要表达要素，是交通企业对未来价值的再认识，代表中国交通企业未来的发展方向。

“创新、求实、团结、争先”是交通企业精神表述中频次最高的要素，“奋进、拼搏、自强、奉献、敬业”的选择频次也较高。其中：“创新、求实、团结”

基本上反映了我国社会普遍的共同价值；“争先”是交通企业精神的典型特征，与“奋进、拼搏、自强”组成了交通企业特有的、比较稳定的意志品质，与“一流”和“国际化”等企业“愿景”保持一致；“奉献”和“敬业”是内心态度的精神特征，与交通企业普遍奉行的价值观保持一致，是交通企业人思想境界和职业道德的典型表现。

“发展观、诚信观、人本观、奉献观、服务观、客户价值”是交通企业核心价值观表述频次最高的要素。交通企业对这些价值的认识，更多的是基于发展的考虑，符合交通企业的“服务—社会”价值定位和行业属性特征，与使命、愿景和精神相适应、相一致。

内容是丰富的，语言是精彩的，形式是多样的，方法是科学的，方案是可行的，案例是典型的，分析是到位的，建议是贴切的……但这一切只是文字而已，关键是落实——让文化感染人们的行动，在行动中体现文化，因为文化提升交通企业的竞争优势。交通企业的实践，已经让我看到了希望。比如，以“情满旅途”、“一路真情”、“浇注明天”、“用心伴行”的服务品牌;以“振超效率”、“祥瑞精神”、“刚毅精神”的交通群体形象品牌;以“润扬精神”、“太旧精神”的工程品牌等已经在社会上产生了广泛的知名度和影响力。这些优秀的交通企业品牌已经成为交通企业耀眼的文化标志。由这些品牌产生的社会影响，延伸了巨大的市场空间，也支持了我国交通事业健康、可持续发展。

我相信有了这份科学的交通企业文化指南，交通企业的明天会更好!

是为序。

林泽炎

二〇〇七年十二月二十四日于北京

目 录

第一章　交通企业文化概论

一、企业文化的历史探源

虽然学术界认定的主体自觉的企业文化是20世纪80年代作为一种企业管理理论和方法兴起的，但如果把企业文化作为企业的一种管理活动，从企业的创办之初即已经存在，如同人类文化的产生与发展轨迹一样，伴随着人类社会的发展而发展。寻找社会文化和企业文化产生与发展的轨迹，可以帮助我们理解、把握交通企业文化产生和发展的基本脉络。

（一）企业文化理论的产生与发展轨迹

任何文化的发展与兴盛都有一个主体理性的认识和自觉把握的过程，企业文化作为社会的亚文化，其生成形态和理性表述必然与企业所处的社会人文环境、自然环境息息相关。因此，透过早期社会文化概念及其发展，有助于我们从主体文化的角度认识企业及交通企业文化。

1. 早期的文化概念

原始的文化概念的表述，主要是指促成人类身心发展、锻炼、修养的经验。在人类学的“文化”概念的表述中，文化是指人类社会发展的文明——艺术和科学，或培养、种植、栽培的活动，或文雅、修养、高尚的行为等。

在西方先哲的论述中，文化有了比较规范的表述：卢梭认为，文化是风俗、习惯、特别是舆论；威廉认为，文化是一系列规范或准则。后来的管理学家认为，文化是某个团体探索解决外部环境的适应和内部运行良好的模式。

虽然中国的圣贤们没有像西方先哲那样，对文化的概念有完整的表述，但他们把对文化的思考全部融入治国、治学、做人、做事的学说中。对我国后续的主体文化和企业文化的发展产生了很大的影响。

2. 文化学中的文化概念

文化学中把文化定义为“社会群体精神及其表现形式”，并认为，自从人类出现有组织的活动以来，其组织成员就拥有了足够的共同经历，这些共同经历所产生的共同经验帮助人们对环境以及在此环境下所产生的行为模式形成共同的看法，这些看法就是我们要研究的组织文化。

其实，只要从人类活动的“文化”概念出发，去考察企业文化的本质，也有利于我们从企业生产经营活动的过程中去认识企业文化的发生与发展。

3. 文化学研究发展的三个阶段

从对文化现象的认识到作为一种比较系统和现代意义上的学说，文化学研究的兴起、发展仅有100多年的历史。这段历史，从19世纪下半叶起到现在，大约分为三个发展阶段。

第一个阶段为初始阶段，即精神文化阶段，时间是从19世纪下半叶至20世纪初。精神文化阶段对文化的认识，主要是从意识形态方面认识文化现象，偏重于把文化看成是一种人类精神现象——宗教、信仰、思维、语言、艺术等的反映。

第二个阶段为功能主义文化阶段，时间是20世纪上半叶，即在功能主义方法论指导下形成的文化学理论。功能主义是从社会结构、功能形态等角度进行研究的。功能主义文化阶段对文化的认识，是从把人们对文化的认识从精神领域扩大到社会领域，从社会结构、功能形态、社区文化和人类经济活动的角度认识文化现象。

第三个阶段为当代文化发展阶段，即从第二次世界大战以后到现在。这一阶段有两个重要的特点：一是从文化视觉上看，由过去的注重研究文化的起源、文化的原始形态、文化的演进等转向对现代社会和工业文化的研究。二是研究者们采用了多种理论和方法来研究各种社会文化现象，对文化概念、范畴的认识也在不断地扩大，产生了很多的文化学分支，如社会文化学、艺术文化学、族群文化学、居住文化学、服饰及饮食文化学、教育文化学等。

20世纪60年代末，文化学研究又扩大到对组织文化的研究；80年代又将现代社会的经济组织的企业文化，作为文化研究的重要领域进行研究。因此，当代文化发展阶段，把对文化概念、范围的认识扩大到方方面面，包括对物资、精神、制度、法律文化等。特别是把经济活动和企业文化作为文化现象来进行研究，是这一时期文化学研究、发展的重要标志。文化学研究推动了经济社会的发展，经济社会的发展也为文化学研究的繁荣提供了现实的可能。这一时期也是企业文化理论形成的重要阶段。

4. 企业文化理论的产生与发展

1）企业文化产生的早期理论

企业文化早期代表性的理论主要是韦伯的行政组织理论，又称“非人格化”管理。该理论认为企业中要合理划分组织目标，每个职务都有规定的权力和义务，按职务要求任用人员，有固定的薪金和升迁制度，有严格遵守的企业规章制度。在这个组织中，没有个人的目标，只有组织的目标；处理企业各种关系，只有靠“公事公办”才能使企业生存下去。

此外，法约尔提出的管理要素理论，又称“管理六职能、五要素、十四原则”。认为管理是技术、商业、财务、安全、会计六种职能活动之一，企业中的所有人员都要进行活动；要管理就必须依据一定的原则——计划、组织、指挥协调、控制帮助人员达到目的；无论是高层领导或是普通员工，都必须受纪律的约束，没有纪律约束的企业不可能兴旺繁荣，14条管理原则是：分工、权限与责任、纪律、指挥命令统一、尊重等级、个别利益服从整体利益、报酬、集权、等级系列、次序、公平、稳定、首创精神、集体。法约尔还十分强调管理培训的重要性，倡导通过管理理念培训提高管理水平。

2）对人性的探讨

对人性的探讨是企业文化发展的理论基础。著名的理论是梅奥在“霍桑实验”中提出的社会人或社交人假设。他假设“在理想的工作条件和报酬下，员工能够发挥最大的工作效率”。参加实验的两组女工在环境和报酬都发生各种变化后，产量始终保持上升趋势。研究表明，生产率和工作环境好坏、报酬多少不成正比，是精神振奋、团队士气和力量、社会关注等因素在保持效益的增长。因此，梅奥认为驱使人们努力工作的最大动力是社会、心理需要，而不是经济和工作环境条件的需要。人们在工作中追求人与人之间的友情、良好的人际关系、归属组织、受人尊敬和社会地位。金钱式的物资刺激对提高生产效率只起第二作用，组织的价值观、行为规范、信念和良好的人际环境对鼓舞员工士气、提高凝聚力和生产效率有很大的作用。

3）需要层次理论

需要层次理论也是基于对人性的探讨。著名的理论是马斯洛提出的五个层次需要理论。他把人的需要按其重要性和发生的先后分为五个层次：生存、安全、归属、尊重、自我实现。他认为，等级越低越容易获得满足，并且估计现代社会生理需求满足率为85%，安全70%，情感归属50%，尊重40%，自我实现10%。马斯洛的需要层次理论，提出了一个人的需要是“从物质到精神”的过程，自我实现是人的最高层次的需要。

4）激励理论

在诸多的激励理论中，赫茨伯格提出的双因素理论影响较大。赫茨伯格认为，没有工资、职务保障、良好的工作条件等保健的因素会引起员工许多不满，但是如果只有这种因素，只能消除不满，不能引起满意感和调动积极性。有了工作本身、前途、成就、得到赏识、赋予责任和人际关系等从属于激励的因素，员工就会有满意感和积极性，没有这种因素就没有满意感和积极性，但不会引起很大的不满。赫茨伯格的激励理论对交通企业文化建设的启示是：企业文化建设应该从工作本身着手，进行再设计，使工作内容丰富新奇，同时要赋予每个员工以责任感和使命感，这样做员工就会有积极性。

5）管理丛林阶段的文化理论

第二次世界大战结束后，世界进入一个相对和平的时代，许多国家都把注意力转移到经济建设上来了。随着经济的发展，管理理论空前繁荣、相互影响，形成盘根错节、争芳斗艳的局面。这些理论对企业文化理论体系的形成和发展起着重要的作用，也引起学者和企业管理者对企业文化的系统研究和关注。此阶段与企业文化相关的主要观点是：

（1）信仰及价值观可以推断出企业的经营行为，企业文化具有稳定和变化不快的特点，它奠定了员工的行为准则。

（2）企业领导人对企业文化影响巨大，高层领导是企业风气的创立者，他们的价值观直接影响企业发展方向。

（3）教育、社会文化、政治法律、经济论理及竞争环境，对企业文化有较大的影响。

（4）好的内部制度环境决定企业文化的效果，企业如果没有合理报酬、人事政策、机会、权力、培训等，就不能吸引留住人才，调动人的积极性，会影响企业发展。

5. 发达国家企业文化的发展

在管理理论基础上发展起来的企业文化论理，从20世纪80年代才真正兴起。经历第二次世界大战失败的日本经济迅速崛起，改变了世界经济竞争的格局，从而引发了美国等西方企业界和管理学界对“解谜”的兴趣。研究者在研究考察了许多日本成功企业后，一致认为：“日本企业的经营管理更加注重企业中的文化因素，如建立明确的企业的中全体员工共同具有的价值观念；强化员工对企业的向心力；注重企业中的人际关系等”。正是日本企业建设了强有力的企业文化，才使企业产生巨大的凝聚力、具有强大的技术消化能力、强劲的技术及产品开发能力、局部改善和调整生产关系能力、弹性适应市场的能力，激励全体员工同心协力为实现企业的目标努力奋斗。

1）日本企业文化理论的主要特点

日本企业文化理论的主要特点是：

（1）“和魂洋才”的价值理念。“和魂洋才”，指民族精神和欧美技术。它提倡员工忠于企业，强调劳资一家和稳定和谐的劳资关系。把中国的

《孙子兵法》中出其不意、扬长避短、待机而动、先发制人等用兵之道移植于企业的经营竞争之中。在技术上采用引进、吸收、消化，致力于创新和超越。企业中使用频率较高的文化理念是："至诚服务、上下一心、产业报国、超越时代、研究创造"。

(2) 家族主义的管理模式。这一管理模式把家庭的伦理道德移植到企业管理中，企业管理面对的是"家族"人群组合的一个个团队，团队中的每个成员必须互助合作，个人的责任、权力、利益统统由企业承担。与个人才能相比，团队与技术的作用更重要。和睦家庭式的劳资关系，满足了员工稳定、安全的心理需要，员工用对家一般的忠诚来忠诚企业，使企业具有强大的凝聚力。

(3) 以人为中心的管理思想。终身雇佣、年功序列、企业工会等称之为日本企业经营的三大支柱，紧紧围绕人这个中心，调整生产关系、缓和劳资矛盾，形成命运共同的格局。如日立公司提出"人比组织机构更重要"的口号；本田"企业经营的根本在于人"的经营思想；松下"造物先造人"和丰田"既要造车也要造人"的价值理念等，都是从人的自我成就需要出发的。

日本企业文化的主要启示是：

(1) 企业文化让企业生存和发展中的共同理想、价值观念、行为准则长期根植于员工心中；

(2) 企业文化对企业成员具有强大的感召力和凝聚力；

(3) 企业文化使企业中的人、财、物、管理、技术、生产、经营等诸多因素有效的组织起来，发挥较高的效能。

2) 美国企业文化理论的主要特点

受日本企业文化的启发，美国学者发表大量创建美国企业文化为重点的论著，其中影响最大的4本书是：《Z理论——美国企业界怎样迎接日本的挑战》（威廉·大内）；《日本企业管理艺术》（帕斯卡和阿索斯）；《企业文化——企业生存的习俗和礼仪》（迪尔和肯尼迪）；《追求卓越——美国最佳公司的管理经验》（彼得斯和沃特曼）。

以上4本书从理论和实践上总结了企业文化的特征，把企业管理和文化之间的联系视为企业发展的生命线，形成了美国企业文化的四重奏，也为美国企业的管理带来勃勃生机。

在企业文化的基本概念上，"四重奏"形成了比较完整的表述。归纳起来大致有以下基本表述：

第一种表述，企业文化是一系列习俗、规范、准则的总和，它起着导向、规范和推动企业发展的作用，同时也是影响和推动社会发展的动力。

第二种表述，企业文化是企业发展中形成的文化观念、历史传统、共同价值观、道德规范、行为准则等企业意识形态，对提升企业竞争力，推动企业发展作用重大。

第三种表述，企业文化是企业坚持的道德标准，决定员工的行为和价值观。

美国企业文化的主要启示是：

（1）超群出众的企业，必然有一套独特的文化品质，这种文化品质使它们脱颖而出；

（2）决定企业生存和发展最重要的因素是企业共同的价值观和共同的信念；

（3）崇高的目标是企业获得持续发展的动力，也是激励员工献身崇高目标的动力；

（4）企业管理方法、经营策略、技术、生产、市场的最佳效果取决于对信念、价值观、目标、经营哲学、企业精神、人际氛围、企业风气（习俗）、人才开发等文化因素的重视程度。

3）欧洲发达国家对企业文化的思考

在经历了20世纪60年代国有化热潮之后，欧洲发达国家的企业在20世纪80年代逐渐面临激烈的国际竞争环境，有些国家希望在所有制的变化中寻找出路，于是又掀起私有化的狂潮。同时也引发了对效益、效率不高，缺乏竞争力、缺乏活力的思考。

意大利最大的国有企业——伊利工业集团扭亏为盈重新崛起的经验是：改变了公司的劣性文化，如：任用能人、革除官僚作风、借鉴先进的管理方法等。让人们看到了希望，认为企业兴盛的关键不在于所有制，而在于是否调动了人的积极性，能否最大限度发挥人的潜力和创造力。人的潜力是靠观念、道德的力量发掘出来的。文化是振兴企业的金钥匙。

民营企业——法国阿科尔集团高速发展的经验是：保持企业的凝聚力，强调共同的价值观和行为目标。董事长坎普说："我们有7个词的共同道德：发展、利润、质量、教育、分权、参与、沟通。对这些词，每个员工都必须有相同的理解。"

欧洲企业文化的主要启示是：

（1）企业振兴和发展的奥秘是文化的胜利，企业文化使陷入困境或渴望发展壮大的企业，看到了新的曙光；

（2）企业的发展、利润、质量、教育、分权、参与、沟通，战略、组织、经营、管理、生产、市场等的实现，需要通过企业文化的控制和协调；

（3）企业文化推动了企业的发展，创造企业自己的文化，可以展现企业的特色，争取自己的市场空间。

（二）中国企业文化的发展历程

植根于民族文化土壤之中的中国企业文化，承继着中国传统文化的精华，具有较强的中国特色。从传统文化观念发展的历史长河中，考察对中国企业文化的影响，有助于我们在企业文化建设中把握“继承与发展”、“弘扬与摒弃”的关系。

1. 中国传统的文化观念

人生价值论文化是中国传统文化的重要内容，它集中体现在对伦理道德与精神信仰的重视上。“形而上者谓之道，形而下者谓之器”，道是形而上的精神价值，而形而下则指具体运用。关注人生态度和社会现实是中国传统文化的又一个重要内容，它凸显的是一种有为的精神，体现“现实”的特点。如：入世、有为、现实（儒家）；恻隐、羞耻、辞让、是非之心（孟子）；天行健，君子以自强不息；地势坤，君子以厚德载物（易传）。追求人与人的和谐关系也是中国传统文化的再一个重要内容。具体体现在“仁者爱人也”、“夫人者，己欲立而立人，己欲达而达人”、“己所不欲，勿施于人”等论述中。

中国传统文化的“重视伦理、关注现实、追求和谐”的文化思想，成为5000年文明的积淀，是企业文化建设取之不尽的思想宝库。

对我国企业文化发展影响较大的几种传统文化观念包括：

1）入世精神

经世致用、教民化俗、兴邦治国。正是这种积极关心社会现实的人生态度，造就了自强不息的民族精神，极大地影响了我国的企业文化建设。如孟泰精神和铁人精神，就体现了自强不息的民族精神。

2）“仁”为核心的伦理观

克己复礼为仁；君为臣纲、父为子纲，夫为妻纲，仁、义、礼、智、信。对企业文化的消极影响是：束缚、压制人的主动性，产生干群关系上的等级观念；积极因素是：重视维系人际关系的伦理纽带，有利于组织关系的稳定与和谐，强化责任感和管理约束的力度。

3）重义轻利观

君子喻于义，小人喻于利；仁人者，正其谊不谋其利，明其道不计其功。在企业文化建设中，若将内涵更新为一种社会道德规范就能够引导员工树立比金钱更高尚的价值追求。但其骨子中的轻商，可能会成为企业追求企业价值的思想障碍。

4）中庸之道

中庸之道是中国传统文化中一个十分重要的观念。中者不偏不倚，无过不及之名；庸，平常也；礼之用，和为贵，先王之道，斯为美。中庸之道的历史观、变革观是消极有害的，不利于企业的改革和创新。其积极的因素是作为调整和处理人际关系的方法，在人们意见发生分歧时，能够求同存异，达到组织整体协调、和睦。

5）重视名节

重视名节就是重视精神需要的满足。生亦我所欲也，义亦我所欲也，二者不可得兼，舍身而取义者也；富贵不能淫，贫贱不能移，威武不能屈，士可杀不可辱。在企业文化建设中，去掉封建思想的糟粕，可以帮助我们树立正确的自尊、自爱、自强、重视荣誉、重视品行的思想。

6）勤俭传统

勤俭传统是中华民族的传统品德。新中国的企业就是在这样传统美德的基础上依靠自己的勤劳和节俭发展起来的。“一支管，一度电，一滴水，一块砖”和大庆精神所反映出来的“回收队精神”、“缝补厂精神”、“修旧利废精神”就是这种勤俭、艰苦奋斗传统文化的最好体现。

7）廉洁意识

“公生明，廉生威；公则民不敢慢，廉则吏不敢欺。”是中国传统文化中典型的制度文化思想，具有廉洁公正的意识在企业文化建设中可以赋予社会主义新时代的特色，与为人民服务的思想相结合能产生公正、公平、廉洁、自律的制度文化和形成干部共同信守的价值观念。

8）任人唯贤

任人唯贤是中国古代文化中典型的组织人事文化，“知人善任”历来被认为是“治国平天下”的组织路线。在企业文化建设中，“贤”的标准表现为德才兼备。把德才兼备的人才选拔到合适岗位上可以消除企业用人制度中的不正之风。

9）家庭伦理

中国传统文化中的家庭伦理观念已经渗透到社会关系的各个领域。在企业文化建设中，家庭观念有助于强化职工的主人翁意识。“爱厂如家、休戚与共”所表现出来的员工对企业的忠诚，就是这种家庭文化的具体体现。

2. 早期中国的企业文化

企业文化的发展始终伴随着企业的发展，从中国企业诞生的第一天起，就植下了企业文化的种子。从为数不多的、生存下来的中国企业看，我们确实发现了真正意义上的、在今天看来仍然有借鉴价值的企业文化。创办于19世纪末的中国企业，一经诞生就提出了“实业救国，振兴中国”的企业使命。如上海大中华橡胶厂、上海振兴毛绒纺织厂，从厂名看就体现了企业的使命。

成立于20世纪初的中国交通企业——民生实业股份有限公司（四川），在坚持实业救国的企业使命的同时，提出了“服务社会，理智竞争”的经营理念，并成功地实施了“建设现代集团生活”和“帮助社会”的文化运动。前者的核心内容是强调树立社会责任感，培养崇高的思想境界，正确处理与社会、与企业、与他人的利益关系；后者强调“服务社会”的核心价值观，表明了挣钱只是“扩大社会服务”的手段。正是民生公司的企业文化，才帮助他们夺回了被外轮公司占领的中国内河运输市场，并开拓了世界船运市场的业务。

成立于1932年的天津东亚毛呢纺织股份有限公司，提出了“文明高尚，人才为本”的价值观，并通过厂训、格言、口号、短剧、厂歌等多种形式表现出来，还编写了企业文化手册《东亚铭》。

此外，四川宜宾的宝元通商号提出了“牺牲小我，顾全大我，发展事业，服务社会”的“号训”；北京的同仁堂药厂也表明了“炮制虽繁必不敢省人工，品味虽贵必不敢省物力”的价值观或质量观；上海银行提出“服务社会，辅助工商实业，促进国际贸易”的“三大行训”；上海永安集团提出了“产品求名，用人重才，经营讲话”的企业精神。

专栏

《东亚铭》[1]诞生在由宋棐卿创办的天津东亚毛纺公司（1932）。据说，在该公司的办公室里，每个职员的座位旁，在每一个正式职工家里的正面墙壁上，都悬挂着印制精美、裱装于精制的镜框中的《东亚铭》。宋棐卿所书《东亚铭》，铭文共分主义、公司之主义、做事、为人、人格、功绩、尽责、过失等几部分。

1. 主义

人无高尚之主义，即无生活之意义；事无高尚之主义，即无存在之价值；团体无高尚之主义，即无发展之能力；国家无高尚之主义，即无强盛之道理。

2. 公司之主义

我们要实行以生产辅助社会之进步；我们要使游资游才得到互助合作；我们要实行劳资互惠；我们要为一般平

睦南道68号-2，宋棐卿旧居[2]

民谋求幸福。

3. 做事

人若不做事，生之何益！若只做自私之事，生之何益！人若不为大众做事，生之何益！人若只为名利做事，生之何益！若无事做，要我做什么？若无艰难之事做，要我做什么？若不服务社会，要我做什么？若不效忠国家，要我做什么？

4. 为人

能做事者必不怨天尤人；怨天尤人者必不能做事。真人才必不谄上骄下；谄上骄下者必非真人才。

5. 人格

不忠于己者焉忠于人；不忠于夫妇者焉忠于友；不忠于亲族者焉忠于社会；不忠于家者焉忠于国。公而忘私者我们要师法；先公后私者我们要征集；先私后公者我们要规劝；有私无公者我们要力戒。

6. 尽责

事成而又不获罪于人者为理想之人才；事成不得已而获罪于人者为有用之人才；事不成而仅图不获罪于人者为无用之人；事不成而又获罪于人者为危险之人。不待命令而自动工作者为中坚分子；等待命令而即工作者为忠实分子；接到命令而懒于工作者为无用分子；有令不做反讥做者为是非分子。

7. 功绩

有功而不以为功者谓之真功；有功而以为有功者谓之夸功；无功而以为有功者谓之争功；无功而谤他人之有功者谓之嫉功。

8. 过失

从心无过圣贤也；闻过则改君子也；闻过不改庸人也；闻过则怨小人也。

3. 改革开放前的新中国企业文化

新中国成立，标志着一个崭新时代的开始。1949～1978年属改革开放前的计划经济体制时期，在这一时期中，企业文化大致体现了典型年代的基本特征。

20世纪50年代的企业文化，体现了企业的社会主义共性。在党的领导下，制定了“鞍钢宪法”，并在所有企业推行“两参一改三结合”，即：干部参加劳动，工人参加管理；改革不合理的规章制度；实行领导干部、技术人员与工人三结合的管理原则。这些都极大地释放了人的潜能，企业文化中更多体现了勃勃的生机的特点。

20世纪60年代的企业文化，体现了工人阶级的主人翁意识。典型的企业文化当属“大庆精神”和“铁人精神”，全国范围内掀起了“工业学大庆”运动，推行自力更生、艰苦奋斗、爱厂如家的精神等。“大庆精神”体现的企业文化是社会主义企业文化必需具备的基本内容。

20世纪70年代到改革开放前的企业文化，体现了政治挂帅，思想领先的特点。虽然政治挂帅的企业文化有利于强化员工对国家和人民的责任意识，识大体、顾大局。但是许多企业把政治绝对化，造成政治冲击业务、冲击生产，违背经济规律，使企业文化产生扭曲。思想领先有利于激发员工的崇高理想、道德、进取心、责任感、荣誉感。但是过分地夸大了精神的作用，排斥人的正当的物资利益的需要，会使企业文化失去了人本色彩。

这一时期企业文化建设的主要成果体现在以下四个方面：

第一，是以技术革新、劳动竞赛为内容的职工小组的活动，如20世纪50年代及60年代企业成立的各种生产突击队、技术革新小组。其中著名的有：李瑞环青年突击队、马恒昌技术革新小组。这些小组产生了许许多多的劳动模范，著名劳动模范李瑞环、王崇伦、郝建秀、倪志福等还成为了党和国家的重要领导人。

第二，树立了爱厂如家的主人翁意识。如各行各业涌现出大批爱厂如家的劳动模范，最典型的是鞍钢的孟泰精神。在20世纪50 年代，我们国家最困难的时候，孟泰作为一个普通工人，把共和国的经济建设看成最重要的事情，主动发扬工人阶级的主人翁风格，自觉并发动工友回收废弃配件，在短短的数个月内，回收了上千种材料，捡回上万个零备件，这些“宝贝疙瘩”形成了闻名全国的“孟泰仓库”，并为50年代恢复鞍钢生产起了重要的作用。

第三，形成了艰苦奋斗的优良传统和民族精神。最典型的是产生于20世纪60年代的石油会战。大庆精神和铁人精神，集中体现了中华民族和中国工人阶级艰苦奋斗的优良传统与优秀品质，是中华民族精神宝库的重要组成部分，一直得到几代党和国家领导人的培育和倡导。大庆精神和铁人精神对我国企业文化建设有很好的示范作用，也极大的影响了一代代青年献身企业建设事业。

第四，行之有效的管理思想。最典型的有鞍钢宪法。鞍钢是新中国成立后最早恢复和建立起来的特大型钢铁联合企业，是共和国钢铁工业的长子，担起和建立了在当时的国营企业中最为健全的管理规章制度，如生产调度、人事考勤、经济核算、班组管理、产品标准、质量检验等，这些制度确保企业从一开始就走上了专业化管理的轨道。从1953年起，鞍钢有步骤地建立了计划管理、技术管理、经济核算和各种责任制度，到1955年，鞍钢共制定和修改技术标准243种，技术规程417种，基本建立和健全了各项技术规程和质量监督机制，这一切受到了党中央和毛主席的关注。

这一时期企业文化成果体现的文化思想主要有以下五个方面：

1）国家利益至上的核心价值观

国家利益是这一时期我国企业文化建设的价值基础。企业的价值体系与社会提倡的价值体系高度统一。如“为国争光、为民族争气的爱国主义精神；独立自主、自力更生的艰苦创业精神；讲究科学、‘三老四严’的求实精神；胸怀全局、为国分忧的奉献精神”（大庆精神）和“为国分忧、为民族争气；宁可少活20年，拼命也要拿下大油田”的铁人精神就体现了国家利益至上的核心价值观。当然，这一时期国家利益至上的价值观，也体现了全民所有制的企业性质，有极强的意识形态特征。

2）对人的认识

工人是国家的主人，为企业贡献青春是每一个工人天经地义的事情。这一时期所有企业产生的先进人物，几乎都是爱厂如家的典型。这是基于国家主人的认识。主人翁精神是这一时期企业员工群体价值观的典型体现。为此，企业文化普遍反映的是“只讲奉献，不计报酬”的价值观。

3）对组织的认识

笑洒满腔青春血，一切听从党安排；革命工作没有贵贱之分；组织的需要就是我的志愿。个人没有多少选择工作的权力，服从组织分配是天经地义的事情，组织基本掌握了个人的发展的命运，荣辱、兴衰完全与企业紧紧联系在一起。为此，企业文化普遍培育个人对组织完全的依赖。

4）外部环境的压力

帝国主义的封锁，修正主义卡脖子。企业文化充分体现了“为国争光，为民争气”的精神力量。20世纪60年代波澜壮阔的石油大会战，是中国工业史上一个石破天惊、震古烁今的壮举，它的意义在于发现并成功开发了大庆油田，一举甩掉了中国“贫油论”的帽子。而且，这场在外部环境的压力背景下的石油大会战，产生了以“为国争光、为民族争气”为核心内容的优秀企业文化。

5）企业文化充满拼搏向上的基调

自力更生，发愤图强；艰苦创业，勇攀高峰；流血流汗，无所畏惧；一不怕苦，二不怕死等是这一时期企业文化始终贯穿的一条主线，反映了在特定历史时期和极其艰苦的条件下，孕育形成的中国工人阶级崇高的品质和精神风貌，也是民族精神在社会主义建设时期的提炼和升华。

4. 改革开放后的中国企业文化

改革开放后的中国企业进入了一个新的发展时期。几乎与我国的改革开放同一时间，国际企业文化的潮流兴起，为中国企业文化的建设注入了新的理念和方法。主要表现在以下四个方面：

1）以开放的心态面对外来文化

在文化发展的特点上，打破封闭式的经济模式，以开放的心态面向世界；

大量吸收和引进国外先进的企业文化思想，进行本土企业的文化建设；借鉴国外先进的管理思想和方法，进行企业制度和企业文化的创新。

2）崇尚多元的价值观念

在价值观念上，企业价值观念趋向多元化，既重视个体价值，又强调团队精神；既重视个人发展，又强调组织目标的实现。但是，理想和现实、理性的吸收和盲目的引进所产生的文化冲突，常常困扰企业的文化建设。拜金主义和短期行为是影响中国企业和企业文化健康发展的主要因素。

3）企业面对转型的挑战

在文化观念的表现上，大部分企业在转型的过程中，也面临着观念上的转型。例如：由封闭意识向开放意识转型，树立在国际竞争环境下的开放经营意识；由依赖意识向自强意识转型，树立生存靠自己，发展靠业绩的自尊、自强、自立意识；由守业意识向创业意识转型，树立不断进取，做强做大的信心；由官商意识向服务意识转型，树立用户至上、热情服务，靠产品、靠信誉、靠质量、靠满足社会需要求发展的新的发展观。因此，观念转型也是这一时期我国企业文化建设的一个非常重要的标志。

4）文化将成为企业核心竞争力的优势

在文化的创新和发展上，随着新世纪的到来，企业对文化建设又有了新的认识，典型的观点有两个：

一是企业文化对企业发展的作用将越来越显著，在下一个10年内，企业文化很可能成为决定企业兴衰的关键性因素和核心竞争优势。

二是企业文化的功能在未来企业发展中作用将越来越显著，在提高全体员工的凝聚力，激励和调动员工的积极性和创造力，形成对员工强有力的纪律约束，形成正确的、符合社会期望的价值导向，成为沟通思想的桥梁和连接四面八方的纽带，对内整合资源形成统一的意志、对外传播企业的核心价值观和完整的理念等方面发挥不可替代的作用。

1. 张德，刘翼生.《中国企业文化——现状与未来》.北京：中国商业出版社，1991。
2. 李守力博客专栏。

（三）交通企业文化的历史回顾

1. 早期交通企业文化的回顾

交通企业，是我国封建社会沦为半封建半殖民地社会过程中最有代表性和影响力的企业。从它们诞生的第一天起，就具有与西方企业完全不同发展背景和企业文化特征。以民生实业股份为代表的交通企业，面对列强瓜分的生存环境、面对中华民族的贫

民生公司在长江航运中的第一条船[1]

穷与危机、面对企业的弱小和发展的艰难，勇敢地迎接列强垄断的挑战，创造性地选择自己的经营策略，终于打破了西方列强在长江航运上的垄断，夺回了被外轮公司占领的中国内河运输市场，并相继开拓了世界船运市场的业务。以民生实业股份为代表的交通企业，铸就了中国交通企业不屈不挠的意志品质和积极顽强的拼搏精神。不屈不挠的意志品质和积极顽强的拼搏精神就成为我国交通企业优秀的文化基因。

案例：[2]

民生公司的文化集中体现在他所开展的三个运动之中。

第一个运动是“建设现代的集团生活运动”。这实质上是一个文化运动。卢作孚认为：“中华民族的问题很多，同时很严重，一个重要原因就是文化落后。”他所说的“文化落后”，是指中国人由于长期处于农业社会而养成的狭隘、散漫的生活方式。他说：“中国人只有家庭，没有社会，家庭就是中国人的社会”。“中国人只有两重社会生活——第一重是家庭，第二重是亲戚邻里朋友”。显然，这种过于狭隘的生活方式，根本就不能适应已经在世界各地蓬勃发展的工业社会潮流。“虽然继续安眠在农业生活里，继续安眠在家庭和亲戚邻里的集团生活里，是我们非常情愿的，然而周围的形势决不容许的。”卢作孚倡导的“建设现代的集团生活运动”，就是要求中国人，特别是要求民生公司的职工，跳出家庭、亲戚邻里朋友的狭小天地，凭自己的能力，从事一个职业，通过自己的工作推动社会进步。

“建设现代的集团生活运动”的核心内容，是树立社会责任感，培育崇高的思想境界。因此，要正确处理个人与社会、职工与企业、自己与他人的利益关系。卢作孚指出：“要在社会上享幸福，便要为社会造幸福”。但是在心理的天平上，决不可把享受幸福和创造幸福同等对待，“我们应努力于公共福利的创造，不应留心与个人幸福的享受”。而且享受幸福的重点，应该是享受成功的喜悦，分享社会进步的快慰，而不是得到很多的金钱。卢作孚写道：“工作的意义是应在社会上的，工作的报酬亦应是在社会上的，他有直接的报酬，是你做什么就成功什么”；“他有间接的报酬，是你的成功在事业上，帮助却在社会上。”正是基于这种崇高的思想境界，卢作孚一再宣称：“我们努力不是为了工钱与盈余，而是超工钱与盈余的！”“做事应从进展中求兴趣，从成绩上求快慰，不应以得报酬为鹄的，争地位为能事。”这种融个人与社会的思想境界，应该怎样具体到职工与企业的关系上来呢？卢作孚回答说：“民生公司是一个集团，我们在这个集团当中，应该抛去个人的理想，造成集团的理想；应该抛去个人的希望，集希望于集团。”那么，民生公司的理想是什么呢？这可以用被人概括为16个字的民生公司基本方针来简明地回答：“服务社会，便利人群，开发产业，富强国家”。在民生公司内部开展的现代集团生活运动，从一定意义上说，就是认同这16个字的文化运动。

民生公司开展的第二个运动是“帮助社会的运动”。这个运动的实质，就是要在民生公司，确立“服务社会”、“帮助社会”的最高价值地位，并使全体职工认同。任何最高价值，都要和其他价值比较，进行排序，才能显示出来。卢作孚是在“帮助社会”与“帮助个人”、“帮助社会”与“帮助事业”、“帮助社会”与“赚钱谋利”等的对比分析中，来阐明民生公司的最高价值。

卢作孚写道：“我们只帮助社会，帮助个人亦只是因为他要帮助社会，这是我们事业所含的意义，不但要十分明了它，而更要努力实现它。”“我们做事业有两重目的，第一是自己尽量地帮助事业；第二是要求事业尽量地帮助社会。”“我们做生产事业的目的，不是纯为赚钱，更不是分赃式地把赚来的钱分掉，乃是要将它运用到社会上去，扩大帮助社会的范围。”这些话，十分清楚地表达了民生公司把“服务社会”视作最高价值的经营理念。

这里要注意的是，卢作孚并不是说办企业不要赚钱，而是强调怎样赚钱？把赚钱放在什么位置？他说：“我们做事应取得利益，但应得自帮助他人，不应得自他人的损失。”这就是说，只能采用帮助他人、使他人受益的方法来赚钱，而绝对不能用损害他人利益的方法来赚钱。赚钱应该放在什么位置呢？卢作孚认为：赚钱不是企业的最高价值，赚钱只是扩大“服务社会”的手段。这就是说，不能把赚钱作为企业的最高价值。

卢作孚还特别强调，帮助社会、服务社会一定要积极主动：“我们决心帮助社会决不是等待机会的，是要寻找机会；不是要人请求我们帮助，是要让人接受我们帮助。”

民生公司“服务社会”的经营理念，第一是通过具体业务来体现的，第二是依靠全体职工来执行的。民生公司的具体业务是航运，其服务社会的经营理念，体现在“安全、迅速、舒适、清洁”的承诺中，这8个大字十分醒目地写在重庆、上海、广州、大连、东南亚各国，乃至日本的客运码头的大型广告牌上。民生公司的全体职工，都必须接受如上所述“建设现代的集团生活运动”的洗礼，以保证他们都能处理好个人与社会的关系，达到服务社会的目的。

民生公司开展的第三个运动是“联成整体的生产运动”。这个运动的实质，主要是想机智巧妙地开展自由竞争，避免中国民族资本主义企业之间的自相残杀，求得供需平衡。在此基础上，有效地与外商展开竞争，以夺回被外轮占领的中国内河运输市场，并进一步开拓走向世界船运市场的道路。

卢作孚认为：“生产是适应需要的，但是在自由竞争的商业状况之下，其结果是非常残酷，如果生产不足，则竭力压迫需求者，如果生产过剩则又为需求者所竭力压迫，永远没有供求相应的时候，如果要办到供求相应，必须作整个的生产运动。”卢作孚说的“作整个的生产运动”，就是“将同类的生产事业统一为一个，或为全部的联合，其意义在消极方面避免同类事业的残酷竞争，积极方面，促成社会的供求适应。”简言之，就是要把同一行业的、乃至相关行业的许多企业，合并起来变成一个大的公司，进行统一的生产和经营。卢作孚声明：倡导全行业的统一生产和经营，“绝非如一般之所误会认为垄断，操纵”；其所要达到的目的，一是避免同类事业的残酷竞争，二是保障供需平衡，三是“节省人力，节省物力，节省财力”。

在卢作孚倡导的“联成整体的生产运动”中，既有追求规模效益的经济因素（节约人力、物力、财力、降低成本），也有提倡计划经济的理论因素（避免竞争、保障供求平衡）。就其追求规模效益来说，在当时是现实的，可行的。就搞计划经济来说，在当时中国的条件下是不现实的和不可行的。

民生公司开展的“联成整体的生产运动”真正的实际意义，一是既统一了公司内部的经营，又扩大了经营规模，取得了降低成本、提高效率、改善质量的成绩；二是加强了中国民族企业之间的联合，取得了和外商企业展开有效竞争的主动权。

民生公司“联成整体的生产运动”，首先体现在它内部管理中实施的“四统制”。当时，航行于我国内河的外国轮船公司，都实行“三包制”，即把驾驶、轮机、航运三个部门分别包给专人管理。如航运中的客运部分，除大餐厅外，官舱、房舱、统舱都包给大买办，大买办再转包给二买办、三买办、管事等，承包者各自为政，只知谋取私

抗战时期民生公司业务的发展[3]

利，不知优化服务。公司只收取承包费，其他一切听任承包者为所欲为。民生公司果断否定了这种“三包制”，实施突出整体、强调统一的“四统制”，即：人员由公司统一任用，业务由公司统一经办，燃料、油料、材料由公司统一核发，财务由公司统一管理。“四统制”是民生公司服务质量的可靠保证。

民生公司“联成整体的生产运动”，同时也体现在它对外的收购与合并上。卢作孚指出：“联成整个的，若干轮船只有一个公司，开支应较经济。何条航线需有几只轮船，或某线需要大船，或有时需要大船，有时需要小船，应看需要分配，更较经济，可以用设备比较完备的工厂，担任修理。”“这些利益，不是从社会上去取得的，是从航业一经联成整个的时候生产的。”为了鼓励其他华轮公司与民生公司合并，卢作孚规定了许多优惠条件，例如：帮助被并入的公司偿还债务，需要多少现金就交付多少现金；凡卖给“民生”的轮船或并入“民生”的公司，其船员一律转入“民生”工作，不使一人失业。由于条件优惠，短短的几年中，就有14家华商轮船公司、28艘轮船并入或卖给民生公司。卢作孚颇为自豪地说：“民生公司之合并任何轮船公司，在事实上都曾经证明是帮助了他们……因为在今天以前，独立的公司曾经折本、负债，至少亦没可靠的赢利；自与民生公司合作起，直至今日，是事实上证明有盈余的。”民生公司这种“化零为整”的生产运动，不仅达到了“集中人力财力以维持华商航业之生存”的目的，而且迫使外轮公司逐个退出了川江航运市场：1934年意商的光耀轮船公司破产，其轮船卖给了民生公司。到1935年美商捷江轮船公司倒闭，其轮船也卖给了民生公司。到1935年底，民生公司共收购外轮11艘。这样一来，民生公司在1936年拥有轮船48艘，成为川江航运的主力，谱写了一曲夺回内河主权的民族凯歌。

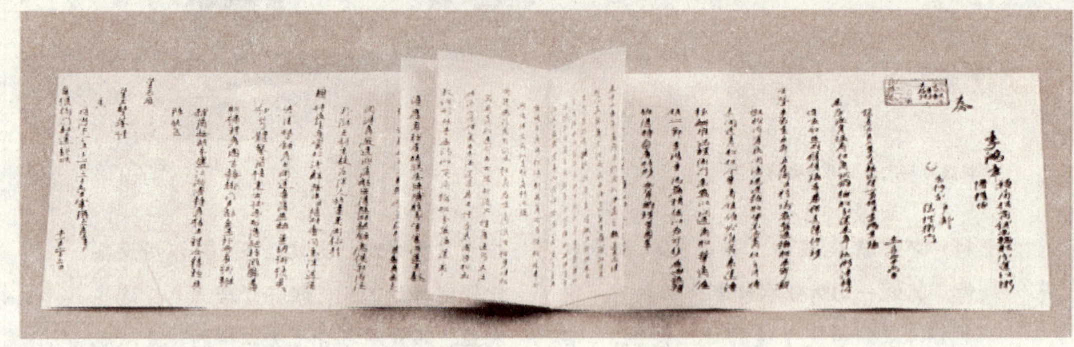

1872年12月26日，清政府批准李鸿章提出的关于创立招商局的奏章——《设局招商试办轮船分运江浙漕粮由》

早期交通企业文化特征突出表现在以下几个方面：

1）对国家对民族的责任感

与所有同时代的中国企业一样，中国的交通企业，如我国第一家民间资本企业上海发昌机械厂（成立1866年）、民生实业股份和官僚资本企业江南机械制造总局、福州船政局、轮船招商局等，在半封建半殖民地的社会环境中，都表达了“实业救国”的社会理想和使命。

2）服务社会的价值观

中国交通企业“实业救国”的理想和使命，是通过服务大众，满足需求的活动实现的。如民生实业的16字方针“服务社会，便利人群，开发产业，富强国家”就是服务社会最高价值观的体现。

3）强调“人和”和“和谐”

“人和”主要是指工人和企业命运与共，团结一心；“和谐”主要是指处理好“人与人”、“人与社会”、“企业与社会”的关系。从民生实业开展的“建设现代集团生活”和“帮助社会”的文化运动，以及它提出的“安全、迅速、舒适、清洁”的服务理念中，我们完全可以感受到“人和”和“和谐”的价值主题是交通企业恒久不变的追求。

案例：招商局——135年历史的百年企业

1872年12月23日，李鸿章向清廷呈上了《设局招商试办分运江浙漕粮由》一折，提出创立招商局，招商局

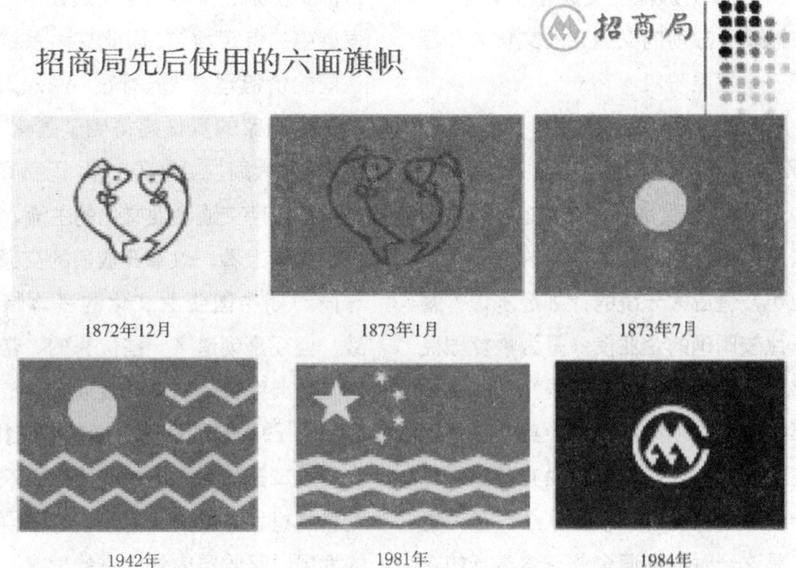

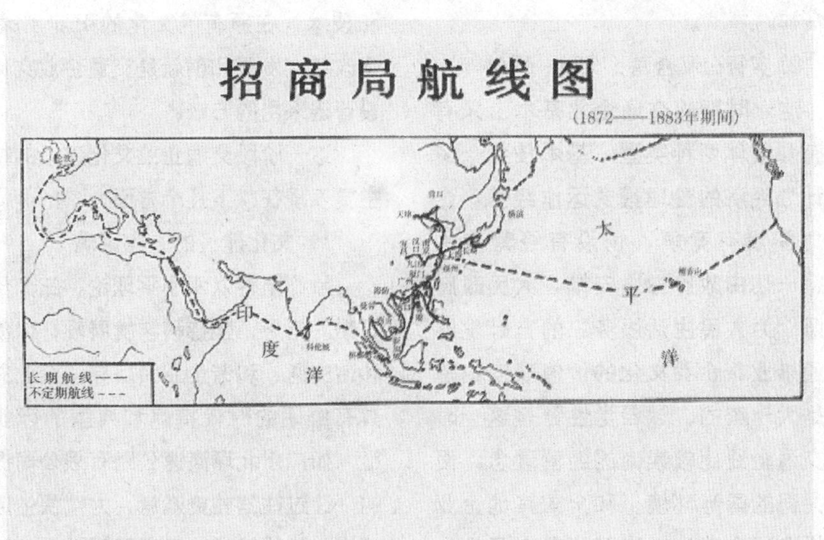

由此诞生[4]。

招商局企业文化的构成是：历史文化、组织文化、管理文化、社会文化、标识文化[5]。

2. 改革开放前的交通企业文化

改革开放前的交通企业文化大体经历了三个发展阶段：

1）进行社会主义改造（1949～1956年）

这一时期交通企业的文化，随着“公私合营”的企业制度的改造，企业文化也按适应大一统的计划经济进行整合。比较明确的企业使命是为恢复国民经济提供支持和保障。在国家实施第一个五年计划中创办的交通企业，也是围绕发挥对国民经济恢复提供交通的保障这一使命成立的。“艰苦创业，自力更生”是这一时期交通企业普遍奉行的企业精神。

2) 实行公私合营（1956～1966年）

这一时期的交通企业基本上只有国有和集体两种类型。基本按大一统的计划经济的管理模式运作经营。企业之间没有竞争，也没有经营自主权，一切由政府做主安排。人民政府按照“为人民生活服务”的方针发展交通事业。企业文化的价值取向也基本是大一统的，“自觉性”是这一时期交通企业比较崇尚的经营理念。面对共同的国际环境，和全国其他企业一样交通企业也提出了“自力更生，奋发图强”的精神口号。

3) 完全的公有制（1966～1978年）

这一时期的交通企业文化，反映了当时社会政治环境的特点——“政治挂帅，思想领先”。但由于交通在国民经济发展中的特定地位，因此交通系统普遍认同的价值理念“先行官”深入人心。员工对国家的责任感得到了强化，“识大体、顾大局”，“踏实工作，无私奉献”是这一时期交通企业文化的主流。

总体上看，改革开放前的交通企业与同时期中国企业文化的基本特征一致，但还是创造了一些优秀的、带有交通企业典型特征的交通企业文化成果。

3. 改革开放后的交通企业文化

改革开放后中国的交通企业获得了勃勃生机，企业的文化建设也获得空前的发展。吸收国内外先进的理念、方法和技术，在原有的文化的积淀上，着力于改革、发展和创新是交通企业文化建设普遍采用的方法。

这一阶段交通企业文化建设的特点主要表现在以下几个方面：

1）文化建设的方向明确

始终坚持以邓小平理论、三个代表思想为指导，坚持科学发展观，以创建和谐交通、和谐企业为目标，企业文化具有鲜明的时代特点和典型的行业特征：如广州北环高速公路有限公司提出的“让过往驾驶更满意，为愉快生活而工作”的价值观，寓意了对社会、用户和员工的承诺。

2）积极借鉴优秀管理文化的成果

坚持“以人为本”的管理理念，吸收先进的管理方法，是交通企业文化建设的一大亮点。如天津港在借鉴中外优秀企业文化成果的过程中，提出了围绕企业核心价值观“发展港口，成就个人”的文化体系。

3）整合传统文化的积淀

在新的历史条件下赋予理想、道德、求实、奉献、拼搏、责任、荣誉、纪律、团结等以新的内涵。这就是：创新、发展、人本、关爱、尊重、培育、成就、使命、价值、服务、敬业、协作、诚信、市场、品牌、团队、激励、公开、公平、公正、信誉、共进、和谐。

此外，知名、国际化、一流、现代化、大家园、和谐发展、效益、贡献、员工利益与发展、发展方式等愿景的表述是新世纪交通企业文化发展的主旋律。

4）文化服务与经营管理

交通企业文化已经或正在突出地演变为市场经济中的微观的经营和管理文化，并逐渐渗透到每一个产品和经营管理环节中，渗透到每一个员工的行为方式中。如青岛交运集团的文化就已经与企业的发展战略、经营管理形成了一个有机的整体，其“勇于创新，诚于真情”的企业精神已经转化成员工的行为方式，其“交的是朋友，运的是真情”和“情满旅途”的品牌都已经转化成社会及大众高度的认知。

5）理念表述富有个性

对企业理念的概括、提炼，更加富有典型类别企业的个性特征，追求深厚的文化底蕴，追求独具特色的文化魅力。例如：第一航务局的“用心浇注您的满意”的服务信条；大连港的“胸怀大海，港容天下”的企业精神；天津港的“承载社会期盼，集散中外文明”的企业使命；长江航运集团“世界内河第一，国际航运先进”的企业愿景。既有行业特色，又有独特的文化底蕴。

6）企业文化升华为代表企业核心价值观的品牌

以“情满旅途”（青岛交运）、“一路真情”（青岛）、“浇注明天”（一航局）、“振超效率”（青岛港）、“祥瑞精神”（天津港）、“刚毅精神”（湖北省交通规划设计院）为代表的企业文化品牌，已经升华为代表整个交通企业精神和核心价值观的品牌。一航局的“品牌项目、品牌工程、品牌技术、品牌装备、品牌员工”也已经构成了代表一航局核心价值观的品牌资源体系。

我们深信，不久的将来交通企业文化将逐渐成为交通企业核心竞争力的重要组成部分，并以其不可复制的优

旅客似亲人[7]（四川省成都金沙运业有限责任公司）

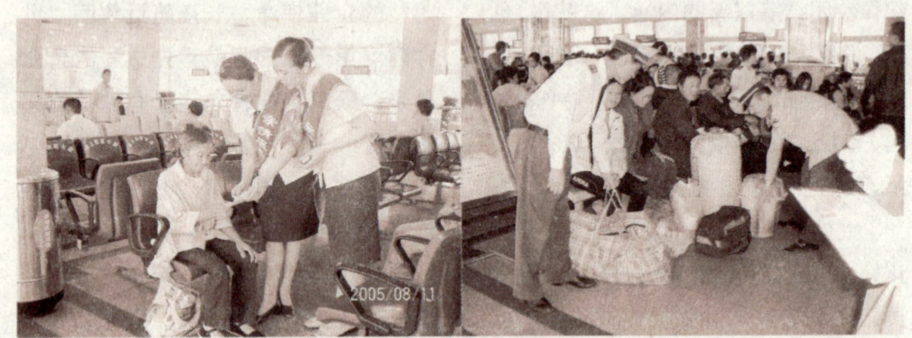

诚心伴通途（青岛轮渡有限责任公司）

情满旅途[8]（青岛交运集团）

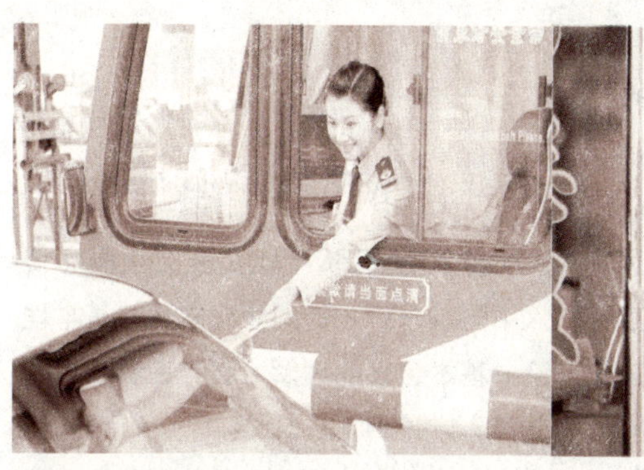

微笑服务[9]（广西高速公路管理局南宁管理处）

势，展现企业差异化战略或交通产品的魅力。

服务品牌：用心伴行[6]（广州市交通站场建设管理中心海珠汽车客运站）

4. 中国交通企业文化发展趋势

中国交通企业文化发展趋势与中国企业文化发展的大趋势是一致的，但也有自身的典型特征，主要表现在以下五个方面：

（1）学习型组织在企业文化建设中将进一步受到关注，并成为企业和个体超越自我的最大动力。许多交通企业在文化实施纲要中，都把学习型组织的创建，作为文化建设和企业能力建设的重点方向。

（2）在企业文化的建设中，更加注重树立良好的企业形象和社会形象，以满足社会的期望，满足员工和顾客及交通产品消费者的需求。从上述典型交通企业文化建设的案例中可以判断这一发展趋势。

（3）更加重视传统文化的积淀和作用，并在新的文化框架内加以整合，赋予新的时代的特质。天津港和苏州苏嘉杭高速等企业文化建设的实践就是整合传统文化积淀、创新发展的典范。

（4）经济和文化一体化，是未来社会发展和企业发展的大趋势。中国交通企业在文化建设中，也将充分关注这一现象。从交通企业“目标、责任、发展、利益、报国”的高频次使命表述语言及“知名度、一流、发展方式、国际化”的愿景表达要素中可以肯定交通企业在社会发展的过程中，能够准确把握文化发展的趋势。

（5）企业战略和企业制度的制定和调整，也将充分考虑文化的整合问题。从海运、工程等领域几大交通企业集团与企业制度相适应的文化的整合和调整，可以感受到交通企业文化建设和发展进入了理性的调整和成熟的发展阶段。

总之，在交通系统中，越来越多的企业家将会认识到：今天的企业文化就是明天的企业经济，企业的未来、企业的成功、企业的发展，属于那些能够时刻意识到企业文化建设重要性的企业家。因为，企业文化可以帮助我们在茫茫的商海中找到发展的方向和心灵的归属。

1. 图片来自民生公司官方网站。
2. 案例全部文字来源于罗长海的《企业文化学》中第447~451页。
3. 图片来自民生公司官方网站。
4. 图片由招商局提供。
5. 图片全部由招商局提供。
6. 由广州市交通站场建设管理中心珠海汽车客运站提供。
7. 由四川省成都金沙运业有限责任公司提供。
8. 图片由青岛交运集团提供。
9. 图片由广西高速公路管理局南宁管理处提供。

二、企业文化的概述

（一）企业文化的一般定义

自20世纪80年代企业文化概念传入中国以来，人们对企业文化的基本理论、基本含义的理解一直存在着很大的差异。

有人认为，企业文化仅仅是企业的识别系统；企业文化是企业的整体广告方法，是企业的思维系统，是企业精神；企业文化就是企业的活动载体、宣传媒体；企业文化就是企业的形象设计，如把CI策划或VI设计等同于企业文化。等等，不一而足。

著名经济学家魏杰也曾给企业文化下了一个定义：所谓企业文化，就是企业信奉并付诸于实践的价值理念。也就是说，企业信奉和倡导并在实践中真正实行的价值理念，就是企业文化。

张德教授认为，企业文化是指全体员工在企业创业和发展的过程中，培育形成并共同遵循的最高目标、价值标准、基本信念及行为规范，是组织观念形态、制度与行为以及符号系统的复合体。

这是目前企业文化研究中的一个完整意义上的定义。

其实，严格地讲企业文化是组织文化的一个分支，它最重要的标志是：企业文化的范围只界定在企业单元中，不能推而广之到一般意义的组织中（刘理辉）。由于企业是社会中的一个经济性组织，企业在发展过程中可以“自主”选择和调整自己发展方向和发展方式，企业文化必然要反映这一特征并与生产经营现状、企业发展战略相适应。

（二）企业文化的作用

1. 灵魂和导向作用

企业倡导的价值理念是企业的灵魂，它要求全体员工在生产经营活动中身体力行。没有灵魂的企业是没有方向和活力的人群集合体。企业塑造的文化，是企业总结和提炼出来的本企业自己的价值理念体系。它要明确引导企业做什么、怎么做？还要指导员工怎么做、怎么想？让这个灵魂发出“无声”的命令，发出心灵的呼唤，发挥无形的导向作用。

2. 振兴和激励作用

一名心理学家这样描述激励的作用：人在无激励状态下只能发挥自身能力的10%～30%；在物质激励状态下能发挥自身能力的50%～80%；在得到适当的精神激励的状态下，能将自己的能力发挥80%～100%。物质激励到一定程度，就会出现边际递减现象，而来自精神的激励，则更持久，更强大。

企业在经营中陷入困境，在发展中进入低谷，或者不满足于过去的发展速度而寻求二次创业，企业家往往试图通过抓企业文化塑造来实现企业振兴。企业文化作为一种思想意识，具有良好的精神激励。

3. 团队建设和凝聚作用

企业的团队建设仅靠物质刺激和管理制度很难做到好的，而企业文化所产生的凝聚力，可以把个人的价值理念转化成团队目标，从而形成一个由具有共同价值理念凝聚起来的组织，一旦团队的气氛发育并成长为一种文化习俗，就会起到规范团队成员的作用。

4. 内在的约束作用

企业运营过程中，必须通过严格的管理制度对所有员工行为进行规范，这是强制性的硬约束，也是“外在约束”。但我们知道，人是有意识的，人的行为受意识的支配，意识是人的内在约束，因而对于人在企业运行过程中的规范，除了严格的规章制度这种“硬”约束，还需要一种意识的“软约束”，也就是内在的约束。这种内在约束就需要通过企业文化来体现。企业文化作为一种无形的、非强制性的约束力量，它能够弥补规章制度的不足。

5. 企业创新活力的推动作用

企业文化的力量能够不断激励人们的“心智模式”，使人产生创新的推动力，把潜在的智能开发出来。卓越的企业文化，就在于能够激励员工的创新精神。而且这种创新，不是一次、两次创新，而是持续不断的创新，而持续不断的创新是需要企业的创新性文化做保障的。一般说来，企业的创新性文化必然会带来员工价值理念的创新，而价值理念的创新，又会持续推动企业制度的创新和经营战略的创新，成为实现企业制度与企业经营战略重要思想的保障和企业活力的不尽源泉。

6. 展示形象的品牌作用

企业品牌是企业形象的集中体现。一个企业如果不能形成自己的品牌，说明这个企业的生存和发展质量有问题。企业文化要通过塑造企业产品形象、企业员工形象、企业家形象、企业环境来确立自己的美好形象，进而在社会上产生一种辐射作用，形成一种形象感染力，扩大企业的知名度，提高企业的美誉度。

（三）企业文化的特性

1. 企业战略不同价值选择不同

企业文化是企业战略选择在价值理念上的反映。不同的企业又具有不同战略选择和制度安排，因而形成了企业文化的差异性。如河南万里的企业文化与青岛交运集团的企业文化就不同，因为它们在战略选择上有很大的差异。

2. 企业家的价值理念不同文化选择不同

在一般的情况下企业文化必然要体现企业家的价值意志，而不同的企业的企业家的价值理念往往又是很不相同的，因此决定了企业文化的差异性。例如，万通的冯仑的价值理念与万科的王石的价值理念就相差甚远，因而他们的价值理念的差异，就导致了万通的企业文化与万科的企业文化的差异。

3. 发展阶段不同价值选择不同

有的企业刚刚创办起来，规模很小，这个时候它的企业文化当然就和那些已经发展得很成熟的企业文化不同，尤其是那些大企业的企业文化很不相同。刚刚创办起来的家族企业，其企业文化中的家族血缘理念就很强，而已经发展壮大起来的家族企业，其企业文化中的制度性价值理念就很强。企业处于不同的发展阶段，将有着自己特有的和自己的不同发展阶段相适应的企业文化，因此一个企业，其企业文化在不同的时期是有差别的。

4. 企业的环境不同文化选择不同

不同的国家和地区，其社会基础是不同的，因而企业文化也有很大的区别。社会基础对企业文化的影响是很大的，如果企业所存在的社会基础不同，那么当然企业文化也就不同。企业的不同社会基础，是决定企业文化的差异性的一个很重要的因素。

（四）企业文化的调整条件

1. 产权结构发生重大变革时

随着交通运输经济的发展，交通企

业的体制改革加快，交通行业大量国有企业通过产权重组、出让、兼并、收购等方式，使产权结构发生了根本变革。变革后的企业不再沿袭原有企业的价值理念，必然会选择与新的产权机制相一致的企业文化。

2. 发展战略重新定位

企业在经营活动中，为了适应经营环境，会适时地选择自己的发展战略。如单一性产业发展战略向多元性产业发展战略的转移；低价位市场发展战略向名品牌市场发展战略的转移。为了适应这种转移，企业也要改革自己的企业文化，重新定位自己的企业文化。

3. 高层发生重大人事更替

企业文化就是企业家的人格化反映，不同的企业家具有不同的文化理念。因此，当企业发生决策层的重大更替时，特别是一把手变化时，为了开创一种新的局面，高明的企业家往往以抓企业文化建设作为开创新局面的思想保证和理念基础，将自己的企业哲学、价值理念、思想风格融合成企业的宗旨、企业价值观，逐渐被广大员工所认同。

三、交通企业文化的概述

当中国交通企业文化建设自觉向纵深发展时的确需要明晰、深刻的理论作指导。然而，学术界关于企业文化的概念、范围和特征等问题，还没有形成一个统一的定论。要想准确、科学定义交通企业文化，是一件不容易的事情。为了帮助交通企业文化建设的工作者对交通企业文化的理论问题有一个一般性的认识，有必要通过对交通企业的基本特征的描述来理解交通企业文化。

（一）交通企业文化的定义

在对组织文化和企业文化的研究中，我们可以获得对交通企业文化理论上的认知。由于学术界很少针对一个特定的企业领域专门下一个定义，因而单独对交通企业下一个“文化”定义的意义不大。但为了满足一般读者对交通企业文化理解的需要，还是对交通企业文化下一个带有操作性的定义。

交通企业文化是交通企业实践运行的价值理念是企业行为规范的准则、社会责任的体现。交通企业文化的属性体现了企业文化的一般属性、社会文化的继承性、地域和跨国文化的相容性、交通产业战略的相关性、企业实践的价值性、企业的社会责任性、企业文化的哲学规范性等方面，是物质财富和精神财富的总和，伴随着交通企业从成立到发展的全过程。

（二）交通企业的基本特征

分析交通企业的基本特征，是为了

更好地理解交通企业在特定的产业背景下产生的企业文化。交通企业的基本特征与交通运输业的属性和特征密切相关，因为交通企业是交通企业是交通运输业的基本单元和组成主体。交通运输业的属性和特征主要体现在以下几个方面。

1. 交通企业是国民经济的基础性产业

主要从以下五个方面来理解。

1）国民经济的先行产业

交通运输是联系生产、流通和消费的纽带，是促进经济良性发展和社会全面进步的基础。经济活动的各个领域，无论资源开发、产品加工还是商品流通，实现产品和劳务的商品化，首先要解决的是设备、原料和能源的输入与产品的输出问题，这些都必须依靠良好的交通运输条件来实现。因此，交通运输的持续、稳定和超前发展，是国民经济保持持续、稳定和快速发展的先决条件，“经济要发展，交通必先行”。

2）满足人们生活的基本条件

交通运输业是提高人们生活水平的基本条件。交通运输业是满足人们日常生活需要的基本条件。人们的日常生活按消费类别分，主要包括食品、衣着、居住、交通、文化生活以及其他用品和服务等方面，其中交通与其他各方面的关系都十分密切。随着社会分工的越来越细，人们的食品、衣着以及其他用品和服务等已均非自给，而均需外出采购，外出采购就需借助交通运输。在居住方面，随着城市的扩大化和社区的分散化，人们的居住场所距离工作场所已越来越远，上班下班也要凭借交通工具往返于居住场所与工作场所之间。进入现代化社会，人们对文化生活需求增加，接受教育、参加娱乐及体育活动等也需要交通工具。由此可见，人们日常生活的方方面面都离不开交通运输，交通运输是人们日常生活的基本条件。

3）提高生活水平的重要因素

社会主义的首要任务是发展生产力，逐步提高人民的物质和文化生活水平。交通运输业作为提高人民物质文化生活水平的重要因素，主要体现在两方面：一是交通条件是人民生活水平提高的重要表征，二是交通条件是提高人民生活水平的重要支撑。人民生活水平提高的表征是消费结构档次的提升，即消费结构中各要素消费支出所占消费支出总额比重的良性涨落，其中交通消费是重要方面之一。同时，对消费结构中其他要素来说，交通条件也是提高人民生活水平的重要支撑。在消费结构中，食品、衣着、居住以及其他用品和服务等其他各方面都与交通关系密切，在这些方面人们要提高生活水平，必须首先改善交通条件，只有交通系统先行改善，才能保障供给及时、充足，出行方便、快捷，真正实现物畅其流、人便于行。

4) 维护国家和社会稳定的基本保障

交通基础设施和运输装备是巩固国防的重要保障。交通基础设施和运输装备都具有军事用途，军事力量的部署和投放都以交通条件为依托，因而交通基础设施和运输装备是巩固国防的基本保障。交通建设必须依法坚持平战结合的原则，寓国防要求于交通规划、设计、施工和管理之中。总之，兵贵神速是战争的通则，而能否做到神速则主要取决于交通保障能力，交通运输业的发展必须在战略上充分考虑军事功能和国防使命。同时，交通运输业是完成国家重大政治任务的基本保障，交通运输业在国计民生物资运输、抢险救灾物资运输以及地区扶贫交通建设等方面肩负着重大的政治使命。

5) 社会公共事业

交通企业明显地表现出社会性、共用性和公益性等多种典型属性。

(1) 社会性

社会性主要体现在交通运输业是为全社会服务的，其服务对象涵盖了所有社会群体和个体，其服务过程贯穿于生产和生活的方方面面，交通运输业要最大限度地提高交通运输的通达深度，因地制宜地创造交通运输条件，以满足全社会各阶层最基本的以至高层次的交通运输需求。

(2) 共用性

共用性主要体现在交通基础设施和运输装备是为全社会所共用的，任何社会群体或个体对交通基础设施都享有平等的使用权，对交通运输服务都享有平等的消费权，交通基础设施主要为国家所有，以保证其能为全社会所共用，交通运输工具的运营设立安全监督管理机构，以维护公共交通秩序，保障公共交通安全。

(3) 公益性

公益性主要体现在交通运输业的发展尤其交通基础设施的建设，一般不注重其自身的直接经济效益，或说不以利润最大化为目的，而重在社会效益，政府部门要对交通运输业的健康发展予以必要社会性管制和经济性管制。

先导性产业

2. 交通运输是国民经济的先导性产业

交通条件是区位条件的组成部分，是区位优势的体现形式，良好的交通条件可以引导产业合理布局和城镇合理布局，优化其空间布局。运输条件是产业区位选择和产业布局调整的重要影响因素，也是人口聚集、城镇发展的重要影响因素，运输条件的改变往往直接导致产业布局和城市布局的形成与改变。

早在远古时期，人们傍水而作、倚水而息并沿岸设市，以藉灌溉之利、舟楫之便。进入现代社会，工业文明出现，蒸汽用之于船舶，现代交通运输得以问世，水路运输迅猛发展，沿江、沿海工业走廊和城镇群体相继形成，深刻影响了工业布局和城镇布局。

到后来，铁路交通兴起，工业布局和城镇布局开始向铁路沿线转移，新兴产业带和城镇区不断形成，进而出现了为数更多的经济走廊和城镇群体。

延至近代，公路交通兴起，产业布局受交通条件的限制比以往更小，结果公路沿线的产业区、生活区以及通过公路将其连接而形成的沿线产业带和城镇群体比比皆是。在千百年的实践基础上，人们不断总结并认识到，畅通、便捷、高效和低廉的交通条件可以促进人口、资本和商品的聚集。

于是，人们发挥主观能动作用，通过积极改善交通条件来主动引导人口、资本和商品的流向，以形成新兴产业地带和城镇或扩展既有产业地带和城镇，从而调整和优化产业布局和城镇布局，实现产业和城镇的合理布局。

3. 交通企业是国民经济的服务性产业

现代服务业主要指依赖于现代信息技术和现代管理技术而产生的服务

业，包含受工业化进程和社会化分工不断深入的影响而产生的新型服务业及对传统服务业改造后形成的服务业，其发达程度是衡量经济社会现代化水平的重要标志。

现代服务业一般分为基础服务、公共服务、生产服务和消费服务，主要涉及交通、通信，公共管理、基础教育，金融、批发，餐饮、旅游等领域。其中，基础性服务既为生产提供服务也为消费提供服务，交通即属此类。交通是联系生产、流通和消费的纽带，既提供生产性服务也提供消费性服务，是我国现代，服务业优先发展的重点领域之一。

服务的意识和品质，是现代服务业突出强调的方式和手段；用户至

上、质量第一，是现代服务业的价值理念；不断提升服务品质、改进服务方式、强化服务手段，主动实现、维护、发展好用户利益，同时兼顾好社会公众、交通员工利益，是现代服务业的价值标准；依靠技术和管理来改进服务方式、提高服务品质、降低服务成本、提高服务效益，从而更好地满足不同用户的专业化、多样化、人性化、个性化需要，是现代服务业的追求目标。

因此，大力发展交通产业，实现交通由传统产业向现代服务业转型的历史进程，符合国家大政方针要求和世界经济发展规律，同时也是交通自身发展由较低阶段走向更高阶段的必然趋势。

（三）交通文化与交通企业文化的关系

1. 具有指导和引导作用

一个企业的发展离不开这个企业所处产业的整体发展，离不开所处产业的理念、价值和实践准则。交通文化构建了交通行业的价值理念和实践准则，体现了行业公众利益的价值取向，这是行业中任何组织和个人都必须遵守的准则。这种产业的总体价值和理念对交通企业文化建设具有重要的指导和引导作用。

2. 文化建设互为依托

产业的主体是企业，市场的主体也是企业。这是我国经济发展的客观态势。企业文化与行业主体文化的发展密不可分。交通产业的主体是交通

企业，交通文化建设离不开交通企业。我国的政治、经济环境和交通产业发展的实际情况，决定了交通行业文化与交通企业文化建设的一致性原则。因此，交通文化和交通企业文化建设互为依托。

3. 母子文化的关系

交通文化是对交通行业特色文化的总称。交通文化是对交通行业各部门、各单位文化的系统总结和高度提炼，是交通行业各部门、各单位特色文化的综合，是整个行业各系统组织中具有典型性和代表性的文化。因此，交通文化也是对各系统、各专业、各组织的特色文化进行整合和升华，集各行业、各部门、各单位文化之大成，来反映整个行业价值理念。交通文化和交通企业文化是母子文化的关系。

4. 交通企业文化是交通行业的个性文化

交通行业的各种组织在认同整个行业共同的价值理念的同时，还有独具系统或专业特色的价值理念。交通行业的各个组织是通过对交通行业共性文化的遵从与扬弃来凸显其个性的。各种组织根据自身发展的目的和任务以及外部环境和内部条件，对行业文化所倡导的价值理念进行重构与再造、延伸与细化，从而形成有别于其他组织的具有鲜明风格的个性文化。也正因为这些组织个性文化的存在,交通行业才形成了丰富多彩、蔚为大观的特色文化。

（四）交通企业文化的核心内容

随着交通企业对企业文化建设的高度关注和需求，及交通企业文化咨询业的发展，交通企业在搞清了什么是交通企业文化含义和背景之后，必然要涉及交通企业文化的内容。因交通企业文化本身是一个宽泛性的范畴，交通企业文化的内容也必然呈多样性。交通企业在选择做交通企业文化项目时，交通企业文化除其行业特征外，其核心内容与交通企业文化的核心内容是一致的。只有把握住交通企业文化核心内容，交通企业文化建设才有价值，交通企业才能有绩效可言。

1. 生存与发展文化

生存、发展文化是企业的基础文化，其核心问题是体现企业生存、发展的价值理念。任何一个企业的生存、发展都是在一定指导思想，目标理念的导向下运行的。只不过有的企业其指导思想、目标理念与企业的生存、发展的客观现实不一致，运行差距比较大，致使企业的生存、发展质量不高。因此，企业生存、发展文化是企业的战略总体问题，是每个企业不得不考虑的重要课题。生存、发展文化主要包括：企业使命、企业愿景、企业精神、企业核心价值观等。

2. 团队文化

团队文化是企业文化核心价值的主要内容之一。团队文化主要包括：团队的精神理念、团队的共同愿景、团队学习。

1）团队精神

团队精神理念是当代企业普遍倡导和信奉的一个重要的价值理念。从现实状况看，团队精神理念，直接关系到企业能否充满活力、是否具有凝聚力和能否可持续性发展的问题。可以说，一个没有团队精神理念的企业，必然会产生一种很严重的“窝里斗”，最终必然会损害企业的活力和企业的发展。那些充满活力并且可持续发展的企业，往往都是团队精神理念比较强的企业。

团队精神理念最充分地反映了现代生产力的内在要求，现代生产力的重要内在要求和特征，就是分工与专业化协作。有效协作就是一种团队精神。

团队精神理念以充分发挥人们的比较优势为核心。人们在能力上各有差异和特长，这实际上就是比较优势。团队理念就是要组合人们之间的这些比较优势，组合才能产生综合优势。通常一些非常能干“大事”的人，都需要一些只能干“小事”的人配合协作。因此，如果互相看不清对方优势，内战不断，必须影响企业发展。

团队精神理念是协调人们之间相互关系的基本规则，人与人之间有差异，也会有矛盾，协调的准则就是团队理念。如果没有一种团队精神理念的贯彻，实际上人们之间的矛盾和差异是很难协调的。对于一个企业来说，团队精神应该高于个人利益。

团队精神理念并不漠视人们的自我创新能力，而是更强调人们的自我创新能力，但这种自我创新能力必须与协作原则有效组合。这两者有效组合的结果，实际上就是一种团队精神理念。

2）团队共同愿景

团队共同愿景是组织的理想，它高于现实，深入现实，具有极大的感召力，能激发组织成员的创新性冲动，彼得·圣吉说过：愿景可以团结人，愿景可以激励人，愿景是拨开迷雾指名航向的灯塔，愿景是困难时期或不断变化时代的方向舵，愿景是竞争的有力武器，愿景能够建立起一个命运共同体。当然，企业的愿景总体说来即是团队的愿景，但不全是。其差异在于层次性和多样性。

3）团队学习

团队学习，就是开发团队的集体智力，发挥团队成员的合作精神和相互配合能力，将个人智能导向共同愿景的过程。

在现代企业中，学习的基本单位应该是团队，团队的智慧高于个人智慧的总和。

彼得·圣吉和他的工作伙伴曾调

查了4000家企业，发现了一个现象：很多团队，个人智商都在120分以上，但团队智商却只有62分。在很多企业里，经常是三个诸葛亮在一起，结果变成了一个臭皮匠，而不是三个臭皮匠合成一个诸葛亮。

过去企业要取胜，关键是靠一两个杰出的领导人，而现在是信息社会、知识经济时代，企业要成功，就要靠知识，靠全体员工的创造力。这就要靠组织团队学习，开发整个团队的整体能力。

对企业来说，处在一个不断学习的社会环境中，处在社会竞争最激烈的市场之中，自身就更有必要进行学习，而团队学习作为企业学习的一种方式，也成了一种备受关注的企业活动。企业组织在今日尤其迫切需要团体学习，无论是管理团队，或是跨职能的工作小组。之所以如此，是因为现在几乎所有的重要决定都是直接或间接通过团队形成而进一步付诸行动的。在某种程度上，个人学习与组织学习是不相关的，即使个人始终都在学习，并不表示组织也在学习。但是如果是团队在学习，团队变成整个组织学习的一个小单位，他们可将所得到的共识化为行动，甚至可将这种团队学习技巧向别的团队推广，进而建立起整个组织一起学习的氛围与机制。

作为团队的每一名成员，了解成功团队的文化共性很有必要，这可以鼓励他们为之共同努力；而作为团队的领导者，了解优秀团队领导者的特征也是非常有必要的，他可以知道自己在团队中的重要性与作用，知道如何改进自己的工作，以认真的态度与真挚的情感来做一名团队领导者，带领他的团队成员一起，塑造出健康、积极、成功的团队文化。

3. 企业制度体系文化

企业制度体系文化是由企业的规则形态、组织形态和管理形态构成的外显文化，是企业文化的重要内容，一般包括企业的各种规章制度、经营制度和日常管理制度等。在企业文化形成和建设的过程中，体现企业家意志、体现企业价值取向、体现企业经营理念的组织、经营及管理形态，都必须通过具体的制度体系的创建去实现，而体现了企业经营管理特点的合理的制度体系，必然会促进和影响员工核心价值观念的形成，从而表现出组织期望的良好的行为习惯。

如果把企业文化比作一个鲜活的人体的话，那么企业的制度文化就是企业文化的骨骼，健壮的骨骼必然会对“人”的健康发展起着决定性的支撑作用。因此，一个企业的制度一旦上升到文化的高度，就必然形成员工对自我行为自觉的约束力。对企业来说，制度文化的真正意义在于它建立了一个使企业发展战略得以有力贯彻，使企业高层管理者的管理意志、管理风格得以有效体现，使员工对企业文化得以高度认同的管理环境。通过制度文化的有效实施，更好地约束和规范员工行为，降低管理风险，转移管理者和被管理者的对立矛盾，使企业管理中不可避免的矛盾，从人与人的对立弱化为人与制度的对立，以提高企业的管理及经营绩效。

4. 品牌文化

品牌文化是指有利于识别某个销售部或某群销售者的产品或服务,并使之同竞争者的产品和服务区别开来的名称、名词、标记、符号或设计,或是这些要素的组合；是指文化特质在品牌中的沉积和品牌经营活动中的一切文化现象，以及它们所代表的利益认知、情感属性、文化传统和个性形象等价值观念的总和。

品牌是一种文化,而且是一种极富经济内涵的文化。品牌是文化的载体,文化是品牌的灵魂,是凝结在品牌上的企业精华。品牌与文化这对孪生兄弟,一方面以文化支撑着品牌的丰富内涵；另一方面品牌又可展示其代表的独特文化魅力,二者相辅相成,相映生辉。品牌是物质和精神、实体和符号、品质和文化高度融合的产物,即品牌是文化的最终成果。而文化则是品牌的生命、产品的精髓、企业形象的内核、产品品质的基础。所以,企业不能没有文化,产品不能没有文化,品牌不能没有文化,没有文化的企业及其产品、品牌是不具有品牌的生命、灵魂和气质的。商品、品牌与文化的联系如此紧密,以至于从某一种程度上来说,如果能把握社会文化结构需求和趋势与变迁,以相应的商品与之相契合,则是一个巨大的潜在市场。

品牌是市场竞争的强有力手段,同时也是一种文化现象,含有丰富的文化内涵。在塑造品牌形象的过程中,文化起着催化剂的作用,它可使品牌更加具有意蕴与韵味,让消费者回味无穷,牢记品牌,从而提高品牌的认知度、知名度与美誉度,提高品牌的市场占有率。因为,具有良好的文化底蕴的品牌,能给人带来一种心灵的慰藉和精神的享受。例如,用户购买了你的产品。就不仅仅是选择了你的产品质量、你的产品功能、你的售后服务,而是选择了你的产品中蕴含的文化品位。当你的企业开始建设品牌时,文化必然渗透和充盈其中并发挥无可比拟的作用,而创建品牌就是一个将就文化精致而充分展示的过程。市场营销和品牌竞争的实践也证明：文化内涵是提升品牌附加值、产品竞争力的原动力,是品牌价值的核心资源,是企业的一笔巨大财富。

所以,一些世界著名的大公司都密切关注“上帝”的消费心理变化,开始以满足消费心理需要带动物质消费。麦当劳提出：“我们不是餐饮业,我们是娱乐业。”法国香水店说：“我们不卖香水,我们卖的是文化。”可口可乐、麦当劳、万宝路、海尔等公司之所以家喻户晓,除了他们的企业形象策略外,他们还赋予了其企业及产品、品牌极高的文化内涵和精神价值、人文价值。

品牌包含着文化,品牌以文化来增强其商品附加值。但品牌在吸收借鉴文化时,本身也在创造一种新的文化。当计划经济时代的落后经济环境被市场经济时代的激烈竞争环境所替代时,中国人的心理产生了巨大的变化。人们从新体制、新生活、新产品中感到了旧价值的失落,一种新型的文明将主导人们的行为方式,改变人们的生活消费观。品牌文化中所创造体现出来的那种新型文化,正好顺应了时代的潮流,符合市场经济的需要,因此,人们在购买品牌商品时也就在学习、体会这种新的文化。

21世纪是知识经济的时代,品牌作为走向市场的通行证,被企业视为市场营销与竞争的“利器”,而文化则是品牌的重要标志和灵魂。文化因素已渗入到了企业生产经营的各个层面——包括企业的精神、理念、道德、意识、价值观,也渗入企业所生产经营的产品之中,如:烟文化、酒文化、茶文化、饮食文化、服饰文化、建筑文化、居室文化、汽车文化等。

第二章 交通企业文化建设现状[1]

一、交通企业文化建设的基本特点[2]

（一）企业文化在企业发展中的作用

在所有调查的个人样本和单位样本中，认为企业文化在企业发展中的作用大的比例分别为45.2%和58.4%；认为比较大的比例为27.4%和23.6%；认为一般的比例分别为23.8%和15.3%认为不大的比例分别为3.6%和2.7%。

从对六类样本企业单位填写问卷的调查结果看，认为作用大比例高的企业依次为：港口（53.4%）、水运（51.9%）、公路运输（48.7%）、工程（47.1%）、交通产品（44.3%）和高速公路管理及运营（40.7%）。尽管高速公路认为作用大比例相对较低，但比较满意的比例相对较高（31.1%）。

调查结果一方面说明企业文化在企业的发展中确实起到了积极的作用；另一方面也说明企业文化的概念已被交通企业广泛的接受和认同。从对文献的研究中，我们也发现了相同的结果，在近几年企业领导人的讲话和企业的工作报告、规划中，“企业文化建设”都有专门的强调和计划安排，也是企业使用较高的词汇之一。

虽然，我们还不能对企业文化与企业经营业绩做相关性的分析和研究，但从对青岛交运集团“情满旅途”这一文化品牌的观察看，它所产生的社会影响和因品牌而延伸出来的巨大的市场空间，是完全可以得出企业文化和 绩“正相关”的结论的。因此，在交通企业进行文化建设正逢其时。

1. 本章结果主要来自于对《中国交通企业文化建设现状调查》（单位填写）和《交通企业员工满意度调查》（员工填写）的分析。

2. 调查采用问卷发放和现场问卷为主的方式，共回收单位有效问卷307份。样本覆盖了港口、水运、道路运输、交通工程建设、交通产品和高速公路管理及运营等六大类典型交通企业。个别问题在现场调查中采用随机的问卷设计方式完成。

（二）企业文化已经成为经营战略的思想保障

通过对样本企业中单位样本的调查发现，认为企业文化已经成为本企业经营战略思想保障的比例高达61.4%；选择“部分成为”的比例为21%；选择“没有成为”的比例为17.6%。结果一方面证明了企业文化在企业发展中的作用较大，同时也表明了企业对文化建设的务实态度。但选择“没有成为的比例也相对较高，说明部分企业的文化建设工作还比较薄弱，文化没有与现实的经营及战略挂钩。

但在对典型企业的现场调查中发现，几乎所有的企业都有自己的价值理念，而且要求自己所倡导的价值理念成为指导企业发展和规范员工行为的坐标。

在天津港石化码头，企业文化实际上已经发展成为企业的灵魂。在访谈中我们能够从干部和职工的举止言谈和他们的工作现场感受到他们提倡的：“以人为本，欲事立人；诚信为本，和谐发展；互尊互助，崇尚科学；创新进取，追求卓越；知荣明耻，勇于承担；同心协力，尽职尽责”的价值理念在影响着企业的经营行为和员工的行为方式。员工在价值理念上能够认同企业制度安排及企业的战略选择，并以符合企业制度安排及战略选择的价值理念来指导自己的行为。渗透了企业文化的经营和管理模式，帮助他们成功地拓展了具有文化整合意义的企业全套经营及管理的服务输出业务。

（三）企业文化已经成为企业创新的理念基础

我们对交通企业文化建设动因的调查，是从对案例的研究中提取的。调查中发现，多数企业进行文化建设的动因，是基于企业环境（包括竞争环境）、改制、经营战略的调整等，需要进行企业思维的创新（见表2-1），而

部分企业文化建设的动因　　表2-1

企业	企业文化建设的动因
青岛交运集团	个体车户进入客运市场，市场竞争环境无序
中集集团	实施国际化战略的需要
金孔雀集团	企业改制，需要用文化的力量凝聚人心
西汉高速	艰苦、恶劣的工作环境需要精神力量，有深厚的文化底蕴
天津港	应对竞争环境，提高核心竞争优势，有一定文化基础

续上表

企业	企业文化建设的动因
一航局	同质化的竞争市场，用文化完成差异化区隔
广州北环高速	企业管理的软环境升级，需要打造知名高速品牌
一公局	表达与众不同风格和形象，参与同质化的市场竞争

企业文化建设，恰恰能够帮助企业获得全新的理念和统一的意志。

一般来说，企业在发展的关键时期，都会产生变革企业文化的动因。抓住关键时期进行企业文化建设，能够帮助企业找回或重新塑造自我，实现新的发展目标。从这一意义来理解交通企业的文化建设，它在帮助企业完成价值重构的同时，也会成为企业观念创新和制度创新的动力，从而推动企业经营理念的创新和企业健康发展。

因此，企业文化也是交通企业经营活力的内在源泉。企业有活力员工就有创造力，员工有创造力企业就能更快发展。

（四）企业文化已经成为行为规范的约束力

在现场调查中，课题组还随机抽取部分员工进行了一道关丁“企业文化作用”的开放式问卷的调查，要求每位被调查的员工根据自己的理解，写出两个以上企业文化的作用。

统计结果表明，在回收的87份有效问卷中，员工一共回答的17个“作用”的问题，选择最高的是“行为规范”（61%的选择率），其他依次是：“活跃文化生活”（56%的选择率）、“改善企业环境”（47%的选择率）、“进行形象宣传”（41%的选择率）、“统一价值观”（32%的选择率），对诸如“凝聚、激励、导向、教育”等文化功能的选择率都不足20%。

调查结果揭示了企业文化建设中，员工对企业文化理解的一般规律是：

（1）员工对企业文化的理解更多地来自我的体验；

（2）员工对企业文化的评价，表象的、感性的因素要大于抽象的、理性的因素。

由此，这也给交通企业文化建设几点启示：

（1）价值理念的提炼要尽量使用

企业中员工熟悉的表述语言；

（2）用物化的方式强化企业的价值理念能产生意想不到的传播效果；

（3）企业的制度安排及对员工的行为规范要与企业提倡的核心价值观保持一致；

（4）企业文化的建设与价值理念的强化也要遵循“由表及里”和“由浅入深”的原则，寓文化于工作生活的环境中。

调查结果也从另一个角度反映出交通企业的文化还没有作用于员工的精神领域，文化建设仍处在表层和浅层的“初级”阶段。因此，交通企业文化建设任重道远。

（五）企业文化已经成为构建和谐交通的推动力

构建和谐交通是和谐社会建设的现实需要，进入新世纪交通部就提出了“更安全、更便捷、更可靠、更经济、更环保、更和谐”的发展理念，这一发展理念所体现的核心价值就是构建和谐交通。广大的交通企业就是在这一背景下进行企业文化建设的。

对企业文化在构建和谐交通中的作用程度的研究，也是通过对单位问卷的方式完成的。统计结果表明，在被调查的样本企业选择回答的4个维度中，多数企业认为本企业的文化“能够”有效地推动和谐交通的建设（57.7%）；认为“能，但有差距”的比例为22.7%；认为“有点”的比例为16.5%；认为“没有”的比例只有3.1%。

调查结果在很大程度上印证了我国交通企业认同和支持“和谐交通”的发展理念，企业文化建设已经发展成为构建和谐交通的重要推动力。从近年来我国交通企业在文化建设中取得的丰硕成果，以及这些成果在我国经济社会的发展中所产生的影响，就足以得出“企业文化已经成为构建和谐交通推动力”的结论。

（六）品牌建设已经成为交通企业文化耀眼的标志

品牌建设是企业文化建设的重要内容，凡是优秀的企业都非常重视品牌文化建设。总体上看，我国交通企业文化建设中的品牌建设，与树立良好的交通企业形象和企业及员工的期望还有一定的差距（见表2-2）。

在企业及员工对品牌建设的满意度评价的4个维度中，企业样本选择“满意”和“不太满意”的比例都相对较高（34.41%和31.80%），而且这两个维度的差别不大；在“比较满意”和“不满意”这两个维度的选择比例上也没有差别，满意度比例分别为17.42%和16.37%。企业和员工对品牌建设的满意度评价有一定的差距。员工对品牌建设“满意”评价的比例低于企业的评价

企业及员工对品牌建设的满意度（%） 表2-2

样本	满意	比较满意	不太满意	不满意
企业	34.41	17.42	31.80	16.37
员工	26.18	31.31	14.58	27.93

比例，但选择“比较满意”的比例相对较高（31.31%）。

调查结果在一定程度上说明，我国交通企业品牌建设的发展水平不平衡。特别是在激烈竞争的市场经济中，品牌已成为企业产品、商品、服务质量的重要组成部分。在产品、商品、服务等质量相同的情况下，企业品牌的影响力就成为竞争成败的关键性因素。特别是我国的交通企业普遍把“国际化”、“国内一流”、“国内外著名”等，作为企业的战略目标，品牌文化的作用就越来越重要。

虽然，问卷的调查结果反映了交通企业品牌建设的发展水平不太平衡，但是从现场调研的情况判断，许多企业在文化建设中已经注意并且重视品牌文化的建设。例如：积极利用各种宣传载体，传播企业的价值理念；打造体现价值理念的品牌形象；在产品及服务中渗透企业的价值理念。代表交通企业品牌文化建设成果的“情满旅途”、“一路真情”、“浇注明天”、“用心伴行”的服务品牌，“振超效率”、“祥瑞精神”的交通群体形象品牌，“润扬精神”、“太旧精神”的工程品牌，已经在社会上产生了广泛的知名度和影响力。这些优秀的交通企业品牌已经成为交通企业文化耀眼的标志。

（七）重视文化积淀是交通文化建设的重要方法

对交通企业文化建设方法的考察，是通过对典型企业的调研和部分企业案例的研究完成的。

研究发现，交通企业的文化建设采用的基本方法主要有四种：

（1）对企业的文化积淀进行整理、提炼；

（2）从我国传统文化的精华中寻找企业需要的要素；

（3）借鉴和参考同类企业的文化理念为我所用；

（4）几种方法的结合或以其中一种为主。

当然，在四种方法的运用中，典型、孤立的采用一种方法进行企业文化建设的企业并不多。多数企业是在对本企业的文化积淀进行提炼的基础上，借鉴和运用了其他的方法。特别是发展历史较长的企业，本身就有着丰厚的文化积淀，丰厚的文化积淀也是他们进行文化建设的主要动因之一。例如天津港、青岛港、青岛交运、青岛远洋等企业文化建设的实践，就是学习和借鉴国内外优秀企业的文化经验，挖掘、整理和提炼企业文化的积淀，立足创新、突出个性的典范。天津港的“鼎”文化，青岛交运的“真情”文化，西汉高速的“路史”文化，北环高速的“平安”文化，金孔雀的“共生”文化等已经成为企业发展的重要根基，并产生了良好的经济和社会的双重效益。

因此，借鉴国内外优秀企业的文化经验，挖掘、整理和提炼企业文化的积淀，立足创新、突出个性，也是交通企业文化创新的突破口。企业文化建设只有将优秀文化积淀与社会先进文化融合，才能更加符合新世纪我国交通企业发展战略的需要。

（八）企业精神的塑造是企业文化建设关注的重点

对交通企业文化建设中重点理念情况的调查，是通过对144个样本企业明文提出的各种理念表述频次统计进行的。统计表明，样本企业文化理念表述的主要内容包括：精神、价值观、经营理念、使命、服务理念、愿景、管理理念、人才理念、作风、安全理念、廉洁理念、学习理念、道德、团队理念、信条或哲学等。在上述15个理念中，有企业精神表述的企业频次最高，达101家，其他理念的表述频次见表2-3。

由于企业精神是企业文化特质中最富有个性和号召力的要素语言，因此它可以成为企业凝聚力的基础和发展的原动力。调查结果一方面说明绝大多数的交通企业，把对企业精神的塑造作为文化建设的重点；另一方面也反映出交通企业对价值理念体系的表述不是基于系统的思考。

样本企业主要文化理念的表述频次[1]（样本数：144个）（单位：次） 表2-3

精神	价值观	经营理念	使命	服务理念
101	83	82	78	66
管理理念	人才理念	作风	安全理念	愿景
46	44	35	33	62

随着中国的交通企业跨国经营和跨地区经营的不断发展，企业文化的作用将越来越重要。无论是企业还是员工个体，面对社会上形形色色的文化“侵犯”和多元价值的选择，只有靠共同的核心价值观和精神，才能使企业和个体紧紧的融合、凝聚在一起，同呼吸、共命运，同生存、共发展。因此，交通企业文化的传承、创新与发展，在重视塑造企业精神的同时，还要建立起共同的愿景和核心价值观。

（九）企业文化建设与精神文明建设高度融合

在对33家案例企业和典型企业获得的各类荣誉[2]的调查可知，企业获得的荣誉主要包括：与精神文明建设相关的荣誉、与党建及思想政治工作相关的荣誉、与生产经营（包括产品质量、信誉、品牌、发明等）相关的荣誉、先进单位称号等。

统计结果表明，样本企业获得的各类荣誉46.13%与“精神文明建设相关”；16.12%与党建及思想政治工作相关；21.24%与生产经营相关；11.80%是先进单位称号；4.71%是其他荣誉。

在中国特色的企业文化中，精神文明建设占有极其重要的地位，也具有很强的生命力，并为广大企业高度认同。在许多交通企业的宣传资料中，常常把精神文明建设与企业文化等同处理，不可分割。主要原因有两个：

（1）因为企业文化和企业精神文明都具有相互一致、高度统一的价值要素，都同属于企业经营和发展的支持保障系统。

（2）企业文化建设与精神文明建设高度融合，有利于发挥企业文化建设的优势和传统，促进企业文化创新。

交通企业在多年的生产经营的实践中，积累的许多精神文明建设的成果和宝贵的经验，已经成为交通企业文化取之不尽的精神源泉。

1.其他理念的表述频次为：廉洁（21）、学习（20）、道德（19）、团队（11）、信条（9）。
2.均为企业认为含金量高的荣誉。

二、交通企业文化建设存在的典型问题

（一）企业文化理论研究比较薄弱

整体上看，中国交通企业对企业文化理论的研究还处在起步的阶段，在行业内虽然也有过一些专门的研究，但大多数是以介绍经验和探讨企业文化的意义为主，真正有理论根据的定性研究和规范的实证性研究为数甚少。这就造成了在企业文化建设的实践中，理论研究滞后于企业文化发

展实践的现象。致使许多交通企业在文化的建设中，难以准确定位企业文化与企业发展、企业文化与社会政治和传统文化等内在的逻辑关系。由于缺乏对企业文化本质的把握，导致在企业文化建设的实践中，存在以下典型问题：

（1）在认识上，简单地把政治、社会道德和历史传统文化，把各类文学艺术形式和企业开展的各类文体活动作为企业文化。

（2）在实践上，企业文化建设中的责任和利益主体不明确或定位不清晰，企业文化和企业团队建设运行结合不密切，文化理念之间缺乏内在的同一性。

（3）在传播上，企业文化缺乏个性，因而社会的认知和员工的认同都受到影响，降低了企业文化的价值。

因此，进行中国交通企业文化的理论研究，可以对企业长期发展产生文化的推动力。

（二）企业文化与发展战略不结合

在144个样本企业文化理念的表述中，有明确的企业发展战略表述的企业仅有5.56%。结果一方面说明交通企业的文化建设与发展战略的关联程度不高；另一方面也说明企业文化建设不是基于战略需要的思考。仅有泛泛的文化理念，与战略脱节或关联不大，容易导致企业在发展变革中成本高、阻力大。特别是对处在向“一流”迈进的交通企业，变革与流程再造是企业发展中的重大课题。在这个发展的关键期，缺乏与发展战略相适应的企业文化的支持，必然会导致员工迷惘、迟疑而不愿跟进，影响企业变革的成效。

（三）企业文化建设不是基于系统的思考

从表2-3的数据中可以看出样本企业对文化理念的表述不是基于系统的思考。在144家企业中，有企业精

样本企业理念的表述比例（样本数：144）（%）　　表2-4

管理理念	人才理念	作风	安全理念	廉洁
31.94	30.56	24.31	22.92	14.58
学习	道德	团队	信条	战略
13.89	13.19	7.64	6.25	5.56

神表述的企业最高，但也只占样本企业的70.14%；有价值观（包括核心价值观）表述的企业也只占样本企业的57.64%；有使命表述的只占样本企业的54.17%；有愿景表述的仅占样本企业的43.06%。有经营理念和服务理念表述的企业，也只有56.94%和45.83%。其余的比例也较低（见表2-4）。

企业文化理念的表达不完整，难以形成完整的企业文化理念的识别系统，影响企业文化的系统实施。

（四）文化理念表达方式缺乏准确和个性

相对部分企业的文化理念仍然停留在标语式的口号和选择时髦的词汇上，典型的表现有：

（1）企业提倡的价值观与企业应该选择的经营行为不符，许多企业对价值观的表述采用社会普遍的价值观，忽略企业存在的价值。

（2）由于企业对文化的相关概念的理解有误，致使在理念的表述上，遣词不准确，语意与所表达的理念不符，影响企业文化的传播效果和人们正确地认知、理解。

（3）制度设计与企业文化提倡的价值观不匹配，导致企业文化与制度两层皮现象。

（4）企业总部中各分、子公司业务战略的选择、发展方式的选择等不一致，还没有完全实现母、子公司企业文化的对接。

（五）企业文化理念的宣导不尽人意

对企业文化的核心理念的宣导情况的了解，也是在典型企业调查中随机抽取74名员工进行现场测试获得的。试题为该企业的核心价值观、企业精神、愿景、经营理念、服务理念等，让员工在纸上作答。观察测试对以上理念能够默写出来的比例，判断企业文化理念的宣导情况，测试结果见表2-5。

以上结果反映了企业文化理念宣导工作环节薄弱。企业的文化理念如果不能“入耳”、“入脑”、“入心”，就不会成为影响和改变员工行为方式的精神力量。

被试对理念能够默写出来的比例（%） 表2–5

完全	大部分	一半左右	小部分	写不出来
24.32	27.03	18.92	10.81	18.91

三、员工对企业文化现状的满意度评价

（一）总体满意度评价较高

对307份有效问卷的统计结果表明，全国交通企业员工对企业文化建设现状总体满意度较高，满意度均数为5.62[1]。其中：港口类企业员工的满意度最高，满意度均数为5.83；交通产品类企业员工满意度相对最低，满意度均数为5.31（见表2-6）。

表2-6的结果从一个角度也说明了不同类别企业中的员工，对企业文化建设现状的满意度评价存在明显的差别。

在对精神、制度、行为、物质等四个层面文化的满意度调查中发现，员工普遍对企业精神、核心价值观、厂容厂貌和行为层面的服务理念、企业作风、岗位规范等项目的满意度评价较高，满意度均数都明显高于总体满意度均数为5.62。但对制度层面的分配观、绩效观、人才观的满意度评价不高，满意度均数分别为4.61、4.74、4.98。

调查结果表明交通企业在文化建设中，对精神和行为层面的内容比较重视，但对与报酬相关的价值理念的评价不高。员工对分配观不满意，主要来源

类别企业员工对企业文化现状的总体满意度均数（%）　　表2-6

港口	工程	水运	道路运输	高速公路	交通产品
5.83	5.48	5.66	5.74	5.37	5.31

不同学历员工的满意度　　表2-7

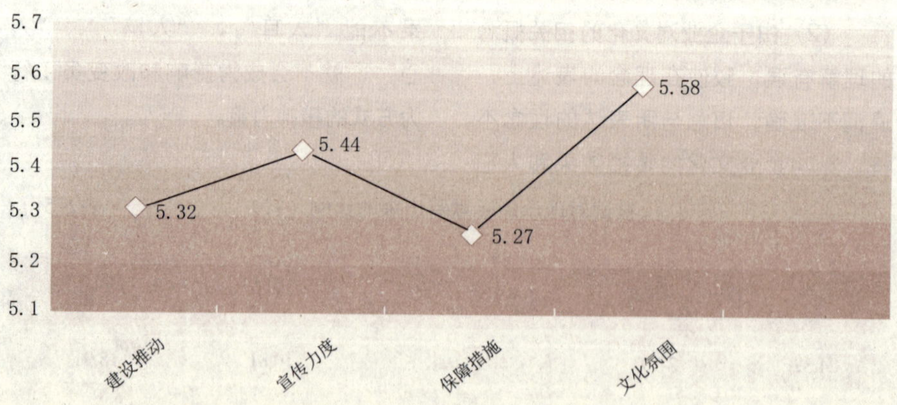

于对企业现行的分配制度的不满意。

在对企业制度与环境[2]的满意度调查中发现，员工对“报酬及福利”和“成就感与发展”最不满意，满意度均数仅为3.85、4.02。但对“人际关系”、“企业培训”的满意度比较高，满意度均数分别为5.84和5.76。

在对不同学历员工的满意度分析中发现，本科学历的员工对企业文化建设现状满意度最低，满意度均数为4.71；研究生及以上学历的员工满意度最高，满意度均数为5.71（见表2-7）

导致本科生满意度低的主要原因是“高期望”心理的影响；导致硕士研究生及以上学历员工满意度普遍高的主要原因与近年来交通企业普遍制订了引进高学历人才的政策有直接的关系。

应该说，本科生是目前交通企业人才队伍中数量最多的群体，提高他们的满意度对未来中国交通企业的发展影响巨大。安排“挑战性”的工作，满足他们渴望获得职业成功的需要等是提高他们满意度的关键。此外，也要设法在思想上消除“过高期望”的心理影响。

尽管目前硕士研究生及以上学历员工对企业文化建设现状的满意度较高，但满足他们个体对未来发展的预期也仍然重要。特别是中国的许多交通企业都把创办“国际一流”和“国内一流”作为企业的愿景目标，保持和提高他们的满意度是实行企业战略和愿景目标的关键。

1.设计问卷时，对每一个调查问题都采用7等级量表进行满意度评价；“7”为最高，“1”为最低。

2.调查涉及的制度与环境为：管理环境及制度、培训及学习型组织创建、报酬及福利、考核评价、成就与发展、工作环境与条件和人际关系。

（二）员工对文化建设实施的满意度评价不高

在与企业文化建设实施相关的四个调查项目中，满意度均数都没有超过总体平均水平。相对而言，员工对“企业的文化氛围”的满意度较高（5.58），接近总体平均（5.62）水平。在其他三个项目的满意度评价依次是：“企业文化宣传的力度和方式”满意度均数为5.44；“文化建设的推动”满意度均数为5.32；“文化建设的保障措施”满意度均数为5.27（见表2-8）。

总体上说，虽然员工对企业文化建设实施的满意度评价不太高，但结果也一定程度的表明，交通企业良好的文化氛围正在逐步形成，但加大企业文化建设的力度刻不容缓。因为员工在与企业共同发展中，有积极增长着的文化需要，一个有远大理想的企业就应该设法去满足员工的文化需要。况且企业设施文化建设工程，也是我们每一个发展中的交通企业的迫切需要。

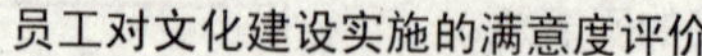
员工对文化建设实施的满意度评价　　表2-8

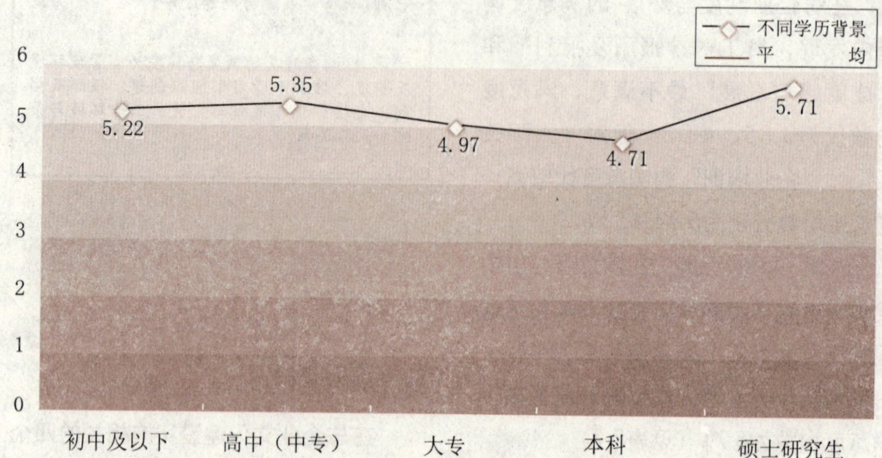

（三）员工对服务客户的态度和原则满意度高，但对人才制度的满意度低

在与管理环境及制度相关的六个项目*的调查中，员对服务客户的态度和原则的满意度最，满意度均数为5.98；但在“用人制度、”和“人才选拔程序、方法”这两个与人才相关的项目上的满意度评价较低，满意度均数分别为4.70和4.64。对“各项规章制度、制度实施效果和合理化建议处理”的满意度评价均数分别为5.17、5.24、5.41。

员工对企业在“服务客户的态度和原则”上的满意度高，一方面表现出交通企业服务性产业的基本特征，另一方面也反映了交通企业“客户至上”的价值观。员工对其他几个项目的满意度低，也说明了交通企业在制度建设上的不足，完善制度体系的建设也是交通企业文化建设中需要系统思考的问题。

*各项规章制度、制度实施效果、合理化建议处理、对客户的态度和原则、用人制度、人才选拔程序。

（四）员工对企业的学习氛围感到满意

了解员工对企业培训的满意度评价，是通过企业“学习氛围”、“培训经费投入”、“培训制度保障”、“培训内容”和“提供培训机会”五个项目的满意度调查获得的。结果表明，交通企业员工对企业的学习氛围满意度评价最高，满意度均数为6.02。在其他四个项目的满意度评价中，员工对企业“提

员工对企业培训的满意度评价　　表2-9

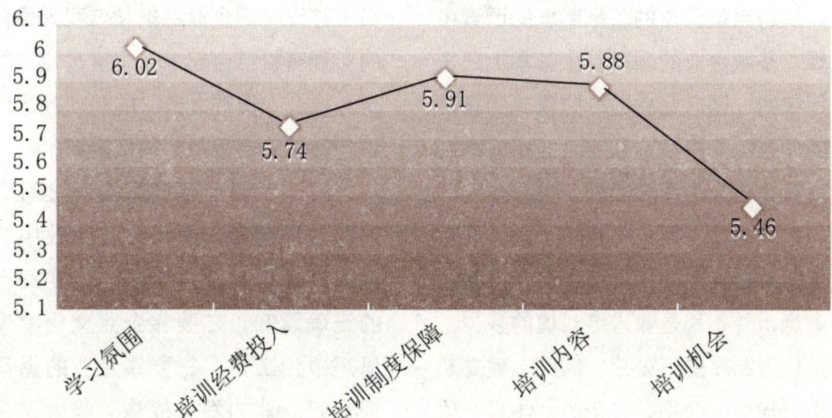

供的培训机会”满意度对最低，满意度均数为5.46（见表2-9）。

调查的结果表明，交通企业的学习氛围比较浓厚，但员工对企业提供的培训机会并不太满意。结果一方面说明交通企业比较重视对员工进行培训，员工也有较强的求知欲；另一方面也反映出企业给员工提供的培训机会，还满足不了员工的求知和发展的需要。

此外，企业培训经费的投入也是影响员工对培训满意度评价的重要因素之一，完善企业的培训制度是改善和优化企业人才培育环境的条件。当大多数骨干交通企业，把“国际化”、“一流”作为企业面向未来的发展方向，人才对实现企业战略目标的作用日益重要，造就高素质员工已经成为交通企业参与知识经济时代竞争的必然选择，在这个不断变化的、不确定的、竞争激烈的市场环境中，企业唯一长久的竞争优势，就是比对手学习得更快的能力。因此，加强对员工的培训工作，也是企业战略选择的迫切需要。

（五）员工对报酬及福利的满意度评价最低

员工对报酬及福利的满意度评价最低。在对报酬及福利满意度调查的四个项目中，员工对目前的工资收入满意度评价最低，满意度均数仅为3.87；对企业的福利待遇的满意度评价相对较高，满意度均数仅为4.08；对企业报酬奖励的公平性和薪酬制度的满意度评价均数也只有3.92和3.97。

导致员工对报酬不满意的原因：一方面是受社会上普遍存在的对分配制度不满意的“从众”心理的影响；另一方面也比较客观地反映了企业薪酬制度的设计还不能够体现“公开”、“公平”、“公正”的原则。薪酬分配还不能够充分反映个体的业绩、能力和贡献。从对典型企业的薪酬制度的调查中发现，多数企业的薪酬制度基本上还是在传统的、国有企业的分配模式的基础上的调整。如果说这些年企业在薪酬制度上有比较大的突破的话，也只是局部的与市场对接，而也不是基于整体的系统思考。在许多的情况下，员工对薪酬不满意，并不都是收入绝对值的多少，而是认为制度的不公平。因此，建立起科学、规范、公平、公正的，体现个体能力、贡献的薪酬制度，可以消除企业在分配上的不公平合理的现象。

（六）员工对成就感相对满意，但不满意目前的社会地位

对个体的成就感与发展的满意度评价，是通过“工作中的成就感”、“工作中能力和特长的发挥”、“目前的社会地位”和“提供展示才能的机会”等四个项目的调查获得的。统计结果表明，员工对工作中的成就感相对满意（满意度均数4.27），但不满意目前的社会地位（满意度均数3.64）。在对“企业提供展示才能的机会”和“工作中能力和特长的发挥”的评价中，满意度均数也不算高（3.81和3.96）。

调查结果一方面说明了，我国交通企业的发展前景有助于实现员工个体的理想和人生目标，但满足企业发展需要和员工个体发展需要的职业生涯管理相当薄弱；另一方面也反映了相当数量的员工并没有把企业愿景和自我人生目标的实现有机结合起来，“官本位”的思想和社会“贵贱之分”的职业观念仍然影响员工对自我社会地位的评价。

因此，如何引导员工通过对个体的职业理想和人生目标在企业中的实现来评价自我社会地位，一要靠社会的正确认知；二要靠企业文化建设和思想政治工作；三要靠企业的愿景来规划好企业的发展战略。因为，只有企业发展目标明确，才能吸引和凝聚员工共同发展；只有员工有正确的职业认知，才能够激发他们对理想和人生目标的不懈追求，才能感觉到服务交通、奉献交通对个体职业生涯发展的价值。

（七）员工对同事之间的人际关系状况最满意，但对干群关系现状评价较低

通过对企业干群关系现状满意度、同事之间的人际关系状况满意度、同事之间的工作配合与协作满意度、自己及周围同事的工作质量满意度、自己及周围同事的工作效率满意度的调查，员工对同事之间的“人际关系状况”和“同事之间的工作配合与协作”两个项目的满意度评价最高（5.98、5.95），但对干群关系现状的满意度评价较低（3.86）。员工对“自己及周围同事的

工作质量”和“自己及周围同事的工作效率”两个项目的满意度评价，在不同职务类别的员工之间有明显的差别：担任企业领导职务的人员的满意度评价较低（4.73和4.67）；普通员工评价较高（5.71和5.66）。

导致干群关系满意度低的原因，既有企业制度公平上的问题，也有观念和认识上的问题，还有干部和员工工作中行为方式的调整问题。由于干群关系是企业中最重要的人际关系类型，良好的干群关系可以营造融洽、和谐和稳定的组织气氛，促进工作效能的提高。因此，在交通企业的文化建设中，必须尽快消除影响干群关系发展的思想、观念和行为障碍，让他们在一种相互帮助、相互支持、尊重互信企业环境中发展干群关系，确保工作任务和企业目标的顺利实现。

导致不同职务人员对人际关系各项目评价差异的原因，既有企业制度和工作流程的因素，更有职务角色因素的影响。如领导者的高期望导致对自我或同事的工作质量、工作效率的满意度较低；而其他员工感受最多和最直接的是工作质量、工作效率的问题，满意度评价自然要高。

在现场调查中的一种感受是：调整改制中的企业、劳动密集型企业和人员流动大且配置非制度化的企业，人际关系的气氛似乎没有港口、工程等传统交通企业和谐。

（八）员工最期望的情景是个人价值的实现

在假设性的问题调查中发现，在六个被选答案中，员工最理想的三种工作情景依次如下：能充分发挥个人聪明才智，事业上能取得成就，经济收入一般（43.63%的选择率）;领导体贴下属，同事关系融洽，经济收入一般（37.26%的选择率）；优厚的经济收入，但工作较辛苦，社会地位较低（31.07的选择率）（见表2-10）。

从表2-10的结果中，可以看出交通企业的员工看重的是“个人价值的实现”、“融洽的上下级人际环境”和“优厚的经济收入，但工作较辛苦”。“工作的安全、舒适”和“职业的社会声望”在调查中并没有被员工看做是最期望的工作情景和个人最需要的因素。

这一结果比较符合交通企业员工职业心理和职业发展需要、个体经济诉求的一般规律，同时也反映了交通企业员工的职业价值导向和利益诉求倾向。交通企业员工有选择接受艰苦的工作环境，以获得优厚的经济收入的愿望。结果与国内学者调查科技型企业员工的职业心理有较大的差别。

充分考虑和尊重员工的这种合理的需要，保护好员工的这种职业价值导向和利益诉求倾向，是企业文化和制度建设要充分考虑的问题。

（九）员工最担心管理者对自己的工作不能公正评价

在10个假设性的被选答案中，员工最担心的三种工作情景依次如下：管理者对自己的工作不能公正评价（41.71%的选择率）；分配制度不合理，不公平（38.22%的选择率）；与管理者意见不合，矛盾很大（32.55%的选择率）（见表2-11）。

员工最期望的工作情景各项目的排序　　表2-10

序号	项　　目	百分比（%）	排序
1	能充分发挥个人聪明才智，事业上能取得成就，经济收入一般	43.63	1
2	领导体贴下属，同事关系融洽，经济收入一般	37.26	2
3	优厚的经济收入，但工作较辛苦，社会地位较低	31.07	3
4	有学习和提高的好机会，能掌握一门技术和知识	24.89	4
5	经济收入一般部门和职业受到社会和亲属尊重，经济收入一般	17.82	5
6	工作安全、轻松、舒适，但经济收入不高	8.90	6

员工担心在工作中出现的情况排序　　表2-11

序号	项　　目	百分比（%）	排序
1	管理者对您的工作不能公正评价	41.71	1
2	分配制度不合理，不公平	38.22	2
3	管理者与您意见不合，矛盾很大	32.55	3
4	工作部门内同事间互不信任，关系紧张	29.19	4
5	工作任务复杂、困难，经常感到有压力	20.63	5
6	工作中得不到学习、提高的机会	19.01	6
7	工作过于简单、单调、枯燥无味	15.01	7
8	用非所学，发挥不了专长，有劲使不出来	10.37	8

续上表

序号	项　　目	百分比（%）	排序
9	自己努力干好工作得不到同事理解，甚至招来冷嘲热讽	7.26	9
10	从事的职业别人看不起	6.04	10

以上交通企业员工的三种担心，与员工最期望的三种工作情景相互对应，构成了交通企业员工在工作中渴望得到领导的公正评价、渴望获得合理的报酬、渴望与领导者的关系融洽的心理需求。

从中可以看出，员工对最担心的工作情景的选择，主要源于对个人价值认可的渴望。由于在组织环境中，个人价值的认可主要是由上级管理者来评价的，所以管理者对自己的公正评价，就成了事实上的对自己的价值认可的重要标准。如果管理者对自己的评价没有达到自己的期望，自己又与管理者有意见分歧，个体便会产生失望或失败感。结果也符合组织行为中“干群关系”的一般心理规律。

消除员工这一焦虑、紧张心理的有效办法是：

（1）要营造制度导向型的企业文化和人际氛围，着眼于企业的制度评价，减少人为因素的评价带来的偏差；

（2）要在正确认识干群关系的基础上，调整好工作中的行为方式；

（3）要领导者和被领导者也要学会正确看待评价和被评价；

（4）要矫正自我发展中对人际关系的高期望，重新审视自我，正确评价工作业绩、价值取向和发展道路，以一种积极的心态面对组织中各种复杂的人际关系。

（十）吸引员工的主要因素是工作的稳定

在吸引员工在本企业工作的9个被选因素中，员工选择率排前三位的因素是：工作稳定（47.05%的选择率）；良好的人际关系（41.18%的选择率）；较大的发展空间（23.53%的选择率）（见表2-12）。

工作的稳定性和企业中良好的人际关系、较大的发展空间，是吸引员工在交通企业工作的主要因素。调查结果进一步印证了交通企业员工职业心理的一般状态和职业发展的需要现状，也比较具体地揭示了交通企业员工的一般职业价值导向。

同时，也从另一个角度表明了我国交通企业未来的发展空间对人才有足够的吸引力。

“良好的文化环境”没有成为交通企业对人吸引力，一方面表明员工的职业心理需求正处在“生存向发展”的转化之中；另一方面也表明了交通企业的文化环境还没有成为对人才的吸引力因素。

吸引员工在本企业工作的主要因素排序　　表2–12

序号	项　目	百分比（%）	排序
1	工作稳定	47.05	1
2	良好的人际关系环境	41.18	2
3	较大的发展空间	23.53	3
4	有学习提高的机会	17.65	4
5	能充分展示自己的才能	11.76	5
6	工作环境舒适	10.59	6
7	工作条件好	10.59	7
8	经济收入高	8.82	8
9	社会地位高	5.88	9
10	良好的文化环境		10

第三章 交通企业的使命*

一、企业使命的概述

现代汉语中的“使命”是指奉命去完成某种任务。现代企业管理中的“使命”是要表明企业的宗旨，即：回答“我们的事业是什么或我们的企业是什么”的问题。它是企业存在的理由，是企业存在的“宣言”。作为“宣言”，企业使命必须向员工、向社会宣告自己存在的价值、目的、意图、作用，企业及其成员的基本责任、承诺、经营方式、行为方式，建立企业的基础以及企业要达到的目标、推动实现目标的力量。

与其他社会组织的使命不同，企业使命是基于企业对战略的自我选择，它所回答“我们的事业是什么和我们存在的目的和意义”的问题，必须围绕企业对发展战略的思考和企业应该具备的社会责任。

尽管每一个企业都有不同的战略选择，就像一个人一样有不同的发展道路和与众不同的生命轨迹。但是，如何走完自己的“人生”、希望成为什么样的“人”、能够取得什么样的“成就”就需要有正确的目标的选择，需要有正确的世界观、人生观、方法论的选择，需要有正确的价值观的引导。一个人或一个企业带着服务社会，成就事业的使命来到世界上，来到社会生活中，就必然要表现出与获得成功相适应的行动。为了满足社会和“个体”的期望，也一定要表现出个体生命的理想和抱负。一个人用明确的文字表达其肩负的使命，就是向整个世界表达其毕生所追求的成功和价值!

虽然在企业运作的实践中，有明确使命的企业对使命的表述方式不尽一致，有针对企业具体工作任务式的陈述、也有纲领性的陈述、还有目标性的陈述、更有针对企业社会责任和企业价值的陈述……但基本都是在回答“我们的事业是什么”这一关键性的问题，都在表明“企业存在的根本意图和目的”。

不能确定企业的使命或宗旨，是企业遭受挫折和失败的一个主要原因。在正常的情况下，企业及其员工的盲目性，主要来源于没有设定明确的目标和发展方向。而明确的目标和发展方向是要通过“使命”的陈述来实现的。一个真正意义上的社会人，如果不明白“我存在的目的和价值”，它的人生必然是茫然和盲目的；一个企业如果不明白“我存在的目的和价值”，它的未来同样是茫然和盲目的，在市场经济的环境中，也必然会迷失方向和丧失竞争的主动权。

没有明确表达自己使命的企业，必然会产生没有使命感的员工，没有使命感的员工，就不会有对企业的责任、对社会的责任，更不会有对追求职业生涯成功的渴望。没有对生活渴望的人，不会获得成功，也不会获得他人的尊重。所以，每一个企业，无论大小，都需要通过对使命的表述，回答“我们的事业是什么和我们存在的目的和意义”。因为，使命描述了企业的发展方向、主导产品、市场和核心技术领域，反映了企业相对固定的核心价值观和核心目标，表明了企业最有价值、最崇高的责任和任务。

回答了“我们干什么和为什么干？”就可以有效地帮助员工理解企业的战略目标、理解企业的愿景、理解企业的核心价值观，从而与企业的文化保持一致，提高凝聚力和使命感。同时，企业通过对使命的表述，等于向社会各界、向合作伙伴、向产品的消费者表明了企业与他们的价值关系和企业存在的理由。一个敢于公开承诺的企业，一个敢于公开自己理念的企业，一个敢于将自己置于舆论监督下的企业，一定能够获得社会大众的认同与支持。

在市场经济环境下的每一个企业，都就会面对各种各样的发展机会，也会面对各种各样的利益诱惑，还会经受各种各样突发事件的影响。倘若企业不了解自己是什么、需要什么、代表什么？就不会正确地选择机会、选择利益，趋利避害；没有正确的选择，就不会形成企业自己的基本信念、价值观、行动计划和奋斗目标。许多时候企业改变自己也需要有明确的价值观和目标，只有明确地规定了企业的使命，才可能树立明确而现实的企业目标。那些真正成功的企业，不仅积聚了大量的人力和财力，而且都建立了一个能够引导企业长期存在和持续成长的、明确的、深刻的和广泛认同的企业使命。

交通企业的使命，就是要向社会各界、向一切使用交通产品的消费者、向全体交通企业的员工宣告：在振兴和发展祖国的交通事业中，我们存在的理由和价值！

*交通企业使命愿景、使命、精神、核心价值观的实证研究回收单位填写的问卷21份，从现场调研中获得单位样本12份，从其他文献中获得单位样本123份，共计156份，剔除无效问卷12份，用于分析的样本144份。具体问题的分析样本以企业对该问题的表述为准。

二、企业使命的基本要素

在78个样本企业提出的企业使命的表述中，我们概括出八个表达企业使命的要素。结果表明，样本企业使命构成要素的表述有明显的差别，但在“目标”和“责任”两个要素的选择频次明显要高，分别为45和41次；其次，在“发展”、“利益”和“报国”三个要素选择的频次上相对较高，分别为35、32和31次（见表3-1）。

尽管样本单位对使命构成要素有不

样本企业的使命要素（编码信息244：条） 表3-1

要素	典型的表述	频次	比例（%）	排序
报国	产业报国；报国；回报社会；奉献社会；造福人民；为国家和社会提供信赖的产品；为人类提供安全、舒适、耐久、美观的产品；促进经济腾飞；精忠报国；强港报国，贡献社会；报效国家	32	13.11	4
责任	社会责任；筑就现代文明；做负责任的交运企业；对人类富有价值；营造精品留后人；为社会铸就百年工程；承载社会期盼；为区域经济发展提供有力支撑；推动城市经济	41	16.80	2
目标	事业辉宏、业运长久；社会赞誉；一流企业；一流品牌；科技领先；追求完美；构筑精品；开创世界河口整治新篇章；确立技术国内领先地位；打造实力，建百年基业；立足交通，争当行业先锋；一流石化码头；立足华南，服务世界；质量第一；建设基地港口；打造物流大港	45	18.44	1
发展	发展企业；保员工发展；企业、员工共同发展；卓越企业；与世界公路技术发展同步；提供个人发展平台；为员工搭建成长平台；成就每一位员工；发展港口；发展企业, 成就员工	35	14.31	3
利益	造福员工；让股东满意；创造利润；实现企业效益最大化；实现股东利益最大化；提供创效益的产品；让员工得到最佳收益；造福职工；创造财富；回报股东	31	12.70	5

续上表

要素	典型的表述	频次	比例（%）	排序
服务	服务人民；服务社会；奉献迅速满意的服务；用心服务；为用户提供满意的产品服务；服务至上；为客户提供最优产品；服务客户	26	10.65	6
形象	重合同，守信誉，创精品，树品牌；雕铸品牌；浇注精品；提供高品质的产品；坚持不懈	17	7.69	7
顾客	顾客至上；以人为本；成就每一位客户；货主至上	17	7.69	8

尽一致表达，但部分企业基本还是在刻意地回答“我们的事业是什么或我们的企业是什么”的关键性问题，也都在试图通过对企业使命的描述来表明“企业存在的根本意图和目的”。例如：“致力于港口物流事业，打造物流大港，服务社会，回报股东，发展企业，成就员工”（芜湖港务公司），就明确表面了该企业是“港口”企业，属于“物流”行业，其存在的价值是要“服务社会”、“回报股东”、“成就员工”，愿景和目标是要“发展企业”打造“物流大港”。其使命构成要素包含“目标”、“责任”、“利益”和“发展”等主要要素。

“打开长江口，畅通黄金航道，促进长江三角洲及沿江经济腾飞，开创世界河口整治新篇章，确立中国国际水工技术领域强国地位，将中国文化推向世界，为建设者提供个人发展施展才智舞台”（长江口航道管理局），也表明了该企业是“航道”企业，其存在的价值是促进“经济腾飞”和“个人发展”，目标和愿景是“国际水工技术领域强国地位”。使命构成要素，主要包含 “报国”、“目标”、“责任”、“发展”等。

由于样本企业对使命概念的理解和领悟不太一样，因而在对使命描述的方式上存在较大的差别。多数企业对使命的描述，是采用多种要素综合的表达方式，但在构成要素的内涵上有所侧重。归纳起来大致有以下五种表述方式（见表3-2）：

（1）强调社会责任为主的表述。例如，“强港报国，贡献社会”（秦皇岛港务集团有限公司）所表达的主要内

部分样本企业使命表述方式 表3-2

表述方式	完整的表述
强调以社会责任为主的表述	敬业报国，奉献社会（江苏京沪高速公路有限公司徐宿养护中心）服务地方经济，共赢区域发展（青岛轮渡有限责任公司）构筑精品，造福社会（第一航务工程局第二工程公司）强港报国，贡献社会（秦皇岛港务集团有限公司）打造平安福港、效益快港、实力强港，实现“精忠报国、服务社会、造福职工”三大使命（青岛港集团有限公司）
强调以企业价值为主的表述	社会需要交运，交运奉献社会（青岛交运集团）发展并使自己对人类富有价值（中通客车控股股份有限公司）承载社会期盼，集散中外文明（天津港集团有限公司）汇四海物流，系五洲繁荣（湛江港集团公司）路畅人和，以道达远（苏州苏嘉杭高速公路有限公司）与世界公路技术发展同步，提供高品质创效益的产品，奉献迅速满意的服务；坚持不懈，追求完美（西安筑路机械有限公司）
强调发展目标为主的表述	打造实力，建设百年巴运；造福职工，情系巴运家园；立足交通，争当行业先锋（内蒙古巴运汽车运输有限责任公司）立足华南，服务世界，以一流的设施和服务水平，为广大客户提供“安全、优质、高效、便捷”的港口及综合物流服务，为区域经济发展提供有力支撑（广州港集团有限公司）为客户提供最优产品，为社会铸就百年工程，为员工搭建成长平台，让员工得到最佳收益（路桥集团第一公路工程局第三工程公司）
强调展示愿景为主的表述	港航连四海，路桥通五洲（中国交通集团第二航务工程局）顺天时，成就一流石化码头；借地利，成就每一位客户；造人和，成就每一位员工（天津港石油化工码头公司）在全球市场中，成为能按照客户需求，提供世界一流的现代化交通运输工具和相关服务的主要供应商，创造为客户所信赖的知名品牌，同时保持公司的健康发展和持续增值，为股东和员工提供良好回报（中集集团）以工作的高起点，产品的高科技，员工的高素质实现企业发展的高质量、高效益、高速度，成为“国内一流，世界知名”的企业（西筑集团）
强调具体目标为主的表述	为客户创造超值回报，为员工构建成长平台，为社会铸就百年工程，为股东赢取持久收益（路桥集团第一公路工程局）浇注精品，发展企业，奉献社会，造福员工（第一航务工程局）创一流业绩，育一流人才（上海交运）为国家、社会和用户提供可资信赖的工程勘察设计整体产品（中交第二公路勘察设计研究院）服务第一、质量第一、安全第一、信誉第一（深圳鸿基运输）实现企业效益、股东利益最大化（广西超大运输有限责任公司）

涵，是基于对国家、对社会的一种崇高的责任。“强港报国”，既概括地回答了“我们的事业是什么和我们的企业是什么”的问题，又表明了“我们存在的根本意图和目的”；“贡献社会”则是秦皇岛港的社会使命，是秦皇岛港对社会使命的态度，更是秦皇岛港人的价值观和精神归属！

再如，“打造平安福港、效益快港、实力强港，实现‘精忠报国、服务社会、造福职工’三大使命”（青岛港集团有限公司），也是典型的社会责任为主的表述，“打造平安福港、效益快港、实力强港”，既回答了“我们的事业是什么和我们存在的意义”等问题，又描绘出青岛港集团的未来景象；“精忠报国、服务社会、造福职工”的三大使命，是青岛港集团的社会使命，表明了青岛港集团对不同社会利益主体所要承担的道德责任。

（2）强调企业价值为主的表述。例如，“社会需要交运，交运奉献社会”（青岛交运集团），是一种非常典型的价值关系的描述，清楚地表达了“企业与社会”互为价值主体和价值对象的关系。它在回答“我们的事业是什么和我们的企业是什么”这一使命必须回答的问题时，也是通过“我们存在的价值”进行回答的。即：社会需要我，才有我存在的理由；我的存在又可用为社会创造价值。也可以说，青岛交运集团的使命，也是一种企业社会使命的表达方式。不同的是，其社会使命强调的是一种互为因果的价值关系，而不是一种“纯粹”意义上的社会责任。

“发展并使自己对人类富有价值”（中通客车控股股份有限公司），也是一种基于企业价值意义的使命表述。虽然，在中通客车公司的使命中，没有正面回答“我们的事业是什么和我们的企业是什么”的问题，但告知了“我存在的理由和价值”，表明了“企业与人类”的价值关系，为企业的“发展”找到最终的目标“对人类富有价值”，也蕴含了一种社会使命。虽然，中通客车公司在“使命”的表达内涵上有一定的缺陷，但其语言表达的风格活泼，不落俗套，给人以“清新”的感觉。

（3）强调发展目标为主的表述。例如，“打造实力，建设百年巴运；造福职工，情系巴运家园；立足交通，争当行业先锋”远大的理想（内蒙古巴运汽车运输有限责任公司)，使命构成的三个要素都指向企业的发展目标：“百年巴运”、“巴运家园”和“行业先锋”。在“百年巴运”的发展目标中，回答了“我们的事业是什么和我们的企业是什么”的问题，对“我们存在的意义和价值”的回答，也是通过发展目标来回答的。为了完成建设“百年巴运”的发展目标，一定要“打造实力”。因为，“实力”才是发展“百年巴运”的基础。“造福职工，情系巴运家园”表达了巴运公司与其成员之间的价值、利益和责任关系；“立足交通，争当行业先锋”既表达了巴运公司选择发展的领域，又表明了一种远大的理想。作为企业使命，其使命要素内在的逻辑关系有待调整，但在使命中清晰表明企业发展的意图和目标，容易起到凝聚人心的作用。

（4）强调以展示愿景为主的表述。例如，“顺天时，成就一流石化码头；借地利，成就每一位客户；造人和，成就每一位员工”是天津港石油化工码头公司的使命。建设“一流石化码头”是这个公司展现的未来景象。在展现未来的景象中，回答了企业使命必须回答的基本问题：“我是石化码头”，“我们事业是建北方枢纽油港”。使命表达的其他两个层次的内涵也是紧紧围绕“一流”的愿景目标进行表述的。表面上看，“成就每一位客户”和“成就每一位员工”表明的是“企业与客户”和“企业与员工”价值与利益的关系，但“成就”两个字，与“一流”作为一个统一的整体，共同表达了公司的愿景，更表达了“我们为什么做”的使命内涵。因为，企业使命只有表明“我们为什么做”，未来景象才具有可实现的意义。取“顺天时”、“借地利”、“造人和”的文化内涵，明喻“顺应时代潮流、建立共同发展的客户关系、与员工建立目标责任一致的利益共同体”，与“一流”、“成就”的表述结合，形成了天津港石油化工码头公司完整的使命表述。

（5）强调具体目标为主的表述。例如“为客户创造超值回报、为员工构建成长平台、为社会铸就百年工程、为股东赢取持久收益”（路桥集团第一公路工程局）是非常典型的、以强调具体目标为主的使命表述。在构成使命的几个要素中，几乎都是在表达一个具体的目标——“超值回报、成长平台、百年工程、持久收益”。对“我们的事业是什么和我们的企业是什么”问题的回答，是通过“铸”和“工程”来体现的。虽然不是直白的表述，但与其他几个目标进行组合，还是可以让人们感受到“我们存在的意义”和对“客户”、对“员工”、对“股东”的价值。其社会的使命也跃然纸上。

又例如，“浇注精品，发展企业，奉献社会，造福员工”（第一航务工程局）是围绕“浇注精品”的具体目标，按一定逻辑关系组合而成为企业的使命。“浇注精品”，既回答了“我们的事业是什么和我们的企业是什么”的问题，又表明了“我们存在的意图和目的”。“浇注精品”的企业使命是企业生存和发展的出发点，更是其体现社会价值的载体。

社会使命是交通企业使命表达的典

型特征。从以上对使命的分析中，可以看出，不管企业在使命表达的方式上有多么大的差别，但企业对社会、对客户、对员工、对股东等利益主体的价值关系、责任关系、利益关系。表达得非常明确。从而也说明样本企业普遍都具有较强的责任意识。尽管个别企业对自己使命的内涵定义不准确，尽管也有人认为使命一般与企业的实际经营是分离的。但是，作为一个没有远大理想、没有追求卓越理念、没有追求可持续发展的企业是不会向社会、向顾客、向员工、向股东提出企业的使命的！

在调查的134家交通企业中，对使命有完整的文字表述的企业只有78家。由于各个企业对“使命”概念的理解不一，因而表达的“使命”内涵差距较大。其主要原因是与多数企业没有建立起比较完整、系统的文化理念有关，故而常常将“使命”与“精神”或“价值观”等混为一谈。典型的表述列举如下：

（1）将明显属于企业经营理念范畴的内容作为使命。典型的表述如：“货主至上，质量第一”；“重合同，守信誉，创精品，树品牌”。

（2）将明显属于企业服务理念范畴的内容作为使命。典型的表述如：“服务第一、质量第一、安全第一、信誉第一”；“服务至上打造一流品牌，精心设计绘就栋梁基业”。

（3）将明显属于企业行为范畴的内容作为使命。典型的表述如：“全力做好每件事，用心工作每一天”；“安全、诚信、优质、高效”。

（4）将明显属于企业价值范畴的内容作为使命。典型的表述如：“顾客至上，科技领先，追求卓越，服务社会”；“弘扬古蜀文化，构建和谐金沙”；“创一流业绩，育一流人才”；“路畅人和，以道达远”。

此外，许多样本企业的使命没有回答“我们的事业是什么？”和“我们的企业是什么”的问题，特别是在普遍采用社会价值导向来表达企业的使命时，就忽略了企业本体的价值因素。例如，“造福员工，回报社会”。

将对典型的价值关系的描述作为企业的使命，例如：“社会需要交运，交运奉献社会”，虽然语言风格不落俗套，但从概念上说，作为使命的语言特征并不特别鲜明。有待进一步提炼、升华。

三、不同类别交通企业的使命

在对六大类样本企业的使命构成的要素进一步分析发现，六类企业使命构成要素的选择频次有一定的差别（见表3-3）。

港口类企业对“报国、责任、目标”三个要素的选择频次最高；交通工程建设企业对“形象、目标、责任”三个素的选择频次最高；水运企业对“目标、顾客、发展”三个要素的选择频次最高；道路运输企业对“责任、目标、发展”三个要素的选择频次最高；高速公路管理企业对“责任、报国、顾客”三个要素的选择频次最高； 交通产品企业，对“顾客、目标、发展”三个要素的选择频次最高。

从各类别企业使命构成要素的选择结果看，市场化程度较高的类别企业，选择“形象”和“顾客”的频次较高；高安全风险的类别企业，选择“责任”的频次较高；国有及国有控股企业，选择“报国”的频次较高。

调查结果在一定程度上反映了不同类别交通企业使命的价值取向，也具有典型行业的某些明显特征。

如果从类别企业对使命完整的表达方式上看，差别也比较明显（见表3-4）。

“强港、快港、福港、大港、平安港、效益港”是港口类企业最鲜明和最具有行业个性的“使命”词汇。多数企业采用直白的方式回答了“我们从事并为之奋斗的港口事业”和“我们的价值是什么”的问题。与员工的价值关系，在港口企业使命中也占有重要的位置。由于企业间经营业务及发展领域“同一性”的因素较大，因而部分港口企业对“使命”简洁的表述有“曲近同工”之感。

工程建设企业处在一个“同质

六类别样本企业使命构成要素选择频次排序　　表3-3

类别企业	要素排序
港口企业	报国、责任、目标、发展、利益、服务、形象、顾客
交通工程建设企业	形象、目标、责任、报国、利益、顾客、发展、服务
水运企业	目标、顾客、发展、报国、形象、利益、服务、责任
道路运输企业	责任、目标、发展、利益、服务、顾客、报国、形象
高速公路管理企业	责任、报国、顾客、发展、目标、利益、服务、形象
交通产品企业	顾客、目标、发展、利益、责任、报国、服务、形象

化”的市场竞争环境，生存和发展的压力使这类企业格外注重客户资源和企业品牌的影响力。因而在企业使命的表述中，使用最多的词汇也是与“客户资源”和“影响力”相关的词汇。如“客户、品牌、精品、造福

六类别典型企业的使命　　表3-4

类别企业	企业名称	完整的使命表述
港口	秦皇岛港集团	强港报国，贡献社会
	青岛港集团	打造平安福港、效益快港、实力强港，实现“精忠报国、服务社会、造福职工”三大使命
	天津港集团	承载社会期盼，集散中外文明
	天津港石油化工码头	顺天时，成就一流石化码头；借地利，成就每一位客户；造人和，成就每一位员工
	湛江港集团	汇四海物流，系五洲繁荣
	广州港集团	立足华南，服务世界，以一流的设施和服务水平，为广大客户提供“安全、优质、高效、便捷”的港口及综合物流服务，为区域经济发展提供有力支撑
	芜湖港公司	致力于港口物流事业，打造物流大港，服务社会，回报股东，发展企业,成就员工
	烟台港集团	建设基地港口，推动城市经济
	日照港集团	发展港口，报效国家，服务社会，成就员工

续上表

类别企业	企业名称	完整的使命表述
工程建设	第一公路工程局	为客户创造超值回报，为员工构建成长平台，为社会铸就百年工程，为股东赢取持久收益
	路桥一公局第三工程公司	为客户提供最优产品，为社会铸就百年工程，为员工搭建成长平台，让员工得到最佳收益
	二航务工程局	港航连四海，路桥通五洲
	一航务工程局	浇注精品，发展企业，奉献社会，造福员工
	一航局二公司	构筑精品，造福社会
	第二公路工程局	雕筑路桥品牌，筑就现代文明
	青岛路桥集团	筑路架桥，造福人民
	怀化路桥公司	铺路架桥，造福人民
水运	长江口航道管理局	打开长江口，畅通黄金航道，促进长江三角洲及沿江经济腾飞，开创世界河口整治新篇章，确立中国国际水工技术领域强国地位，将中国文化推向世界，为建设者提供个人发展施展才智舞台
	广州远洋运输公司	不断开拓进取,提供全球运输服务,促进国际经贸发展,以企业价值最大化回报社会
	中远南方沥青运输有限公司	不断开拓进取，提供全球海上专业运输服务，促进国际经贸发展，以企业价值最大化回报社会
	中远营港航运有限责任公司	开拓进取，提供海上冷鲜货物专业运输，服务客户最优，回报股东最大
	大连远洋	逐步建立在液体散货船舶运输业的领先地位,保持与客户、员工合作伙伴诚实互信的关系,最大限度地回报股东、环境和社会
	中远远达航运公司	全球承运，诚信全球
	长航南京长江油运公司	服务全球石化，追求客户满意
	青岛轮渡公司	服务地方经济，共赢区域发展
	南京水运公司	立足油运，服务石化
	福建冠海海运司	创造利润，回报社会

续上表

类别企业	企业名称	完整的使命表述
道路运输	北京银建公司	借科学运作和银建精神，促事业恢宏、业运长久；以规范经营和银建理念，保员工发展、股东满意；施卓越管理和银建理想，得钻石企业、社会赞誉
	内蒙巴运汽车运输有限责任公司	打造实力，建设百年巴运；造福职工，情系巴运家园；立足交通，争当行业先锋
	广西超大运输有限责任公司	实现企业效益，股东利益最大化
	山东省交通运输集团公司	用心服务，做负责任的交运企业
	青岛交运集团	社会需要交运，交运奉献社会
	云南金孔雀交通运输集团	服务社会，造福员工
	河北快运集团	方便用户，服务社会，适应市场，提高效益。通过一流的服务，树一流的信誉，创造一流的效益，求得国有运输企业新的发展
	济南长运公司	为社会创造价值，为员工创造机会
	上海交运公司	创一流业绩，育一流人才
	淄博交运公司	发展交运 ，奉献社会
	石家庄运输	服务客户，效力社会

续上表

类别企业	企业名称	完整的使命表述
高速公路	苏嘉杭高速公路	路畅人和，以道达远
	宁沪高速公路	致力于提供优质的高速公路服务，不断提升企业价值，为社会的和谐与发展作出贡献
	京沪高速徐宿养护中心	敬业报国，奉献社会
	海南高速公路	立足海南，服务社会
	山东高速公路	服务大众，奉献社会，回报股东，成就员工
	华北高速公路	积极开发、建设交通流量潜力大、有稳定回报的高等级公路项目，立足华北，面向全国，将公司发展成为国内建设和经营管理高速公路的主要企业；同时，通过积极寻求新的投资领域和利润增长点，成为有较强经济实力的上市公司，给公司股东不断增长投资的回报
交通产品	西筑集团公司	以工作的高起点，产品的高科技，员工的高素质实现企业发展的高质量、高效益、高速度，成为“国内一流、世界知名”的企业
	中通客车控股	发展并使自已对人类富有价值
	山西省交通建设工程监理总公司	严格监理把质量、营造精品留后人，为人类营造安全、舒适、耐久、美观的产品
	中交第二公路勘察设计研究院	为国家、社会和用户提供可资信赖的工程勘察设计整体产品
	西安筑路机械有限公司	与世界公路技术发展同步，提供高品质创效益的产品，奉献迅速满意的服务；坚持不懈，追求完美
	中集集团	在全球市场中，成为能按照客户需求，提供世界一流的现代化交通运输工具和相关服务的主要供应商，创造为客户所信赖的知名品牌，同时保持公司的健康发展和持续增值，为股东和员工提供良好回报
	浙江交通规划设计研究院	服务至上打造一流品牌，精心设计绘就栋梁基业
	江阴柳工	在新的一轮竞争中，产品处于国内领先水平，成为用户首选产品，满足用户日益提高的要求，实现企业的快速发展，成为国内道路机械的大型企业

社会、造福人民、造福员工”等。多数企业对“使命”采取简洁的表达方式，但无论其语言的使用，还是表达的内容、内涵基本一致，有“同曲同工”之感。

由于我国的水运企业已经把“国际化”作为企业的战略目标，因而“国际化”的因素在水运企业的“使命”中体现得非常鲜明。“全球”、“国际经贸”是水运企业“使命”中最富个性的词汇。社会使命在水运企业的使命中，也表达得十分明确。融入社会使命与国际化战略目标的实现中，是我国水运企业“使命”表达的特点。即便是对没有实施国际化战略的水运企业，服务特定的“区域”也是这些企业肩负的“使命”，有“异曲同工”之感。

“服务、奉献、效益、员工”是道路运输企业的使命中使用频次较高的词汇。对于始终处在服务第一线的道路运输企业，“服务、奉献、效益、员工”永远是它们肩负的社会使命。这些“使命”中经常使用的词汇与企业业务特点相适应，与企业未来的发展方向相一致。虽然，道路运输企业因其企业制度的差异，导致使命表述中的价值主体有一定的差别，例如，股份制公司常常出现“股东利益”的表述，但这也正是一个负责任的企业的“道德宣言”，有“同曲不同工”之感。

“服务、奉献、回报”是高速公路管理及运营公司使命表述中使用频次最高的三个词汇，基本体现了高速公路类企业的业务及发展特征。由于高速公路管理及运营公司是随着我国高速公路建设、发展而形成的新型交通企业类别，作为高速公路建设一种投资回收的手段，其发展战略的选择也必然要遵循“路畅人和”和“尽快获得投资回报”的价值关系。因此，其“使命”表述也必然要体现与这一发展战略相同的思想。“服务、奉献、回报”正是这一思想的具体表现，有“曲同众和”之感。

由于交通产品企业的业态不尽一致，因而在使命的表达上没有体现既具有共性，又具有个性特点的词汇。但是，以提供“物质”产品（制造）的交通产品企业，尽管经营业务及发展领域不同，但服务对象和提供产品的方式有一定的相似性。因而在“使命”的表述中，还是使用了有共同意义的词汇，例如：“世界、一流、知名品牌”。这类企业在使命的表达方式上比较规范，内容上也比较完整，都赋予使命以“愿景”。

总体上看，典型样本企业的使命，基本上是以强化“社会责任”为己任，以“社会使命”为企业使命内涵的基调；企业间的经营业务及发展领域有一定的“相似性”，企业使命表达的内涵就越接近；企业规模、企业制度和企业发展战略影响企业使命的表达。

四、国内外著名企业使命的表述

一般而言，任何一个企业自从降临到世界的第一天起，都肩负着某种特定意义的使命。“做什么”和“何时做”的问题，应该说是比较清楚的。但是，“怎样做”和“为什么做”的问题，每个企业未必都思考得很清楚。这就是“优秀企业”和“平庸企业”的本质区别。

尽管“优秀企业”的业绩、成就也有高低之分，但理想、抱负却没有“文野之别”。因此，“怎样做”和“为什么做”是衡量企业优劣与否的重要标准。虽然，有明确的使命表述的企业不一定都优秀；但是优秀的企业一般都有明确的使命表述。

国内外著名的企业都有比较完整和规范的使命表述。尽管，它们对自我的认知程度不同，反映在对使命的表达方式和对使命要素的选择等会也有较大的差别，但它们的使命表述都是有明确的“意图”和目标追求的。

国内外著名企业的使命对于我们准确地把握使命的内涵，规范、科学、恰如其分地构建交通企业的使命有一定的借鉴价值（见表3-5）。

国内外著名企业的使命，都清晰、明确地回答了“我们的事业”和“企业存在的目的、价值”，即“怎样做、为什么做”的问题。

由于使命是保证企业永远不丧失持续发展动力的基础之一，在著名企业使命的表达中，绝大多数企业的使命都已经从关注静止不变的产品质量、市场份额和具体工作的表达方式中摆脱出来了，将企业使命表达定位在几个关键性的、定性化的价值要素之中，从而使“使命”具有现实的引导和面向未来的推动作用。

国外企业的使命，大都使用简洁明了和精练的语言表达风格。例如：“给人们带来快乐”（迪斯尼）；“使平民大众有机会购买富人购买的商品”（沃尔玛）；“做极致汽车”（宝马）；“无边界，快速，远大”（通用电气）；“创造性地解决尚未解决的问题”（3M）等。简短的一句话，就将“我们的事业”和“我们存在的目的和价值”表达得清清楚楚。企业的个性特征反映在使命的表述中，也有比较鲜明的区别。

在与产品、市场、顾客关系等问题的表达上，几乎都采用了各自独特的价值要素的表达方式，例如：“产品和服务丰富大众生活”（耐克）；关键元件供应商和关键元件解决方案（英特尔）；思想及精神更怡神畅快（可口可乐）；“快乐”（迪斯尼）；“极致”（宝马）。清新、富有个性，没有雷同之感。

国内外著名企业的使命　　表3-5

企业	企业名称	完整的使命表述
国外企业	可口可乐	令全球人民的身体、思想及精神更怡神畅快，让我们的品牌与行动不断激励人们保持乐观向上，让我们所触及的一切更具价值
	英特尔	成为全球互联网经济最重要的关键元件供应商，包括在客户端成为个人电脑、移动计算设备的杰出芯片和平台供应商；在服务器、网络通信和服务及解决方案等方面提供领先的关键元件解决方案
	惠普	在技术上为人类进步和福利作贡献
	麦肯锡	帮助杰出的公司和政府取得更大的成功
	耐克	用我们的产品和服务丰富大众生活
	3M	创造性地解决尚未解决的问题
	索尼	体验为公众利益改进和应用技术的快乐
	通用电气	无边界，快速，远大
	迪斯尼	给人们带来快乐
	沃尔玛	使平民大众有机会购买富人购买的商品
	宝马	做极致汽车
	奔驰	设计最佳的汽车

续上表

企业	企业名称	完整的使命表述
国内企业	TCL集团	为顾客创造价值，为员工创造机会，为股东创造效益，为社会承担责任
	五粮液集团	弘扬历史承传的精髓，用我们的智慧、勇气和勤劳来造福社会
	宝洁中国	提供优质超值的品牌产品和服务，美化世界各地消费者的生活
	红塔集团	员工是红塔最大的财富，能否让消费者的满意取决于我们能否以真正的以人为本的态度对待员工，从而激发出员工的创造性和活力；以红塔自身的高度，托起消费者的成就感
	华硕电脑	藉由提供不断创新的IT解决方案，激励华硕的使用者发挥最大潜能
	联想集团	为客户：联想将提供信息技术、工具和服务，使人们的生活和工作更加简便、高效、丰富多彩；为员工：创造发展空间，提升员工价值，提高工作生活质量；为股东：回报股东长远利益；为社会：服务社会文明进步
	同仁堂集团	弘扬中华医药文化，领导"绿色医药"潮流，提高人类生命与生活质量
	华为集团	聚集客户关注的挑战和压力，提供有竞争力的通信解决方案和服务，持续为客户创造最大价值
	中国建设银行	为客户提供更好服务，为股东创造更大价值，为员工搭建广阔的发展平台，为社会承担全面的企业公民责任
	国航	满足顾客需求，创造共有价值
	中国移动	创无限通信世界，做信息社会栋梁
	中国电信	让客户尽情享受信息新生活
	海尔集团	创造世界名牌
	伊利集团	不断创新，追求人类健康生活
	蒙牛集团	百年蒙牛，强乳兴农

在企业的社会使命要素的表述中，几乎没有一家企业直接使用“服务社会”的词汇。也许作为面向全球经营的跨国公司，其社会使命的最高境界是“为人类进步和福利作贡献”（惠普），是“为丰富大众生活”（耐克）和“公众利益改进”（索尼）而工作。

与国外企业相比，我国著名企业的使命无论在语言表达还是在内涵上都存在明显的区别。最为明显的是，我国企业使命中“承担社会责任”、“服务社会”、“造福社会”等词汇是使用频次较高和最有特色的词汇。因为，为社会谋取福祉，是中国企业最崇高的价值理念和使命要素，采用“服务社会”及与其相关的词汇来回答“我们存在的目的和价值”，最符合中国企业和中国文化的传统习惯。

在语言的表达风格上，中国企业并不一定追求文字简短，但追求用直白的方式和最可能地把各种使命要素都表达出来。例如，TCL的“为顾客、为员工、为股东、为社会”，创造“价值、机会、效益”和“承担责任”；联想的“为客户、为员工、为股东、为社会”，提供“技术工具”、创造“发展空间”、回报“长远利益”、服务“文明进步”；中国建设银行的“为客户、为股东、为员工、为社会”，提供“更好服务”、创造“更大价值”、搭建“发展平台”、承担“企业公民责任”。

尽管使命要素的顺序不一样、描述语言也有较大的差别，但使命表达的内涵基本一致，企业的个性特征在使命中的反映并不鲜明。

与此相反，对其使命采取简短表述方式的中国企业，使命表达充满创意，例如：“创无限通信世界，做信息社会栋梁”（中国移动）；“让客户尽情享受信息新生活”（中国电信）；“创造世界名牌”（海尔）；“不断创新，追求人类健康生活”（伊利）；“百年蒙牛，强乳兴农”（蒙牛）均反映了公司性质，令人耳目一新。

五、交通企业使命的表述

使命是企业存在的原因，使命是企业存在的意义和价值，使命还是企业肩负责任的宣言。它既要告诉人们“我们为什么存在、怎样经营、向何处去、未来怎样？”等基本问题，还要表明其对社会的基本态度和价值取向。

现代管理大师德鲁克（Peter Ducker）认为，在剧变的时代中，企业所要界定的使命，应回答三个基本问题：“我们目前的事业是什么？”、“我们的事业将变成什么？”以及“我们未来的事业应该是什么？”。企业家最重要的责任，就是为企业创造不相同的明天。企业所要达成的使命，也一定要落在企业以外的“顾客”之中，这是企业为了实现愿景，对客户、员工、股东和社会等各方面的承诺。

一般而言，创造价值是企业存在的意义和依据，赢利是企业创造价值的重要标志，也是企业生存和发展的前提条件，还是企业持续发展的动力之源。企业作为社会的一个经营性组织，区别于其他社会组织的最大特点，就是企业必须要把赢利作为最高目标，把实现利润的最大化作为企业的终身追求。没有利润的企业是缺乏价值的企业，而缺乏价值的企业不具备继续生存的条件，也难以产生持续发展的动力。虽然，企业在发展过程中，追求利润的最大化不是其唯一目的，还有更加高尚的目标，这就是企业的社会责任或社会使命。但是，在更多的时候，企业的社会责任的也是靠企业创造的价值、特别是经济价值去实现的。

因此，企业的价值应该是经济价值与社会价值的统一。交通企业的使命除还要表明“我们存在的价值”外，更应该揭示“为什么而存在”的问题。

通过对典型交通企业提出的使命和国内外著名企业的使命的分析可以发现，尽管这些企业在使命的表达方式和内容上千差万别，但是在组成使命的价值要素上却“大同小异”。归纳一下企业使命的这些共同的要素，主要包含以下内容：

（1）事业。表明企业的业务属性和行业属性。

（2）顾客。企业的客户（包括供应商）及产品的最终使用者。

（3）员工。企业最有价值的资本。

（4）股东。企业资产的拥有者。

（5）产品或服务。企业产品的价值和延续的功能。

（6）市场。目标市场独特的竞争力。

（7）形象。企业的公众形象(包括品牌形象)对企业、对社会的意义和价值。

（8）理念。企业的核心价值观与行为。

（9）愿景。企业的未来景象、成就或地位。

例如，中集集团的使命：“在全球市场中，成为能按照客户需求，提供世界一流的现代化交通运输工具和相关服务的主要供应商，创造为客户所信赖的知名品牌，同时保持公司的健康发展和持续增值，为股东和员工提供良好回报。”就包含了“市场”、“客户”、“产品”、“品牌形象”、“股东”、“员工”等使命内容，同时，表述中也体现了中集集团的价值理念“健康发展和持续增值”，在对愿景的表述中，中集集团的表述是：“世界一流的现代化交通运输工具和相关服务的主要供应商”，未来的目标十分明确。

应该说，一个完整的企业使命，应该涵盖以上要素，但由于语言的局限，使得任何一个企业在采用“笔力精悍”的语言表述“使命”时，难以面面俱到，只能表达重点。又由于交通企业涉及的产业方向、业务领域较广泛，因此，在交通企业使命的表述上，我们只能围绕发展交通事业和提供交通产品这个主线，采用相对概括的表达方式提炼交通企业的使命。

通过以上介绍我们认为经过整合、提炼后的交通企业使命应为：“承运社会需求，履行国民责任，实现企业价值”。

交通企业存在的意义和价值是要为社会、为最广大的人民群众和各类交通产品的直接消费者，提供最优秀的产品或服务；而优秀的产品或服务是需要我们全体交通企业人“万众一心，共同努力”去开发、去创造！

我们期许，通过大家共同努力创造的交通产品，能够改善和美化这个世界，能够给人们的工作学习带来便捷和效率，能够给人们的生活增添无穷无尽的快乐。这就是交通企业和交通人最高的目标追求！

第四章　交通企业的愿景

一、企业愿景的本质

虽然在现代汉语词典里没有“愿景”这个词，但是自西方《以往承诺：企业愿景与价值观管理》（戴维森）、《愿景——一个企业成功的秘诀》（加里·胡佛）等企业管理方面的著作介绍到中国后，“愿景”一词便被各类组织和个人频繁使用。

关于“愿景”的解释，彼得·圣吉（Peter·Senge）认为，愿景是人们心中一股令人深受感召的力量，也是人们心中或脑海中所持有的意向或景象，共同愿景是组织中人们共同的意向或景象，它创造出“众人一体”的感觉，并遍布到组织全面的活动中，使各种不同的活动融汇起来。

如果硬要按汉语来“说文解字”，“愿”就是心愿，“景”就是景象。与通常的“目标”、“理想”相近。与“目标”比较，“目标”是针对未来特定的时间，而“愿景”没有特定的时间概念，只有明确的未来的景象；与“理想”比较，“愿景”的目标可能更加清晰、具体是人们的一个期望并能够预见的和可以实现的未来景象。企业全体员工有了心目中的这个“景象”，就有了工作和生活的目标，有了目标，就有了动力，就能够将共同的追求与现实的目标联系起来，达到“爱岗敬业”。

应该说，追寻美好的未来，是人的本能的需要。由于社会价值观念的多元化，使得生活在社会环境中的人们，在追求美好未来的同时目标各异。共同愿景作为一种文化理念，它可以唤起组织中的人们对未来的希望，将有着个体目标差异的人们联结成一个共同的整体，使他们的价值观和工作目标趋于一致。因此，真正的愿景来源于组织的使命，并植根于组织的价值观和目标之中。追寻美好的未来，就是追寻大家希望共同创造的未来景象。

由于共同愿景是由个体愿景汇聚而成，在整合个体愿景并展现共同景象的同时，要关注个体的自我需要，特别是个体对家庭、对组织、对社会、对发展的需要，引导、鼓励、帮助他们建立和发展个体愿景。因为，没有个体愿景的人，不可能有积极向上的动力。建立

"共同愿景"就是要实现个体愿景与组织愿景的统一，个体目标与组织目标的统一。

交通企业愿景是企业全体员工对未来美好景象的憧憬，建立共同的企业愿景，就是要明确回答我们共同为之奋斗、希望达到的景象是什么，回答了这个问题，交通企业的发展就有了明确的方向，有了明确的方向，就能够使全体交通企业人产生发自内心的感召力量，将对未来的追求，凝聚到共同目标的实现上。

二、交通企业愿景的要素

在62个样本企业提出的愿景中，通过对提炼出的"现代化、国际化、一流、知名度、家园、和谐发展、效益、贡献、员工发展、发展方式"等10个表达愿景的要素词汇进行编码统计。结果表明，样本企业在愿景表述的要素词汇选择上，有一定的差别；但在"知名度"、"一流"和"发展方式"三个要素的选择频次上比较集中， 其选择频次分别为47、43和41次（见表4-1）。

提高企业的知名度，对于众多把"创一流企业"、"向国际化迈进"、"创一流经济效益"作为愿景目标追求的交通企业来说，应该是基于对企业发展战略的一种明智的选择。在一般的情况下，没有知名度的企业，不具备"公信力"的基本条件，而没有公信力的企业是不会有太大的作为的。交通企业要走出中国、走向世界，并成为"全球卓越"企业、国际"一流企业"，除要有国际化的视野和国际化的战略思维外，必须要靠自己的努力奋斗，在全球化的竞争环境中、在国际化的市场上，打响自己的品牌、形成国际影响力、提高国际知名度。

选择企业的发展方式，如"多元发展，不断拓展业务领域"、"提升产业

样本企业提出的企业愿景要素（编码信息：240条） 表4–1

要素	典型的表述	频次	比例（%）	排序
现代化	现代化生态港口、现代化国际大港、现代化港口、车站现代化	15	6.25	7
国际化	国际化物流中心、国际航运中心、国际大港、国际一流强港、国际物流枢纽、国际航运先进、较强国际竞争力、经营国际化、跨国经营	25	10.42	4

续上表

要素	典型的表述	频次	比例（%）	排序
一流	世界一流大港、经济效益一流、管理卓越一流、国际一流强港、一流码头运营商、世界内河第一、国内一流、世界一流水平的航运企业、创一流、世界一流工程建设企业、全国同行业一流、国际一流水准、建一流班子、带一流队伍、创一流效益、一流设施、一流服务、办一流企业、上一流水平	43	17.92	2
知名度	全球卓越、国际知名、世界级、国家级、最大的、国内领先、最具活力、国际航运先进、江海物流领先、国家重要骨干企业之一、最受欢迎；航业领先、核心竞争力、享誉中外、做百年老店、建百年辉煌企业、新型强势集团、最具省际竞争力、具有公信力、知名品牌	47	19.58	1
家园	员工快乐之家、平安和谐家园、自豪的大家园	5	2.08	10
和谐发展	生态港口、平安和谐、和谐企业、健康和谐、和谐 型	12	5.00	8
效益	效益企业、经济效益一流、经济效益显著、出效益、创一流效益	22	9.17	5
贡献	惠益社会、努力回馈社会；建精品工程，出科研领先成果；主业卓著、科技领先、作一流贡献	19	7.92	6
员工发展	成就员工、育卓越人才、员工共享成功、员工富裕、出人才、以人为本	11	4.58	9
发展方式	多元发展、拓展业务领域、提升产业价值链、专业化发展、多元化经营、集团化运作、市场结构多元化、生产经营集约化，企业管理现代化，资本运营为纽带多元化发展,学习型、节约型、和谐型、创新性企业,品牌兴院、科技强院	41	17.08	3

价值链，走专业化的道路"、"多元化经营，集团化运作"、"以资本运营为纽带，建立产业联盟"等是每一个企业在追求发展的过程中必须认真思考和做出正确抉择的大事。中国交通企业，把企业"发展方式"的选择作为"愿景"结构的内容及要素，是对发展方式转变的理性选择。

用"知名度"、"一流"、"发展方式"和"国际化"作为交通企业愿景结构的主要表达要素，应该说是对企业未来价值的再认识，代表中国交通企业未来的发展方向，与"使命"相适应、相一致。

从对样本企业提出的完整的愿景看，多数企业的愿景都能够较为准确地表达"我们的未来是什么"的问题，也都在刻意地向人们展示企业对未来美好景象的憧憬。

例如："建设和谐企业和效益企业，实现可持续发展，力争创建经济效益一流、国内领先、国际知名的现代港口物流企业"（深圳港）就表明企业的未来是"经济效益一流、国内领先、国际知名的现代港口物流企业"。在愿景中融入了价值目标，容易产生一种感召的力量。尽管有学者并不主张将效益作为愿景要素，认为有物质利益的愿景，不容易使员工产生崇高感，而且当某种物质利益达成后，容易失去对员工的吸引力。但深圳港的"效益企业"和"效益一流"，并非具体的经济目标，前者属于价值的范畴，后者又是典型的"愿景"语言的表达方式。

"建设一个经营理念领先、管理卓越一流、经济效益显著、发展空间广阔的现代化港口；建设一个功能完善、布局合理、特色鲜明、辐射广阔、优质安全、便捷高效、文明环保的国家级物流中心，成为集储运和科工贸为一体的长江上最大的综合性物流中心企业之一"（芜湖港）。涵盖了"一流"、"效益"、"知名度"、"发展方式"等愿景要素，同时也展示了一幅芜湖港未来发展的全景图。波澜壮阔，气势恢弘。这一幅幅芜湖港人未来的、美好的宏图，"色调"清亮，具有可实现性。

围绕一个或几个愿景要素来表述企业的愿景，是样本企业愿景表述的共同特点。尽管各个样本企业在愿景的表述方式和愿景构成的要素上有比较大的差别，但归纳起来主要有以下四种表达方式：

1. 突出价值理念的表述

例如"客户创造价值的桥梁，员工安身立业的家园，企业家创新进取的舞台，社会承载责任的典范，并努力成为具有高效的团队和具有鲜明文化个性的国际化一流石化码头"（天津港石化码头公司）。很明显，该企业的愿景包括两部分，一部分是价值理念，另一部分则为未来的蓝图。为"客户创造价值"，为"员工安身立业"，提供"创新进取的舞台”，承载“社会责任”等，是公司“恒久不变”的价值观。融价值于未来蓝图——“国际化一流石化码头”的表述中，是公司愿景表述的基本特征。

“共谋发展，共同富裕，平安和谐”（云南金孔雀集团），也是围绕一系列目标一致的价值观来描述的。虽然，从表面上看，该企业对未来蓝图的表达没有对价值关系的表达鲜明，但在“共同富裕，平安和谐”的价值表述中，还是感受到云南金孔雀人对未来的憧憬——“富裕、平安、和谐”。“富裕”是人的期望，“平安”是人的期盼；“和谐”是人的最高追求。符合社会期望，满足个人心愿，符合典型行业的要求。

2. 突出远大目标的表述

例如“发展成为全球卓越的码头运营商”（上海港）；“世界内河第一，国际航运先进”（长江航运集团）；“成为所进入行业的世界级企业”（中集集团）。这些企业所描述的未来蓝图，都不约而同地注入了“国际化”的基因。对于致力于把开拓国际市场作为未来发展战略选择的企业，其愿景表示“全球化和国际化”的宏愿，才能使全体员工产生共同的追求。

尽管三家企业都有“国际化”要素的表述，但其国际化的内涵是有差别的，如上海港和长航都是在各自的专业领域成为国际“卓越”和“先进”企业，而中集是要在“所进入行业”成为“国际级”企业。

不同的业务，其国际化的发展思路和目标的选择有所不同。

3. 具有人本色彩的表述

例如“建设北方国际航运中心，营造平安和谐家园”（青岛港）；“开放的枢纽港，自豪的大家园”（烟台港）；“世界一流大港，员工快乐之家”（天津港）。这些愿景都充满了“人本”理念的色彩，尽管三家企业的愿景都有“国际化”的要素表述，但字里行间无不洋溢着“以人为本”的目标追求。我们有理由相信，这三个港口企业未来的“家园”一定会让全体员工实实在在地体会到“愿景”带给他们的幸福和快乐！

4. 明确发展方式的表述

例如中交建第二公路工程局的愿景：“主业卓著，多元发展，科技领先，享誉中外”是非常典型的发展方式的表述。“主业卓著，多元发展，科技领先”简短的12个字，浓缩了企业寻求差异化发展的战略思想及其思路——“主业做大做强，拓展新的领域，走科技发展的道路”；“享誉中外”，则是其对未来景象的典型表述。战略与未来景象的融合，能够明确追求的目的，减少追求的盲目，更好地满足人们对理想结果的预期。

再如“现代化生态港口，国际化物

流中心"是营口港的愿景，它是以发展战略的思路——"生态港"和"国际化物流中心"表述来体现未来景象的。在战略中融入愿景，在愿景中体现战略。

由于愿景是来源于企业对战略的选择，因而必然要回答"我们期望看到的景象"、"我们愿意为之努力的理想"和"通过努力可能实现的愿望"等三个问题。从对以上典型样本企业愿景的分析中可以看出：尽管它们有各自对"愿景"内涵的理解和表达发生上的差别，但都在刻意地通过以上四种表述方式来回答这三个问题（见表4-2）。

在调查的134家交通企业中，有愿景表述的企业只有62家。部分样本企业对愿景的表述，也存在概念不清的问题，如将"愿景"混同与"战略、目标、价值观"等。典型的表述列举如下：

"立足东部，稳步开发西部，以路桥为依托，辐射邻近行业"尽管渗透了愿景的信息，可以让人们感受到"未来的我们"是一个"一流水准"的企业。

部分样本企业提出的企业愿景　表4-2

表述方式	完整的表述
突出价值理念的表述	客户创造价值的桥梁，员工安身立业的家园，企业家创新进取的舞台，社会承载责任的典范，并努力成为具有高效的团队和具有鲜明文化个性的国际化一流石化码头（天津港石化码头公司）发展海运事业，努力回馈社会（大连丰顺国际海运有限公司）经营国际化、业务多样化、管理现代化（福建冠海海运有限公司）建一个精品工程，出一批科研领先成果，育一批卓越人才（交通部长江口航道管理局）共谋发展，共同富裕，平安和谐（云南金孔雀集团）以顾客为关注焦点，实现企业可持续发展（广州环城高速北环营运公司）
突出远大目标的表述	发展成为全球卓越的码头运营商（上海港）世界内河第一，国际航运先进（长江航运集团）成为具有较强国际竞争力的国家重要骨干企业之一，建设具有世界一流水平的航运企业（中国海运）世界一流专业化国际航运公司（中远南方沥青运输有限公司）成为具有全方位服务能力的世界一流工程建设企业，成就基业长青的百年二航伟业（中国交通集团第二航务工程局）成为所进入行业的世界级企业（中集集团）
具有人本色彩的表述	建设北方国际航运中心，营造平安和谐家园（青岛港）开放的枢纽港，自豪的大家园（烟台港）企业做强，员工富裕（邯郸交通运输集团）世界一流大港，员工快乐之家（天津港）高起步、创一流，员工、企业健康和谐，共享成功（中交一航局一公司）
明确发展方式的表述	立足东部，稳步开发西部，以路桥为依托，辐射邻近行业（路桥集团第一公路工程局第三工程公司）主业卓著，多元发展，科技领先，享誉中外（中交建第二公路工程局）现代化生态港口，国际化物流中心（营口港）

但它终究还是典型的发展战略的表述。如果说它是以发展战略的思路表述愿景的，那么在愿景中战略的意义大于对愿景目标的表述。

“建一个精品工程，出一批科研领先成果，育一批卓越人才”、“公司三年内实现‘十，百，千’经济指标”、“出效益，出人才，出英雄”明显属于目标范畴的表述，不属于愿景。

“发展海运事业，努力回馈社会”、“以顾客为关注焦点，实现企业可持续发展”、“隆兴港业，昌达物流，成就员工，惠益社会”、“路桥为业，科技领先，管理增效，优质取信”等表述也明显属于价值观范畴。尽管愿景可以体现价值，但价值与价值观是有差异的，在愿景中不能确切地回答“我们的未来是什么”的问题，是很难具体完整意义上价值的因素的。

“开辟最难的路，设计最好的路”也明显属于使命的范畴。在使命中表现愿景，是很好的企业使命的表达方式，但用使命代替愿景，就是概念混淆。在愿景的表述中，可以体现价值关系，但不能因此用价值观来代替愿景。

因此，从愿景表达的概念上说，部分样本的愿景有待重新提炼。

六类别样本企业愿景构成要素选择频次排序　　表4-3

类别企业	要素排序
港口企业	知名、国际化、一流、现代化、大家园、和谐发展、效益、贡献、员工利益与发展、发展方式
交通工程建设企业	发展方式、一流、国际化、知名、现代化、贡献、和谐发展、效益、员工利益与发展、大家园
水运企业	知名、国际化、一流、贡献、效益、发展方式、现代化、和谐发展、员工利益与发展、大家园
道路运输企业	知名、效益、发展方式、员工利益与发展、一流、贡献、现代化、和谐发展、国际化、大家园
高速公路管理企业	发展方式、一流、知名、效益、贡献、现代化、国际化、大家园、和谐发展、员工利益与发展
交通产品企业	知名、国际化、发展方式、一流、效益、贡献、员工利益与发展、现代化、大家园、和谐发展

三、不同类别交通企业的愿景

不同类别的样本企业愿景构成要素有一定的差别。港口类企业和水运企业在“知名、国际化、一流”三个要素的选择频次最高；工程建和高速公路企业对“发展方式”和“一流”要素的选择频次最高；道路运输企业既关注“知名、效益”，同时也关注“发展方式”（见表4-3）。

从表4-3中还可以发现，港口类企业、交通工程类企业和交通产品企业，在愿景的表述中选择“知名、国际化”的构成要素频次较高，这与所选择的样本企业多为大型交通企业有关。对于正处在发展中的企业，一般都选择了“发展方式”的愿景要素。企业发展战略的选择决定了企业愿景的展现。

从六大类交通企业对愿景完整的表达方式上看，也比较明显存在于企业类别和企业规模之间的差距（见表4-4）。

在港口类企业的愿景中，“世界一流大港、世界领先港、国际大港、国际物流枢纽、国际物流枢纽、国际一流强港”几乎是所有港口企业对“未来”的回答，是中国港口企业具有挑战性的愿景，因而也极具感召的力量。此外，愿景语言简洁、明快，愿景内容高度一致，是港口企业愿景表述的方式和愿景表达内容的主要特点，绝大部分企业愿景的表述都是使用一句话的表达方式，如“世界干散货领先港，一流码头运营商”；“世界一流大港，员工快乐之家”；“打造最具活力的国际一流强港”等，言简意赅。

工程建设企业最鲜活的“愿景”词汇主要是：“国际竞争力、享誉中外、国际一流、行业一流、跨国经营”等。在“一流”表述上，明显表现出与企业发展战略相关特点。例如，青岛路桥集团公司尚未选择“国际化”的战略，因而其愿景中“一流”的表述确定在“创全国同行业一流企业”的水平上，而其他已经或正在实施“国际化”经营战略的企业，其愿景目标都定位于“享誉中外”和国际或世界“一流”上。工程建设企业的愿景表达发生，主要是围绕“我们的未来是什么”的命题，采用多愿景要素的组合，既有战略的表述语言风格，又有目标表述的语言风格，还有价值要素的语言特征。

水运企业的愿景充满了“国际化”的诱人的色彩。无论是中远的“创造行业领先、可持续发展的世界一流专业化国际航运公司”愿景，还是中远远达的“建设具有世界一流水平的航运企业”愿景，都是把“世界

六类别典型企业的愿景　　表4-4

类别企业	企业名称	完整的愿景表述
港口	秦皇岛港集团	世界干散货领先港，一流码头运营商
	大连港集团	建设全方位、多功能、现代化国际大港
	营口港	现代化生态港口，国际化物流中心
	青岛港集团	建设北方国际航运中心，营造平安和谐家园
	天津港集团	世界一流大港，员工快乐之家
	天津港石油化工码头	客户创造价值的桥梁，员工安身立业的家园，企业家创新进取的舞台，社会承载责任的典范，并努力成为具有高效的团队和具有鲜明文化个性的国际化一流石化码头
	湛江港集团	中国南方大港，国际物流枢纽
	广州港集团	成为世界级综合性港口经营人
	深圳港集团	国际知名的现代港口物流企业
	芜湖港公司	文明环保的国家级物流中心，成为集储运和科工贸为一体的长江上最大的综合性物流中心企业之一
	上海港集团	发展成为全球卓越的码头运营商
	烟台港集团	开放的枢纽港，自豪的大家园
	连云港	建成吞吐能力达亿吨的大港，成为中西部地区乃至中亚诸国最便捷的进出海口岸和新亚欧大陆桥的东桥头堡
	日照港集团	打造最具活力的国际一流强港

续上表

类别企业	企业名称	完整的愿景表述
工程建设	中交一航局有限公司	全面、健康、快速和持续发展，把公司建设成为具有一定国际竞争力的综合性现代化大型建筑施工企业
	中交二航局有限公司	成为具有全方位服务能力的世界一流工程建设企业，成就基业长青的百年二航伟业
	中交一航局一公司	高起步、创一流，员工、企业健康和谐，共享成功
	路桥集团第一公路工程局	我们将以路桥建设为基础，积极拓展相关业务领域，提升产业价值链，以技术和管理为核心驱动因素，以路桥行业的引领者、提升者为目标，将一公局打造成具有国际一流水准的、集路桥产业经营和资本运营于一身的大型工程企业集团
	中交通建设集团第二公路工程局	主业卓著，多元发展，科技领先，享誉中外
	上海路桥	以道路交通为主体，逐步往其他市政设施领域延伸，全面介入基础设施的整个生命周期，集投资、建设、管理、营运，及相关产品的生产、销售和服务为一体，专业化发展、多元化经营、集团化运作的高科技型城市基础设施综合服务集成供应商
	青岛路桥集团	创全国同行业一流企业
	中国路桥工程有限公司	依靠全体员工的智慧和汗水，把中国路桥集团建成：组织体系科学化、市场结构多元化、生产经营集约化、企业管理现代化的跨地区、跨行业、跨所有制、跨国经营的一流企业集团

续上表

类别企业	企业名称	完整的愿景表述
水运	长江口航道管理局	打开长江口，畅通黄金航道，促进长江三角洲及沿江经济腾飞，开创世界河口整治新篇章，确立中国国际水工技术领域强国地位，将中国文化推向世界，为建设者提供个人发展施展才智舞台
	中远南方沥青运输有限公司	以海上散装沥青运输为主业，不断提高核心竞争力，创造行业领先、可持续发展的世界一流专业化国际航运公司
	长江航运集团	世界内河第一，国际航运先进
	中远远达航运公司	成为具有较强国际竞争力的国家重要骨干企业之一，建设具有世界一流水平的航运企业
	广州远洋运输公司	以航运为主业,以市场为导向,以客户为中心,以提供现代物流增值服务为目标,创造航业领先、持续发展的国际一流企业
	长航南京长江油运公司	世界内河第一，江海物流领先
	广州航道局“万顷沙”轮	打造最受欢迎的中国疏浚工程船舶
	南京水运公司	国内一流，国际知名
	中远营港航运有限责任公司	以安全、优质、经济、高效的冷鲜专业运输为主，创建行业领先的专业化航运公司

续上表

类别企业	企业名称	完整的愿景表述
道路运输	云南金孔雀集团	共谋发展，共同富裕，平安和谐
	四川成都金沙运业有限责任公司	公司“跨越式发展”和“车站现代化”。公司三年内实现“十，百，千”经济指标
	青岛交运集团	成为拥有全球知名品牌的国际化交通企业集团
	沧州运输集团有限公司	出效益，出人才，出英雄
	湖北公路客运集团公司	建百年辉煌企业，谋长远持续发展
	内蒙古巴运汽车运输有限责任公司	争创全国驰名商标
	山东省交通运输集团公司	做中国最好的交通运输企业
	邯郸交通运输集团公司	现代邯运，百年邯运
	廊坊运输	建一流班子,带一流队伍,创一流效益
	淄博交运公司	做大做强，做百年老店
高速公路	苏嘉杭高速公路	成为国内著名的高速公路专业化管理品牌
	广州北环高速	以顾客为关注焦点，实现企业可持续发展
	赣粤高速	千里高速，行业先锋
	东北高速公路	以经济效益为中心，以公路交通建设经营为基础，以资本运营为纽带多元化发展，以科学管理为手段，把东北高速发展成为一个大型投资管理集团公司
	河北高速	通过努力建立学习型、节约型、和谐型、创新性企业，实现集约化、专业化、现代化、国际化目标，使公司成长为全国一流品牌、新型强势集团

续上表

类别企业	企业名称	完整的愿景表述
交通产品	山西省交通建设工程监理总公司	致力于成为最具省际竞争力的具有公信力的中国交通监理领先企业、逐步迈入国际知名先进监理企业
	中交第二公路勘察设计研究院	成为具有全方位服务能力的、实行集团化运作的国际型工程公司
	西安筑路机械有限公司	与世界公路技术发展同步，提供高品质创效益的产品，奉献迅速满意的服务；坚持不懈，追求完美
	中集集团	成为所进入行业的世界级企业
	浙江交通规划设计研究院	实施“以人为本”、“品牌兴院”、“科技强院”、“廉政保障”四大战略，对内建立科学的现代企业制度，对外不断扩大市场占有率、打响品牌，最终建立具有国际竞争力的国际型工程咨询公司
	深圳鸿基仓储	办一流企业，上一流水平，创一流效益，作一流贡献
	本钢起重机制造厂	挺进国内同行五强行列达到世界先进水平

一流”作为企业未来蓝图的主色调。即使是从事内河运输为主的长江航运集团，在其使命的表述中“世界内河第一，国际航运先进”，也洋溢着“世界一流”的主色调。由此可见，实施国际化的发展战略，是中国水运企业未来的发展方向，其愿景的展示必然也要围绕这一宏大的主题。

道路运输企业的愿景更加简洁、明了，但愿景的内涵因企业战略或价值选择的不同，而表达各异。例如，云南金孔雀集团公司的“共谋发展，共同富裕，平安和谐”愿景，表现的是一种“祥和”的主色；湖北公路客运集团公司的“建百年辉煌企业，谋长远持续发展”愿景，展示的是“百年辉煌”和“持续发展”的理性思考；山东省交通运输集团公司的“做中国最好的交通运输企业”和内蒙古巴运汽车运输有限责任公司的“争创全国驰名商标”愿景又表达了一种强烈愿望。

关注发展方式、成为知名企业、创一流管理品牌是高速公路管理及运营公司愿景表达的主题。例如，东北高速公路的“以公路建设经营为基础，以资本运营为纽带多元化发展，成为一个大型投资管理集团公司”愿景是典型以发展发生为主题的愿景；苏嘉杭高速公路的“成为国内著名的高速公路专业化管理品牌”愿景，就是典型的以“创品牌”和提高“影响力”为主题的愿景；河北高速公路的“实现集约化、专业化、现代化、国际化目标，使公司成长为全国一流品牌、新型强势集团”愿景，既充分表达了发展方式，又表达了“品牌”的主题。

“国际知名监理企业”、“国际型工程公司”、“世界级企业”、“世界先进水平”、“国际竞争力”等是交通产品企业愿景表达上最具有生命活力和最令人心动的主题。尽管其经营业务及发展领域不同，但对美化未来的描绘却如此惊人的相似。在愿景的表达方式上，部分企业采用简短、明了的表达方式，如中集集团的“成为所进入行业的世界级企业”愿景，简短但意义深远，赋理想与挑战性。本钢起重机制造厂的“挺进国内同行五强行列达到世界先进水平”愿景，取“国内五强”和“世界先进”的因果关系，也表达了一种远大的理想，同时也包含了明确的奋斗目标。

面面俱到的愿景目标，用“连环画”的方式来表达企业的愿景，也是交通企业愿景中经常使用的表达方式。但由于语言普遍锤炼不精，导致愿景内涵顾此失彼和愿景的主色调淡化。

总体上看，典型样本交通企业的愿景，展示的是一幅幅色彩斑斓的、关于未来的美好生活情景的图画，是诗，是歌，更是交通企业人已经奏响的生命的旋律！

四、国内外著名企业的愿景

当我们的目光从交通企业移向国内外著名企业，便可以得出这样一个结论：成功的企业都拥有共同的愿景。尽管每个企业对愿景内涵的理解和表达方式是有一定差别的，但在“我们想要创造什么”和“我们未来的景象是什么”等问题的回答方式上是比较接近的。而且，大部分企业的愿景，使用了相同或比较接近的关键词汇。例如：“世界一流”、“国际一流”、“全球领先”、“全球知名”、“领导地位”、“超越”、“卓越”、“第一”等。在这样的词汇中所描绘的图景，促使企业必须以宏大的战略目标去审视企业的未来，以不屈不挠的意志去创造企业的明天（见表4-5）。

国内外著名企业的愿景，一般都包含了企业的战略、核心理念和未来蓝图三个部分的内涵。

国内外著名企业的愿景　　表4-5

企业	企业名称	完整的愿景表述
国外企业	可口可乐	建立双赢的合作模式，坚定合作伙伴关系，激励员工发挥自身潜能，在回报股东的同时不忘履行我们企业公民责任，成为全球企业公民典范，提供推陈出新的产品，不断满足市场及消费者
	英特尔	超越未来，发现并推动技术、教育、文化、社会责任、制造业及更多领域的下一次飞跃，从而不断地与客户、合作伙伴、消费者和企业共同携手，实现精彩飞跃；推进技术更迅速、更智能、更经济地向前发展，最终用户能够以前所未有的精彩方式应用技术成果，从而令其生活变得更惬意、更多彩、更便捷
	微软	让每张桌子上和每个家庭里都有一台电脑
	花旗集团	独具特色，卓越全球
	三星电子	为人类社会作贡献
	雅芳公司	成为一家比女人更了解女人的公司
	思科公司	成为世界一流的软件集团
	百事公司	使股东的价值最大化是压倒一切的
	施乐公司	施乐将成为世界领导者
	美国欧特克公司	创造软件工具，变理想为现实
	美国伯利恒钢铁公司	成为举足轻重的钢铁公司
	通用汽车	使GM成为全球领先的交通产品和服务供应商

续上表

企业	企业名称	完整的愿景表述
国内企业	TCL集团	成为受人尊敬和最具创新能力的全球领先企业
	五粮液集团	成为生产经营世界名优酒的全球知名公司，确保行业综合效益第一，竞争力第一
	诺基亚中国	成为我们所及业务领域中的第一；成为最受政府、运营商和消费者欢迎首选的国际性企业；成为能够吸引和保留优秀人才的最佳雇主
	红塔集团	成为世界一流的卷烟生产供应商，这是我们的远景目标，要在企业管理水平、科技开发能力、生产运营能力、人力资源结构等反映企业竞争优势的指标上达到世界一流企业的水平
	华硕电脑	因为有科技的配合，所以创新的发明使我们的生活更加简单，当各种设备完全紧密的结合后，更能将我们的潜力发挥到极致。所以华硕永不停息的追求世界第一，优秀产品不断推陈出新，正是华硕实践对人类社会作出贡献的承诺。
	联想集团	高科技的联想 ，服务的联想 ，国际化的联想
	同仁堂集团	具有强大国际竞争力的大型医药产品集团
	中国人民财产保险股份有限公司	把人保财建成“国内领先 、国际一流的知识型、现代化非寿险公众公司
	中国建设银行	始终走在中国经济现代化的最前列，成为世界一流银行
	国航	具有国际知名度的航空公司
	中国移动	成为卓越品质的创造者
	中国电信	做世界级综合信息服务提供商
	中国联通	做世界一流、领先行业的综合电信运营商，为用户提供的享受
	中粮集团	建立主营行业领导地位
	伊利集团	引领中国乳业，打造世界品牌
	国家电网公司	建设世界一流电网，建设国际一流企业

1. 企业战略是企业成功的保证

对于任何一个期望获得成功的企业来说，从真正获得生命的那一刻起，就开始了战略的制定和发展方向的选择，就开始对未来美景的描绘。因此，展示企业的愿景，必须包含企业的战略。例如："建立双赢的合作模式坚定合作伙伴关系，激励员工发挥自身潜能，在回报股东的同时不忘履行我们企业公民责任，成为全球企业公民典范，提供推陈出新的产品,不断满足市场及消费者。"是可口可乐的愿景，虽然其愿景的内涵比较广泛，作为真正意义上的愿景，可口可乐明确地回答了"我们想要创造什么"，但对"我们未来的景象是什么"概括得并不突出，但其实施的"国际化战略"思路和企业的核心价值理念，在愿景中却表达得非常清晰。

再如："成为卓越品质的创造者"是中国移动的愿景。虽然它采用了非常简洁、明了的表达方式，但其采用同一语对"我们想要创造什么"和"我们未来的景象是什么"两个问题回答都非常鲜明。在愿景中，也充分体现了"业务领先"的战略思想。

在企业的愿景中，表达企业的战略思想，能够坚定对未来的信心。

核心理念是企业价值观的反映。无论市场条件是什么，企业本身都有其恒久不变的基本价值，让恒久不变的基本价值进入企业的愿景中，能够规范人们在追求成功的过程中，在实现理想的征途上获得统一的意志和行动。因此，展示企业的愿景，也必须用一定的方式表达企业的核心价值观。例如可口可乐愿景中表达的核心价值观是："双赢的合作"的经营理念和"全球企业公民典范"的社会价值观；再如，中国建设银行的愿景："始终走在中国经济现代化的最前列，成为世界一流银行。"即是典型的价值观与愿景相结合的表达方式。在"最前列"和"世界一流银行"的愿景目标的表述中，表达了"服务经济社会"的价值理念。

2. 未来蓝图是企业愿景的主题表述

企业愿景如果只是表达了战略思想和核心价值理念，而没有对未来目标和理性状态的描述，就不能成其为愿景。愿景实际上是一副浓缩了的企业蓝图的说明书，有了这份说明书，就可以有效引导企业朝着一个正确的方向不断前进，去夺取胜利。因此，一个好的愿景应该指明企业的发展方向和要达到的境界。从以上多数中外著名企业的愿景中都可以看得出字里行间所表现出来的"方向"和"景象"。如：英特尔的"超越未来，实现精彩飞跃"；通用汽车的"使GM成为全球领先的交通产品和服务供应商"；思科公司的"成为世界一流的软件集团"；TCL的"成为受人尊敬和最具创新能力的全球领先企业"；

同仁堂的“具有强大国际竞争力的大型医药产品集团”等，都非常明确地表达了企业的发展方向和要达到的景象。

从表4-4所列的国外企业的愿景，多数表达都比较简短，而且语言表达风格也比较活泼，没有类同的感觉。如“让每张桌子上和每个家庭里都有一台电脑”（微软）；“独具特色，卓越全球”（花旗集团）；“成为一家比女人更了解女人的公司”（雅芳公司）等就很有企业的个性。但过分地追求个性也会导致部分企业的愿景不能满足愿景表达的基本要素——“我们未来的景象是什么”。如三星电子的愿景“为人类社会作贡献”；百事公司的“使股东的价值最大化是压倒一切的”即是典型的使命或价值范畴的表述，没有回答“我们想要创造什么”和“我们未来的景象是什么”等企业愿景必须明确回答的问题。

可口可乐和英特尔的愿景表述，虽然明确地回应了“我们想要创造什么”的问题，但由于文字太长，对“我们未来的景象是什么”描绘得不太明确。给人感觉这两个企业的愿景不是愿景，倒像一些价值目标和行动计划。

中国的著名企业虽然在愿景的表述中个性并不是特别突出，如“一流、领先、知名、第一、世界级”等词汇及其相关的词汇的使用相当普遍，不能给人耳目一新的感觉。但是，愿景表述语言使用比国外企业规范，而且能够满足企业愿景结构要素的基本要求。例如：国航的“具有国际知名度的航空公司”；中国电信的“做世界级综合信息服务提供商”；中粮集团的“建立主营行业领导地位”；伊利集团的“引领中国乳业，打造世界品牌”；国家电网公司的“建设世界一流电网，建设国际一流企业”等简洁、明确地表达出“我们想要创造什么”和“我们未来的景象是什么”。

对于我国企业使用较长的文字表达方式表达愿景的企业，虽然文字并不简洁，有待进行文字上的锤炼。但是，能够满足愿景表达的要素要求，未来的景象表达明确。例如，“成为世界一流的卷烟生产供应商，这是我们的远景目标，要在企业管理水平、科技开发能力、生产运营能力、人力资源结构等反映企业竞争优势的指标上达到世界一流企业的水平”（红塔集团），虽然文字的个性并不突出、鲜活，但却是一副完整的、具有愿景意义的图画。

五、交通企业愿景的表述

如果说愿景是企业对未来发展方向和景象的展示，那么就一定能够影响企业的行为模式，而企业的行为模式又决定了企业是否能够如愿以偿地达成美好的心愿。对全体员工而言，看到了企业美好的“蓝图”，就容易把个体理想与企业的愿景结合起来，当人的憧憬指向为特定的、明确的目标时，就一定能够形成坚定的信念和奋发向上的动力。确立了人在企业中的个体理想、明确了行动目标，就能够形成众人一心的凝聚力和感召力。

从对交通企业和中外著名企业的研究中可以形成一个基本的判断：一个优秀的组织和一个平庸组织的区别在于优秀的组织拥有共同而又明确的愿景。“共同愿景”作为对企业未来状况的描述，一定要概括地表明企业的理想、理念、目的和要努力达到的境界。

(1) 理想是企业人对未来的一种设想。没有理想就不能激发起人们对未来生活的追求。尽管一个比较宏伟和远大的理想，有时候并不一定要实现。但人们可以在理想的指引下，在可以实现的目标中，切实体会到理想带给我们的幸福和快乐！

(2) 理念是企业全体员工恒久不变的基本价值。未来景象如果不与价值观保持一致，也是无法激发人们真正的热情的，还可能导致失败或引发人们对未来的“失望感”。

(3) 目的是企业全体员工在实现理想的过程中要达成的结果。没有目的的追求是盲目的，盲目地追求则没有实现的可能性。明确的愿景是需要满足人们对“结果”的预期的。

(4) 未来蓝图是企业全体员工科学规划和精心描绘的未来计划。一个可能和希望变成现实的蓝图，是需要通过努力追求去实现的。企业愿景如果不能展现未来蓝图，就不能激发人的“献身精神”，持久的“追寻”美好的未来。

交通企业愿景的提炼除满足愿景表述的基本要素外，在遣词上要采用简洁的语言表达方式，因为简洁的语言容易理解和记忆。应该说，追求“卓越、知名、一流”的价值目标是全国交通企业全体员工普遍认同的未来景象，具有强烈的感召力量。取“卓越、知名、一流”等作为交通企业的共同愿景，容易获得广泛的认同。因此，我们对交通企业愿景的表述初步确定为：“成为一流的交通企业，对人类、对世界更有魅力。”

但这一表述也因此过于平实、缺少新意。又由于许许多多的交通企业在自己的愿景中，已经明确表达了“世界一流、国内一流、世界知名”等愿景。因此，在交通企业的愿景中，不再直接重复使用“卓越、知名、一流”的词汇，但是要在愿景的内涵上能够概括地表达以上要素。基于对交通企业愿景的这一认识，我们将交通企业的愿景提炼为：

成为每一个时代持续的先行者，让生活更便捷、更惬意！

做每个时代的先行者，可以使我们看到自己的使命，发现更大的潜能，争取更伟大、更美满的业绩。

“跑”，寓意交通的本质特征。

作为一个以解决社会生活中“行”的问题为使命的交通企业，要实现“卓越、知名、一流”的价值目标，就必须要奔跑在时代的前列。

“先行”散发着社会的活力，“先行”涌动着生命的力量，“先行”使智慧的潜能发挥到极致！

“先行者”，反映了交通在经济社会发展中的“先导”地位。交通企业要在经济社会的发展中有效发挥“先行者”的作用，就必须要以“持续不断”的发展观，担当起“先行者”角色，奔跑在每一个时代的最前列。因此，“先行者”又涵盖了“卓越、一流”愿景要素，同时也表达了“永无止境”的世界观和方法论。因为，永无止境的世界观，能够让我们的行动指向更加远大的愿景目标，不会因为一时的辉煌，而改变交通人对理想、对更加美好的未来“生生不息”的追求。

在表达交通企业未来景象的主题上，在经济全球化的背景中，采用“先行者”作为构图的主要素，鲜明、生动、形象，给人以较大的想象空间，完全符合愿景表达的基本要素。

“便捷”、“惬意”既表达了交通企业典型的行业特征，更是对交通企业价值最形象的表述。取价值要素于愿景的表述之中，能够使愿景的目标意义更加鲜明，未来“图景”更加完美。

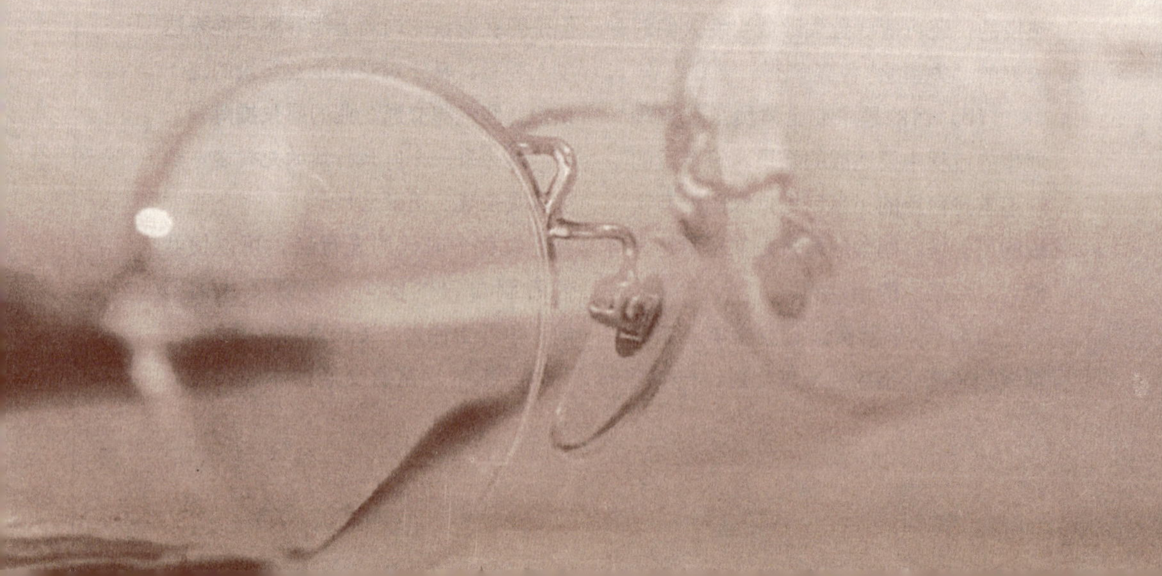

第五章 交通企业的精神

一、企业精神的本质

精神是一种群体风貌，也是一个组织群体意识的集中体现。尽管在现代汉语中对“精神”有多种解释，但我们研究的“精神”是指人的意识、思维活动和表现出来的奋发向上的稳定的心理状态。包括内心态度、意志状态、思想境界、行为作风和理想追求等。

在精神培育的过程中，当组织中的一种健康的思想意识升华并成为主导意识时，就具有鼓舞、凝聚和振奋人心的作用。这种具有精神意义的“意识”，在获得组织内全体成员广泛认同后，就会物化成最能够激发起组织成员产生共鸣的表述语言。这就是全体成员共享的精神财富，是组织和群体生命的力量之源。因此，广泛的认同是“精神”形成的首要标志。

从本质上说，交通企业精神作为交通企业普遍认同的主导意识是全体干部职工共同拥有的、共同表现的群体风貌和群体理念，是企业系统几代干部职工共同培育的，具有鲜明时代特征和行业特征的群体意识。这种群体意识，集中地反映了全国企业系统“服务社会，为交通发展多作贡献”和“以人为本，处理好‘企业与人’关系”的价值观念、企业作风、服务理念和道德准则。

与“价值观”一样，企业精神同属于群体意识的范畴，企业系统干部职工广泛的“认同”是它们形成的共同标志。它们之间的区别是：“价值观”指向选择关系的判断是关于“我们应该怎样做？”或者“什么对我们才是最重要的？”的看法，以及“价值对象的哪些属性能够满足价值主体的什么需要”。由于价值关系是客观存在的，先进的价值判断总是以正确地反映这种客观关系为前提；而“精神”是指向心理状态，是关于“企业中广大干部职工主观精神状态”的表述。

塑造企业精神就是要对人们的思想境界提出具体的要求，强调人的主观能动性。例如，“爱国、创业、求实、奉献”就是20世纪80年代末期和90年代初期比较典型的关于企业精神的表述。这些表述主观精神状态的文字，都只对思想境界提出要求，而不对客观条件作任何价值判断。

因此，描述主观精神状态，仅对思想境界提出要求而不作价值判断的表述是企业精神区别与“价值观”的一般特征，也是为了避免与价值观的表述“混为一谈”的概念处理。

由于“企业精神”和“企业价值观”同属于群体意识和精神领域范畴，在文化建设的实践中两者的内涵常常是紧密联系在一起的。之所以要塑造企业精神，是因为企业精神对企业本身和我国交通事业的发展有着极高的价值。

尽管在对“精神”的提炼中一般不作价值判断的表述，但在对企业精神进行展开诠释时，就必然要采用描述性的价值判断来诠释企业精神。同理，在核心价值观的表述中也必定体现了一种伟大的企业精神。

企业精神是交通企业文化特质中最富有个性和号召力的要素语言，它是以外显的形态来表现健康向上的群体意识和企业个性的。因此，它是企业凝聚力的基础和事业发展的原动力。企业精神的作用主要是激发人的主观能动性，鼓舞企业中的干部职工立足岗位，为企业的发展、为个体职业生涯的发展，努力工作，成就辉煌的人生。

二、交通企业精神的要素

通过对101个在样本企业的企业精神研究，剔除了“和谐”、“服务”、“畅通”、“诚信”、“安全”等几个明显不属于“精神”范畴的要素，一共获得了14个表达主观精神状态的要素。统计结果表明，样本企业对精神结构的要素选择有一定的差别。但在“创新、求实、团结、争先”四个要素的选择频次上比较集中，选择频次分别为：54、44、43、35次；在典型的与意志品质相关的三个要素，“奋进”、“拼搏”和“自强”的选择频次上，也分别达到了23、19和15次；在与内心职业态度相关的两个要素，“奉献”和“敬业”的选择频次上，也达到了24和23次（见表5-1）。

样本企业提出或期望的企业精神要素（编码信息：303条） 表5-1

要素	典型的表述	频次	比例（%）	排序
拼搏	拼搏；努力拼搏；坚韧不拔；前赴后继；负重拼搏；特别能战斗	19	6.27	8
自强	自强；自强不息；自立自强；自加压力；图强；执着向上；自信；执著；团结自立；严守法纪；追求完美	15	4.95	9

续上表

要素	典型的表述	频次	比例（%）	排序
求实	求实；脚踏实地；务实；实干；励志践行；求是；唯实；崇尚科学；稳健诚信；精益求精	44	14.52	2
争先	追求卓越；敢创一流；创优；敢为人先；航运先进；追求更好；勇创一流；争科技领先；创管理一流；争创一流；争一流；一路领先；勇为人先	35	11.55	4
创新	创新；开拓；超前性思维，超常规工作；开拓创新；超越自我；超越；不断超越；激情超越；勇于开拓；挑战自我；求新求进；挑战极限	54	17.82	1
团结	团结；团结奋进；凝心聚力；同舟共济；团结协作；齐心协力；同心进取；亲和；志同道合；同心协力；心聚赣粤；精诚团结；同心向上；资源共享；互利互助；团结友爱	43	14.19	3
奋进	奋斗；奋进；与时俱进，永续发展；进取；不断进取	23	7.59	7
爱国	爱国；胸怀大海；图强报国	4	1.32	13
爱企	爱我港口；爱厂；爱我中海	5	1.65	12
敬业	敬业；只争朝夕；勤奋；热爱工程；尽职尽责；马不停蹄；忘我工作；乐业；干好交通事；尽心守职；客户至上；立足本职	23	7.59	6
奉献	奉献；强港奉献；港容天下；一代人要有一代人的贡献；奉献社会；真心实意地服务；勤劳奉献；无私奉献；勤俭	24	7.92	5
创业	艰苦创业；艰苦奋斗	5	1.65	11
献身	一代人要有一代人的牺牲；奋斗不息	3	1.00	14
无畏	不畏风险；敢于胜利；不畏艰险；吃苦；特别能吃苦	6	1.98	10

"创新、求实、团结"等反映交通企业精神的三个要素，基本上反映了我国社会普遍的共同价值，紧扣时代精神。

"争先"是交通企业精神的典型特征，与"奋进"、"拼搏"、"自强"等三个因素组成了交通企业特有的、比较稳定的意志品质，与"一流"和"国际化"等诱人的企业"愿景"保持一致。

"奉献"和"敬业"两个体现内心态度的精神特征，虽然选择的频次并不是太高，但也与中国企业普遍奉行的价值观保持一致，是交通企业人思想境界和职业道德的典型表现，贴近现实的工作环境。

交通企业精神的各种结构要素，有丰厚的文化传承，如"不畏风险的'航海'精神"、"为人民服务到白头的'小扁担'精神"、"爱岗敬业，默默奉献的'铺路石'精神"等。同时，也反映了"与时俱进"的时代特质，如"追求卓越"、"超越自我"、"挑战极限"、"崇尚科学"、"凝心聚力"等。因而，这些典型的精神要素容易引起共鸣和获得广泛的认同。

由于理解的原因，许多样本企业把"服务、畅通、和谐、创优、发展、科学、作风、共赢"等不属于"精神"范畴的功能性用语作为企业精神的独立表述语言。虽然"服务、畅通、和谐、创优"等所体现出来价值要素，要在企业精神中得到充分的体现，但不能因此将其作为表述企业精神的用语。

由于理解的原因，许多样本企业把"服务、畅通、和谐、创优、发展、科学、作风、共赢、未雨绸缪"等不属于"精神"范畴的功能性用语作为企业精神的独立表述语言。虽然"服务、畅通、和谐、创优"等所体现出来价值要素，要在企业精神中得到充分的体现，但不能因此将其作为表述企业精神的用语。还有部分样本企业把明显表述价值范畴的语言，也作为企业精神的独立表述语言，如："忠诚、尊客、诚信、安全、高效、认真、真诚、人本为上、顾客至上、崇尚科学"等。也有一些样本企业把属于行为状态的表述，作为企业精神的独立表述语言，如"互相帮助、协同共进、锐意改革、共铸辉煌"等。

词语搭配不当或词意不接近，也是部分样本企业在企业精神表述上存在的比较突出的问题，典型的表述如："求是创新、团结求实、自强创新、创新务实、拼搏开拓、严细诚信、服务求实、负重拼搏、团结敬业、稳健诚信、敬业拼搏"等。语言表达上的不规范，影响人们对交通企业文化的正确理解，降低传播和使用的价值。

在对企业精神的表达方式上，样本企业多是采用多精神要素的组合方式、有鲜明的价值取消来表述企业精神的，归纳起来大致有"表达斗志为主、追求目标为主、舒展情怀为主、表达理想为主、实现超越为主”等五种表述方式（见表5-2）：

1. 以表达斗志为主的表述

例如：“前赴后继，为建设东方大港奋斗不息”（连云港港）字里行间体现的是一种生生不息的奋斗精神。实现“东方大港”的宏愿，需要几代人的不懈努力，奋斗不息。再如，中集集团的“自强不息,挑战极限”的企业精神，也是一种典型的以表达斗志为主的精神表述方式。中集作为我国最早的集装箱专业生产厂和最早的中外合资企业之一，“自强不息”的精神始终贯穿中集的发展历程，随着业务多元化、全球化战略的实施，中集要成为“所进入行业的世界级企业”，必须继续发扬“自强

部分样本企业提出的企业精神　表5-2

表达方式	完整的表述
表达斗志为主的表述	前赴后继，为建设东方大港奋斗不息（连云港港）自强不息,挑战极限（中集集团）只争朝夕，自加压力，不畏风险，敢为人先（营口港）坚韧不拔，自强不息，脚踏实地，追求卓越（秦皇岛港铁路运输公司）
追求目标为主的表述	爱我港口，建我港口，团结奋进，敢创一流（秦皇岛港）团结,敬业,服务,畅通（长江航道局）爱我中海,勇创一流（中国海运）高速高效，一路领先（海南高速）
舒展情怀为主的表述	胸怀大海，港容天下（大连港）一代人要有一代人的作为，一代人要有一代人的贡献，一代人要有一代人的牺牲（青岛港）做好交通人,干好交通事（云南金孔雀交通运输）特别能吃苦，特别能战斗，特别能追求（中交第一公路勘察设计研究院）
表达理想为主的表述	求是创新，图强报国（广州远洋运输公司）真诚，执著，创新（邯郸交通运输集团）志同道合争一流（苏州苏嘉杭高速）实干创新，强港奉献（广州港）
实现超越为主的表述	团结开拓，超越自我（天津港）艰苦创业，励志践行，拼搏奉献，激情超越（日照港）不断超越，勇创新业（中国交通建设集团第二公路工程局）超越今天，收获未来（中交集团路桥建设路桥华南工程有限公司）

不息”的奋斗精神，“挑战极限”不断地发掘潜能，去解决好发展中的问题。

2. 以追求目标为主的表述

例如：“爱我港口，建我港口，团结奋进，敢创一流”（秦皇岛港）体现了“爱港、敬业、团结、奋进”的企业精神，“敢创一流”既体现了一种敢于奋斗，勇于创造的进取精神，又落脚于企业的愿景和目标。

3. 以舒展情怀为主的表述

例如：“一代人要有一代人的作为，一代人要有一代人的贡献，一代人要有一代人的牺牲”与其说是青岛港的企业精神，还不如说是青岛港人的博大的情怀。“一代人要有一代人的作为”表明了青岛港人永不满足、不断进取的态度；“一代人要有一代人的贡献”表达了青岛港人的爱国情怀和奉献精神；“一代人要有一代人的牺牲”则是青岛港人敢于拼搏和自我牺牲精神写照。虽然青岛港精神没有采用直接的企业精神的表达方式，但整个字里行间无不透出一种代表精神作用的豪迈和思想境界。

4. 以表达理想为主的表述

例如：“求是创新，图强报国”（广州远洋运输公司）表达了“报效祖国”的思想品质，充满了理想主义的色彩。虽然“求是创新”作为一个词，有词语搭配不当之嫌，但并不太影响人们的理解，透过“求是”和“创新”还是可以正确地理解广州远洋人的精神世界和崇高的理想追求。

5. 以实现超越为主的表述

例如：“不断超越，勇创新业”（中国交通建设集团第二公路工程局）表现的是一种“超越自我、挑战自我”的精神力量。作为一家把“成为世界先进建筑承包商”为发展目标的交通工程建设企业，二公局已经吹响了第三次创业的进军号角，不断开创新的业务领域是二公局未来发展过程中的主要特征，只有用创业的精神指导三次创业，才能不断超越自我，实现新的跨越。

三、不同类别交通企业的精神

不同类别的样本企业对精神构成要素的选择上有一定的差别。港口和工程建设类企业对“创新”和“争先”两个要素的选择频次最高；水运企业在“争先、求实、创新”三个要素的选择频次最高；高速公路管理企业选择“团结、求实、创新”的频次最高（见表5-3）。

导致不同类别的交通企业对精神要素选择差别的主要因素，在于不同类别的企业对战略选择的差异。例如，把“国际化”和“世界知名”等作为未来战略目标的企业一般都提倡“创新”和“争先”精神，因为“国际化”的战略必须要用“创新”和“争先”的精神来支撑；对于正处在企业制度变革关键期

六类别样本企业精神构成要素选择频次排序　　表5-3

类别企业	要素排序
港口企业	创新、争先、拼搏；求实、奉献、团结、奋斗、自强、爱企、敬业、献身、爱国、创业、无畏
交通工程建设企业	创新、争先、求实、奉献、拼搏、自强、团结、奋进、敬业、爱国、爱企、创业、献身、无畏
水运企业	争先、求实、创新、团结、敬业、奋斗、自强、爱国、无畏、爱企、拼搏、奉献、创业、献身
道路运输企业	团结、创新、求实、敬业、争先、奋进、奉献、自强、拼搏、献身、爱国、爱企、创业、无畏
高速公路管理企业	团结、求实、创新、拼搏、争先、奋进、敬业、奉献、创业、自强、爱企、爱国、献身、无畏
交通产品企业	创新、求实、团结、奉献、敬业、奋进、拼搏、自强、无畏、争先、创业、爱国、爱企、献身

的企业（如道路运输类），“做大、做强”的压力和对“发展方式”选择的困惑，使其迫切地感受到“团结”“创新”和“脚踏实地”的精神，对企业当前的发展和未来定位的重要性。

企业发展战略的选择决定了企业的经营行为，而企业的经营行为又是企业精神的产生的源泉。

从六大类交通企业完整的精神表述上看，也有比较明显的差别（见表5-4）。

在港口类企业的精神中，充满着“创新、争先、拼搏、求实、奉献”的精神要素。这是因为我国的港口企业，都处在一个同质的国际化市场环境，成为“世界一流大港”和“国际物流枢纽”几乎是所有港口企业未来战略的选择。为了求得更快地发展，必须要选择与众不同的“超前性思维，超常规工作”（芜湖港）的发展方式，以“只争朝夕”（营口港）的态度，“开拓创新”（烟台港），不断“超越自我”（天津港），才能实现“国际一

六类别典型企业的精神　　表5-4

类别企业	企业名称	完整的精神表述
港口	秦皇岛港	爱我港口，建我港口，团结奋进，敢创一流
	秦皇岛港铁运公司	坚韧不拔，自强不息，脚踏实地，追求卓越
	天津港	团结开拓，超越自我
	龙口港	自立自强，务实创新，和谐共赢
	大连港	胸怀大海，港容天下
	深圳盐田港	坚韧，团结,务实,创新
	广州港	实干创新，强港奉献
	芜湖港	超前性思维，超常规工作
	烟台港	开拓创新，干则必成
	日照港	艰苦创业，励志践行，拼搏奉献，激情超越
	湛江港	“缆桩”精神：爱港敬业，团结协作，真诚服务，勇立潮头
	连云港港	主至上，质量第一的服务精神；勇于开拓、挑战自我的创新精神；凝心聚力，前赴后继，为建设东方大港奋斗不息的献身精神
	青岛港	一代人要有一代人的作为，一代人要有一代人的贡献，一代人要有一代人的牺牲
	营口港	只争朝夕，自加压力，不畏风险，敢为人先

续上表

类别企业	企业名称	完整的精神表述
工程建设	第一航务工程局	创新务实，崇尚科学，拼搏奉献，永争一流
	中交通建设集团	不断超越，勇创一流
	中国路桥公司	筑路架桥，奉献社会；以人为本，追求卓越
	路桥集团第一公路工程局	自强奋进，永争第一
	中交四公路工程局	务实，高效，开拓，创新
	中交第三航务工程局	挑战自我，合作进取
	杭州湾大桥工程指挥部	博纳，自信，创新，奋进
	路桥一公路工程局第三工程公司	自强创新，奉献社会；以人为本，追求卓越
	江苏润扬大桥建设指挥部	凝心聚力的团队精神，与时俱进的创新精神，热爱工程的敬业精神
	中交建设集团第二公路工程局	不断超越，勇创新业
	中交华南工程公司	超越今天，收获未来
	青岛路桥建设集团	团结拼搏，开拓创新，争创一流
	怀化路桥	团结求实，开拓进取
	河南中原路桥建设集团	用实力和信誉铸造辉煌
	第二航务工程局	争科技领先，创管理一流

续上表

类别企业	企业名称	完整的精神表述
水运	长江航道局	团结，敬业，服务，畅通
	青岛轮渡公司	尊客，敬业，求是，创优
	大连远洋	求是创新,图强报国
	长江油运公司	求新求进，唯实唯优
	南京水运	同舟共济，追求更好
	中国海运	爱我中海,勇创一流
	中国长航重庆轮船	求新求进，唯实唯优
	大连丰顺国际海运	安全，高效，诚信，务实
	青岛远洋	诚信，认真，求是，创新
	广州远洋	求是创新，图强报国
	中远航运公司	举重若轻的实力，举轻若重的精神
	中远鞍钢航运公司	团结，开拓，诚信，求强
	广州航道局“万顷沙”轮	至诚至信，尽职尽责，共创价值；用好每一分钟的船舶精神
	福建冠海海运公司	诚信

续上表

类别企业	企业名称	完整的精神表述
道路运输	珠海汽车客运站	顾客至上，和亲一致，勇争第一
	沧州运输集团	团结，创新，诚信，奉献
	邯郸交运输集团	执著向上，严细诚信，马不停蹄，忘我工作
	内蒙古巴运公司	团结，奋进，争优，创新
	山东交通运输集团	团结，奉献，创新，发展
	成都金沙运业公司	与时俱进，永续发展
	广州市电车公司	乐业，求实，进取，创新
	广西超大运输	团结，勤俭，敬业，忠诚
	青岛交运集团	勇于创新，诚于真情
	河北快运集团	团结协作，诚信务实，开拓创新，共铸辉煌
	济南长运	服务求实，拼搏开拓，齐心协力，争创一流
	上海交运	务实创新，追求卓越
	江西新世纪汽运	团结，务实，进取，创先
	廊坊运输	团结，务实，安全，优质
	宁波公运集团	团结，敬业，务实，创新
	云南金孔雀交运	做好交通人,干好交通事
	广西运美运输集团	德聚心志，法定言行，同心进取，创新图强
	淄博交运	拼搏，创新，求实，亲和

续上表

类别企业	企业名称	完整的精神表述
高速公路	陕西西汉高速	求实，科学，团结，拼搏
	山西原太高速	团结自立，负重拼搏，科学严谨，开拓创新
	苏州苏嘉杭高速	志同道合争一流
	广州东南西环高速	文明，高效，团结，务实
	浙江甬台温高速	严谨，创新，务实，亲和
	广州北环高速	求实，创新，优质，高效
	广州机场高速	艰苦奋斗，团结敬业，文明高效，开拓创新
	江苏宁沪高速	真心实意地服务精神，同心协力的团队精神，尽心守职的敬业精神
	成渝高速公路	诚信，爱岗，敬业
	海南高速	高速高效，一路领先
	浙江台州高速	团结拼搏，艰苦创业，开拓创新，不断进取
	广东高速	求实，开拓，团结，贡献
	河北高速	团结，务实，拼搏，进取
	江西赣粤高速	心聚赣粤，勇为人先

续上表

类别企业	企业名称	完整的精神表述
交通产品	山西交通建设工程监理总公司	团结，务实，勤奋，创新
	山西交通信息通信公司	艰苦奋斗，锐意改革，拼搏奉献，追求卓越
	中交第一公路勘察设计研究院	特别能吃苦、特别能战斗、特别能追求的青藏路精神
	中交第二公路勘察设计研究院	不畏艰险的吃苦精神，立足本职的奉献精神，团结友爱的团队精神，与时俱进的创新精神
	北京银建投资公司	求新求变探索不止的创新精神，雷厉风行神勇善战的实干精神，精诚团结同心向上的团队精神
	京沪高速徐宿养护中心	追求完美，争创一流
	中通客车控股	以人为本的服务精神；稳健诚信，严守法纪的自律精神
	船级社上海规范所	团结，奉献，公正，高效；严谨，务实，创新，和谐
	中集集团	自强不息、挑战极限
	西安筑路机械公司	团结，爱厂，求实，创新
	浙江交通规划设计研究院	未雨绸缪，锐意创新，人本为上，协同共进
	深圳鸿基仓储	团结，务实，创新，奉献
	天津安达集团	爱国，敬业，求实，奋进
	大众交通	员工为本，品牌为魂，社会为根
	一汽	学习，创新，抗争，自强

流强港”的梦想。因此，“创新”的发展道路是中国港口企业选择的科学发展观，与“争先、拼搏、求实、奉献”的精神要素，构成了港口企业的主体精神内涵，推动着中国的港口企业向“国际一流强港”迈进。

工程建设企业，在对精神的表达方式上不一定都追求简洁，主要是通过多精神要素的组合和对主要精神之点的描述方式来表述企业精神的。例如，第一航务工程局的“创新务实，崇尚科学，拼搏奉献，永争一流”是典型的采用多精神要素的组合来表达企业精神的，16个字至少明确地表达了“创新、求实、严肃、拼搏、奉献、争先”等六种精神要素。以超越自我为特征的创新精神，在工程建设类企业精神的表述中比较突出、典型的表述。例如：中交通建设集团的“不断超越，勇创一流”；中交建设集团第二公路工程局的“不断超越，勇创新业”；中交华南工程公司“超越今天，收获未来”等就表达了开创新的事业和收获未来，就必须要有“超越自我、超越今天”的创新精神。其表述方式是典型的采用对主要精神之点的描述方式。

追求简洁、明了是水运企业的精神表述的主要风格。例如：长江航道局的“团结，敬业，服务，畅通”、大连远洋的“求是创新，图强报国”、青岛远洋的“诚信，认真，求是，创新”等就是用简洁、概括的方式表达企业精神的。即便是用口号式的方式表达企业精神，语言的使用也比较直白，如“爱我中海,勇创一流”是中国海运的精神，直白的语言涵盖了“爱企”、“创新”和“争先”等精神要素。广州航道局“万顷沙”轮提出的“用好每一分钟的‘船舶’精神”是一种故事的表达方式，虽然外人不了解“每分钟”后面的故事，但是从“至诚至信，尽职尽责，共创价值”的表述上就可以感觉到在企业精神中“效率”的重要性。

道路运输企业绝大多数是采用简洁和抽象化的语言方式来表述企业精神的。“团结”和“创新”是道路运输类企业的精神表述中使用频次最高的词汇。例如：沧州运输集团的“团结，创新，诚信，奉献”；内蒙古巴运公司的“团结，奋进，争优，创新”；山东交通运输集团的“团结，奉献，创新，发展”；江西新世纪汽运的“团结，务实，进取，创先”；廊坊运输的“团结，务实，安全，优质”；宁波公运的“团结，敬业，务实，创新”等都是使用抽象概括的词汇来表述企业精神的，理性的色彩比较浓厚。这种表达方式虽然有大同小异的感觉，但也容易凸显共性。好在样本企业员工之间的交流不会频繁，因而不会相互混淆。

高速公路管理及运营公司的精神表述方式与道路运输企业相近，多数企业也是采用简洁和抽象化的语言方式来表述企业精神的。但“团结”和“求实”是企业精神表述中使用频次较高的词汇。此外，部分高速公路管理及运营公司的精神，采用了不同于简洁和抽象化的语言方式来表达精神，如“真心实意的服务精神，同心协力的团队精神，尽心守职的敬业精神”（江苏宁沪高速）即是采用成语概括精神的方式来表述精神的。理性、庄重，而又不失个性。

交通产品类企业因经营业务及发展领域不同，对精神的表达方式有一定的差别。总体上看，样本企业并不太拘泥简洁和抽象化的语言方式来表述企业精神，个性化的表述方式，在交通产品类企业精神的表述中比较明显。如：中交第一公路勘察设计研究院的“特别能吃苦，特别能战斗，特别能追求的‘青藏路’精神”采用的是一种比较典型的品名式的表达方式，修筑于世界屋脊的“青藏路”，在世界道路建设史上也具有一定的“知名度”和“美誉度”，用它来命名企业精神，容易获得员工广泛的认同和产生“自豪感”。

四、国内外著名企业的精神

任何一个企业在获得事业成功的同时，也一定也会收获丰厚的企业的文化成果。许多著名的企业家在“功成名就”之后，突然“顿悟”：一项真正代表企业文化意义成果的获得，远比一个具体经营目标实现带给人更强烈的快乐，这种快乐对人的影响力可以很快地转化为对未来追求的动力。这就是精神的力量。不管企业对企业精神是否有明文的表述，也不管经营者对企业文化功能的意识是否觉醒，但企业作为市场竞争的主体一经确立，企业文化的种子随即生根发芽。企业精神就沉淀在企业文化之中，沉淀的企业的经营实践之中。

从国内外著名企业成功的经营实践看，企业精神绝不是企业物质条件的直接反映，优秀企业从来都不是消极地等待伟大的企业精神“自然天成”，而是积极地寻求精心表达、科学提炼的方式来表述本企业的精神，并在企业的经营和管理实践中坚持持续不断的培育、完善、发展。从表5-5国内外著名企业精神的完整表述中可以看出，著名企业之间无论是对精神的表达方式，还是企业精神所表达的要素内涵，都存在明显的差别。但是，共性的特征也表现得非常突出，这些共同的特征主要表现在以下几个方面：

简练是中外著名企业对精神表述的第一个共同特征。从表5-5中所列的34家企业的精神表述中，除日本松下公司提出的28字“松下精神”外，几乎所有企业的精神都不超过15个字。表面上看，我国的蒙牛和燕京啤酒在企业精神的表述上文字略显过长，但仔细分析便会发现，蒙牛使用了六个成语24个字，但只表达了五个精神要素，即：“团结、拼搏、创新、争先、爱国”，在“与时俱进”中已经概括了“学习创新”和“追求卓越”，或者说“学习创新”和“追求卓越”已经涵盖了“与时俱进”；燕京啤酒采用的是说明或诠释的方式表述企业的五种精神要素，即：“奉献、创业、拼搏、协作、主人翁”，用近似成语的方式诠释企业的五种精神，符合中国人的审美习惯，促进理解记忆。这种表达方式在“大庆精神”和“铁人精神”的完整表述中，表现得非常完美。

个性鲜明是中外著名企业对精神表述的又一个共同特征。大部分企业的精神都具有个性鲜明的语言风格，如英特尔的“不懈创新”既有“坚持”和“创新”的精神力量，又体现了英特尔作为创新型企业应该具备的精神品质。红塔集团的“攀登者”既寓意了企业名称，又诠释了“攀登者”的精神特质——“志存高远，脚踏实地”。

语言朴实在中外著名企业的精神表述中也比较突出。如美国波音飞机的“我们每一个人都代表公司”，即是典型的“主人翁”精神的形象生动的表述，“我”既然代表公司，自然“我”的命运就与公司的利益、与公司的发展联系在一起。朴实中见新奇，容易引起员工内心的共谋。体现企业个性，也是著名企业精神表述中刻意追求的境界。如同仁堂集团的“济世养生，同修仁德”集品名“同仁”与使命“济世”和价值“养生”于一体，在传统的“仁德”文化中，彰显对社会、对民众的“奉献”精神。可口可乐的“要世界的人都喝可口可乐”，口语式的“品名”表达方式，表达了可口可乐“开疆拓荒”的精神状态。

如果要对国内和国外企业提出的精神进行比较分析的话，还是可以明显地看出两者之间的差别。

最为突出的差别是国外企业在对精神的表达方式上，更为简洁，10字以内箴言式表述占大多数，如“正大无私的爱”（泰国正大）、“胜利是重要的”（百事可乐公司）、“创造好产品”（美国柯达公司）、“IBM就是服务”（美国国际商业机器）等。

追求语言表达上的个性化，是国外企业精神表述的最大特点。从表5-5中可以看出，15家企业的精神都采用了不拘一格的表达方式，没有任何雷同的表述。在对企业精神要素的表述上，很少采用直接概括的方式，而是通过箴言的方式集中间接表达一个或两个精神要素的内涵。如日本山一证券的“胆大心细”，即表达了“敢作敢为，严细认真”的精神。日本佳能公司“忘了技术开发，就不配称为佳能”，用针对特定的问题（技术开发）和产生后果的方式表达了对“创新”的态度，独特的表达方式给人以强烈的印象，有思辨的色彩、有精神的内涵。

由于国外企业对企业精神的表达上，过分追求个性化的东西，不拘泥于对精神概念及本质意义深厚的理解，因而使部分企业的精神与核心价值观及其他理念之间的区隔并不十分鲜明。如IBM 的“IBM就是服务”、柯达的“创造好产品”等个性非常鲜明，但它是典型的企业使命的表述，做广告语能够强化人们对企业的认知，作为企业的精神用语则底蕴不足，有不伦不类之嫌。即使是非常重视企业精神表述的日本企业，同样也存在这一问题。例如：本田汽车“用汽车创造一个富裕的社会”；日本电话公司“着眼于未来人间的企业”等就是比较典型的企业愿景的描述语言。

一味地追求个性而忽略对企业精神准确的表述，容易影响人们对企业精神正确的认知。

国内企业对精神概念的理解相对准确，在对企业精神的语言表述上，也更加严格和规范些。受企业文化积淀的影响，我国的许多企业仍然习惯于使用高度抽象概括的词汇组合方式表述本企业的精神，如TCL的“敬业，诚信，团队，创新”、格力的“忠诚，友善，勤奋，进取”、大庆的“爱国，创业，求实，奉献”、五粮液集团“创新，开拓，竞争，拼搏，奋进”等。这样表述的优点是简洁明了，能够准确和比较完整地反映企业在经营和管理实践中积淀的精神财富。而且，理性的表达也比较容易满足企业精神规范表述的基本要求，也比较适合人们对“精神”正常的理解和审美习惯。但是，这种表述也因个性不足而容易“复制”。遵循企业普遍认同的精神要素来表述企业精神，为了表明个性每一个企业必然要使用个性化的诠释。例如：燕京啤酒的“尽心尽力的奉献精神，艰苦奋斗的创业精神，敢打硬仗的拼搏精神，顾全大局的协作精神，为厂分忧的主人翁精神”，个性是有了，但文字太长，一般人记不住、说不全。

描述主观精神状态，对思想境界提出要求而不作价值判断的表述，是企业精神区别与“价值观”的一般特征，也是为了避免与价值观的表述“混为一谈”的概念处理。但部分国内外著名企业的精神表述，既对思想境界提出要求，又对精神状态作出了价值判断，因而很难说清楚是对企业精神的表述还是对价值观或愿景、使命的表述。

五、交通企业精神的表述

应该说，企业精神是企业全体员工主体价值的升华，一种崇高的精神在企业中形成并成为共识，需要共同的培育和准确的语言表达。寻找对交通企业最有影响的精神特质，是准确表达交通企业精神的关键。交通企

国内外著名企业的精神 表5-5

企业	企业名称	完整的精神表述
国外企业	可口可乐	要世界的人都喝可口可乐
	日本本田汽车	用汽车创造一个富裕的社会
	泰国正大	正大无私的爱
	英特尔	不懈创新
	松下公司	产业报国，光明正大，友好一致，奋斗向上，礼节谦让，适应同化，感激报恩
	日本佳能公司	忘了技术开发，就不配称为佳能
	宝洁	创新与回报
	卡西欧公司	创造，贡献
	百事可乐公司	胜利是重要的
	美国柯达公司	创造好产品
	山一证券公司	胆大心细
	日本电话公司	着眼于未来人间的企业
	美国波音飞机	我们每一个人都代表公司
	美国国际商业机器	IBM就是服务
	耐克公司	为自己的服务对象着想

续上表

企业	企业名称	完整的精神表述
国内企业	TCL集团	敬业，诚信，团队，创新
	格力集团	忠诚，友善，勤奋，进取
	五粮液集团	创新，开拓，竞争，拼搏，奋进
	泸州老窖集团	产品的信誉高于一切，企业的荣誉高于一切
	海尔集团	敬业报国，追求卓越
	红塔集团	攀登者精神：志存高远，脚踏实地
	中石化	爱我中华，振兴石化
	大庆油田	爱国，创业，求实，奉献
	联想集团	个人与企业同步发展
	同仁堂集团	济世养生，同修仁德
	中国人民财产保险股份有限公司	求实，诚信，拼搏，创新
	国航	爱心服务世界，创新导航未来
	中国移动	改革创新，只争朝夕，艰苦创业，团队合作
	宝钢集团	讲认真，讲敬业，讲忠诚，讲诚信“严格苛求“的精神
	中国铁道建设总公司	不畏艰险，勇攀高峰，领先行业，创誉中外
	中粮集团	诚信，团队，专业，创新
	蒙牛集团	精诚团结，勇于拼搏，学习创新，追求卓越，与时俱进,报效祖国。（要素雷同）
	燕京啤酒集团	尽心尽力的奉献精神，艰苦奋斗的创业精神，敢打硬仗的拼搏精神，顾全大局的协作精神，为厂分忧的主人翁精神
	国家电网公司	努力超越，追求卓越

业精神的积淀为我们提供了传承的依据。例如：“为人民服务到白头”的“小扁担”精神、“爱岗敬业、默默奉献”的“铺路石”精神、“以苦为荣”的“航标灯”精神、“四海为家、不畏风险”的航海精神、“把安全带给别人、把危险留给自己”的交通救捞精神，以及“起帆精神”、“振超精神”、“刚毅精神”等。

由于每个企业都有各自的成长历程，因而都可能形成其各不相同的精神特质。通过对样本交通企业现有的精神表述要素的统计分析发现，交通企业普遍提倡并认同的精神要素是：“创新、求实、团结、争先、奉献、奋进、拼搏、自强”。按“相近”原则将这些要素合并、整合、抽象、概括成八个字来表述交通企业精神，容易形成共识，凸显共性，消除个性差异的影响。但由于这一表述与社会其他企业的精神表述“大同小异”，行业特点也因此被掩盖。

因此，采用既高度概括，又寓意交通企业特点的表述，是企业精神表述比较理想的选择。对此，我们整合、提炼的企业精神的完整表述为：

通行天下，图强报国

“通行天下”表明交通企业的行业属性和面向世界、开创未来的理想追求。中国交通企业在实施国际化和强企战略的过程中，必须要有“通行天下”的胆识和“创新”、“踏实”、“勇往直前”的精神。因此，“通行天下”明喻交通行业属性、特点，暗喻“勇往直前”的“争先、奋进、拼搏、自强”精神。

“通行天下”还表明了，只要哪里有人类社会的活动，就一定有交通企业人的身影和他们存在的价值——“通行”。

“图强报国”是交通企业精神的典型特征，也是交通企业精神历史的积淀，更现实地表达了交通企业“做强做大，成为一流”的决心和“奉献社会，报效祖国”的忠心。

之所以选择“通行天下，图强报国”，作为交通企业精神的表述，是因为它可以基本包容了交通企业普遍认同的“创新、求实、团结、争先、奉献、奋进、拼搏、自强”的精神内涵。通道、通途、通畅，通则达；行程、行动、行道，行则果；是对中国交通企业社会使命和“知行合一”行为境界的生动写照，也是中国交通企业文化思想内涵的具体诠释。

胸怀祖国，才能放眼世界。具有放眼世界的目光，就一定能够实现“强企”、“一流”之梦，就一定能够为祖国、为人类作出更大的贡献！

“通行天下，图强报国”，是时代的召唤，是交通企业精神理性的表达。

第六章　交通企业的核心价值观

一、核心价值观的本质

为了准确地理解和把握核心价值观的内涵及其本质，必须对价值、价值观、价值主体、价值观主体和组织价值观等概念有一个基本的认识。

所谓价值，是指一个事物和另一个事物的关系、一个事物“成全”另一个事物的性质。如商品有成全交换的性质，所以商品有交换的价值；企业有成全员工上岗的性质，所以企业有创造岗位、提供就业的价值。在价值关系中，获得“成全”的事物为价值主体，帮助或提供“成全”的事物为价值对象（或价值客体）。

价值观是人关于“对象对于主体来说是否有价值（有用性）”的看法。价值对象的哪些属性能够满足价值主体的什么需要，是价值判断的依据。如企业是否能够满足员工发展的需要，构成了人对企业的价值判断。由于价值关系是客观存在的，先进的价值判断总是以正确地反映这种客观关系为前提的。

价值主体是获得“成全”的事物，包括没有生命、没有意志的物件，也包括有生命、有意志的个人和组织。在价值关系中，它们都可以成为价值主体或价值对象。例如：企业“成全”员工快速成长，员工即是价值主体；员工“成全”企业“做强、做大”的，企业则成为价值主体。

价值观主体或价值观的主体是指人。因为只有人才会有“看法”，除人以外的其他“物”是没有“观”的。在很多时候，人们经常把一个组织作为“价值观的主体”，这是因为在组织行为中，常常有“组织看法”一说。其实，这里所谓的“组织看法”即是人的“群体”的看法。

组织价值观是组织中的绝大多数成员一致赞同的、与组织紧密关联的，关于“对象对于主体来说是否有价值”的看法，即通常所说的“共同价值观”。一般来说，“组织价值观”和“价值观”的区别有两点：

（1）“组织价值观”是组织中的全体或大多数成员共同享有的价值观，个体的看法如果不能够得到组织成员广泛的认同，是不能成为“组织价值观”的，即使是组织领导者的“主导价值观”也只有获得广泛认同，才能转化成为组织价值观。

（2）“组织价值观”是和组织关联着的，即便是全体成员赞同的，但与组织无关的价值观，也不能成为“组织的价值观”。一般来说，一个组织只有具备独立活动的地位，它才可以作为价值主体或者价值对象出现在价值判断之中。

企业价值观是大多数企业系统的干部职工在长期的发展中所形成并共同推崇的基本信念、行为准则和奉行的目标，也是对人、对物的基本态度和看法。共同的使命和目标是形成企业价值观的前提，广大干部职工的实践活动是形成企业价值观的基础，系统内各级领导的倡导和强化是形成企业价值观的关键。

企业的核心价值观是由企业全体员工努力追求的最高目标、最高理想，而共同表现出来的做人、做事的最高价值选择，是对人、对事、对物的最高价值判断标准。因此，企业的核心价值观又可以理解为企业全体员工的共同信念或共同信仰。

之所以提核心价值观，是因为任何企业对有价值的对象不会只有一个，如资金、基础设施、政策、先进理念、人才等对企业的发展都有重大的价值；而且企业的价值也不会只有一种，如创造岗位、服务社会、创造精神产品、培育人才、实现组织和员工共同发展等都是组织存在的价值和意义。

众多的价值对象和企业本身所具有的多种价值组成了企业的价值体系。但是，在很多时候价值体系中的各个价值常常不可兼得，必须对多种价值作有取舍的选择。企业文化建设的核心内容，就是要明确价值体系，找出最高价值，提炼出核心价值观。并且，在核心价值观中体现出来的看法，必须贯穿到所有的价值对象之中。

通过对以上各概念的分析可以这样认为：核心价值观是企业系统基本的和长期奉行的宗旨，作为一种共同的群体意识，它决定了企业全体员工特有的价值取向、追求目标和行为规范。因此，它是企业文化的核心内容，是企业全体员工生存和事业发展的基础，更是交通企业全体员工追求成功的动力。

有了共享的核心价值观，就如同获得了强盛的生命力；有了共享的核心价值观，就有了追求的目标和明确的发展方向。

二、交通企业核心价值观的要素

在83个样本企业核心价值观的表述中，通过提取14条表达价值观的要素词条进行统计。统计结果表明，样本企业对价值观要素有多元化的选择取向。但是，居于核心地位的价值观，主要集中在对“发展观”、“诚信观”、“人本观”和“奉献观”等四个方面；居一般地位的价值要素除“服务观”和“客户价值”的选择频次相对较高外，在其他价值要素的选择频次上没有明显的差别（见表6-1）。

在对价值观要素典型表述的分析中发现：在社会及企业文化的研究中，被十分推崇的几种典型的价值观，如对员工价值的认识（人本理念、人才观），对发展的认识（创新观、和谐观、形象观），对利益相关者的认识（顾客、股东）等在交通企业选择的价值观要素中

样本企业的核心价值观要素（编码信息：275条） 表6-1

要素	典型的表述	频次	比例（%）	排序
发展观	发展港口；追求卓越；崇人兴港；成己达人；未雨绸缪；有于企业全面进步；秉诚兴港；和谐发展；创新一流；共同创造；拼搏进取，超越昨天；发展企业	36	13.09	1
人本观	以人为本；成就个人；为职工谋利益；为员工提供平台；尊重个人；人本；人才为本；造福员工	31	11.27	3
团队观	互尊互助；同心协力；团队精神；合作	12	4.36	11
诚信观	以诚为根；诚信为本；诚信正直；讲信誉；秉诚兴港；传载真诚；诚信；诚信忠实；诚信四海；忠诚服务；信誉第一；信誉为上；诚信为本	32	11.63	2
和谐观	以和为贵；和谐发展；互尊互助；共享阳光；和谐关爱；共享成功	14	5.09	9
创新观	以新为魂；崇尚科学；创新进取；创新；创新无限	16	5.81	7
道德观	知荣明耻；勇于承担；信念；勤俭；忠实	7	2.54	14
形象观	严谨；做最好的；浇注精品；质量为本；名牌兴司	11	4.00	13
服务观	为行轮服务；水深线就是生命线；服务客户最优；忠诚服务；满意的服务	20	7.27	5

续上表

要素	典型的表述	频次	比例（%）	排序
职业观	敬业爱港；尽职尽责；求是立业；珍惜；持续改进；感知责任；我与企业共命运；以路为业	16	5.81	8
奉献观	物流惠世；回馈社会；服务社会；为国家尽责任；奉献；为社会承担责任；对人民负责；奉献自身；优质回报；奉献精品；贡献为先；奉献社会	31	11.27	4
效益观	讲效率；高效；效益最大化；价值最大化；效益为重	13	4.72	10
客户价值	以客为尊；为客户创造价值；服务客户；客户至上；客户满意	19	6.91	6
股东价值	为股东赢得财富；有利投资者利益；为股东创效益；回报股东最大	12	4.36	12

有比较明确的表述。但在对经济利益的认识（利润、效益）要素表达得并不突出，只有中远航运等极少数企业把“经营效益最大化，公司价值最大化，股东回报最大化”作为企业的核心价值观，很少有其他企业开宗明义地把实现利润和效益的最大化作为企业的核心价值观。

市场经济要实现的一个最重要的价值目标就是企业要从“生产经营型、产值最大化”转向“资产经营型、利润最大化”，在实现企业生产经营利润及经济效益最大化的基础上体现对社会的价值。因此，在市场经济环境中的交通企业价值观的重建要明确表达对经济利益的认识。

从对样本企业价值观表述的认识和理解中可以感觉得到，多数企业都在试图把自己“最有价值的亮点”展示给社会大众，以确保自己和产品在社会公众中的影响力，如青岛交运集团的“交的是朋友，运的是真情”、青岛路桥建设集团的“一路真情”都表明了“服务至上”的核心价值观。一个奉行“服务至上”的核心价值观的企业，一定会真正把顾客、产品消费者和合作伙伴的利益放在至高无上的位子上。奉献社会从奉献顾客开始，奉献顾客就是奉献社会，奉献社会就是奉献“真情”！在现实的市场生态环境中，把“真情—服务至上”的核心价值观作为最高目标并努力追求的企业，更容易获得社会广泛的认同和认知。

很显然，样本企业对“发展观”、“诚信观”、“人本观”、“奉献观”、“服务观”、“客户价值”的认识，更多的是基于发展的考虑，选择的是“社会使命至上”的核心价值观，符合交通企业的社会价值定位和行业属性特征，与使命、愿景和精神相适应、相一致（见表6-1）。

当然，样本企业的众多的价值要素的表达中，也存在以下语言表达不正确的问题，如词语搭配不当，乱罗列词汇的现象比比皆是。典型的表述如：“创新进取、团队精神、诚信正直、求是立业、诚信忠实、严谨勤俭、创新一流、忠诚服务、拼搏奉献、和谐创新、诚信敬业、感知责任”。

还有部分样本企业，把虽然体现了一定价值观，但属于的行为范畴的词汇作为企业价值观的表述语言，如“讲感情、讲信誉、讲效率、高效、持续改进”。

语言要素的使用与概念不符，影响人们对价值观正确的认知。

在对样本企业完整的价值观的表述研究中发现，如果按各类价值的取向进行分类，能够更加清晰地观察样本企业对价值观的选择取向。尽管样本企业对价值观因素有多元化的选择，但是在完整的表述中大致可以纳入以下框架中进行分析（见表6-2）。

选择以社会价值取向为主的企业，其价值观基本上是围绕企业对社会的责任这一命题表述的。如中交一航局提出的“浇注精品，发展企业，奉献社会，造福员工”的核心价值观，就系统地表明了一航局社会使命至上的价值观。

“浇注精品”既是企业行业属性特征的形象表述，也是企业的价值宣言，因此，可以认为“精品”是一航局的质量观；“发展企业”，与“浇注精品”构成了互为因果的价值关系，即：“浇注精品是为了企业的健康发展，发展企业必须要靠精美的工程质量”。“发展”是一航局的发展观；“奉献社会”是一航局人的价值追求和最高价值，有了这个最高价值，一航局人就能够处理好获取巨大的经济利益与服务回报社会的关系。“奉献”是一航局人的世界观；“造福员工”也是服务社会，实现“员工价值“的直接体现方式，没有员工的发展目标，企业提出的价值目标就不可能实现，有了这个目标，一航局提出的核心价值观才算完整。因此，“造福”是一航局人的“人本观“。以“浇注精品”为出发点“质量观，以“发展企

部分样本企业提出的核心价值观　　表6-2

价值取向	完整的表述
社会价值取向为主的表述	浇注精品，发展企业，奉献社会，造福员工（中交一航局）追求卓越，奉献精品（陕西路桥集团有限公司）为行轮服务，对人民负责（长江航道局）服务公众，回报社会（邯郸交通运输集团有限公司）奉献社会，创造美好未来（内蒙古巴运汽车运输有限责任公司）道之魂（苏州苏嘉杭高速）
人本价值取向为主的表述	发展港口，成就个人（天津港集团）以人为本，追求卓越，敢为人先，从不言败（成都金沙运业有限公司）高报酬，取信于员工（贵州省水城汽车运输公司）共同创造，共享成功（南京水运）尊重个人，忠诚服务（大连春安船舶管理有限公司）崇人兴港，物流惠世，成己达人（龙口港）
服务价值取向为主的表述	一路真情（青岛路桥建设集团）交的是朋友，运的是真情（青岛交运集团）服务客户最优，回报股东最大（广州、青岛、大连远洋）让过往司机更满意，为愉快生活而工作（广州北环高速）诚信服务，优质回报（中国交通建设集团有限公司）顾客至上(广东机场高速)
经济价值取向为主的表述	经营效益最大化，公司价值最大化，股东回报最大化（中远航运） 实现股东效益价值，实现员工人生价值，实现企业社会价值;（广州东南西环高速） 利义共赢，和谐创新（赣粤高速）

业”为使命的发展观，以“奉献社会”为落脚点的世界观，以“造福员工”为目标的人本观”构成了一航局的核心价值观体系。

选择以人本价值取向为主的企业，其价值观基本上是围绕企业与员工的关系进行表述的。由于企业是由人组成的，企业的生产经营活动是人的活动，实现企业的战略目标取决于企业全体员工的共同努力。因此，企业在发展的同时也必须把员工的发展摆在同等的地位。如天津港“发展港口，成就个人”的核心价值观表明了企业与员工互为因果的价值关系，“企业的发展依靠员工的努力，员工职业生涯的成功也依赖企业的发展”。在这一价值关系中，企业与员工的利益是紧紧联系在一起的。也正因为天津港奉行的人本价值取向，才使天津港形成了“企业关心员工，员工奉献企业”的非常和谐的劳动关系。

选择以服务价值取向为主的企业，

其价值观主要是围绕“企业与顾客、用户、服务对象”的价值关系进行表述的。如广州北环高速“让过往司机更满意，为愉快生活而工作”的核心价值观也是典型的“服务至上”价值观的生动表述。在与“司机”的价值关系中，北环人把自己的“愉快”与过往司机的“满意”联系在一起，形象鲜明地表明了“我们生活和发展的基本条件”，有了车、有了过往司机的满意他们的工作才富有价值，生活才丰富多彩；为了愉快的生活，必须让顾客更加满意。这就是北环高速的价值追求。

尽管样本企业对经济价值的取向表达不够明确，但选择以经济价值取向为主的企业，其价值观主要表明了企业对经济效益的看法。如中远航运提出的三个“最大化”（经营效益、公司价值、股东回报）的价值观，即是比较典型以“经济效益”为核心价值观，虽然“公司价值最大化”的内涵比单纯的“经济效益”的内涵要丰富，但公司存在的最大价值还是要创最佳的经济效益，在创最佳经济效益的前提下，实现企业的社会价值，如奉献社会、服务顾客、关心员工等。

在市场经济的环境下，企业作为社会的经营性组织，必然要把创最佳的经济效益作为头等大事。在正常的情况下，社会和相关利益者评价和衡量企业的标准，就是看企业所创造的经济效益和对各自经济利益回报的数量。

三、不同类别交通企业的核心价值观

不同类别的样本企业对价值观要素选择的排序有一定的差别。港口类企业对“人本观”和“发展观”两个要素的选择频次最高；工程建设和水运类企业对“诚信观”和“发展观”两个要素的选择频次最高；道路运输类企业选择“服务观”的频次最高；高速公路管理企业则选择“人本观”和“股东价值”（见表6-3）。

导致不同类别的交通企业对精神

六类别样本企业价值观构成要素选择频次排序　　表6-3

类别企业	要素排序
港口企业	人本观、发展观、奉献观、诚信观、和谐观、创新观、职业观、团队观、道德观、股东价值、效益观、客户价值、服务观、形象观
交通工程建设企业	诚信观、发展观、奉献观、人本观、形象观、团队观、创新观、服务观、职业观、效益观、客户价值、和谐观、股东价值、道德观

类别企业	要素排序
水运企业	发展观、诚信观、客户价值、股东价值、服务观、和谐观、创新观、形象观、人本观、奉献观、效益观、道德观、团队观、职业观
道路运输企业	服务观、人本观、发展观、奉献观、诚信观、客户价值、效益观、和谐观、道德观形象观、职业观、股东价值、创新观、团队观
高速公路管理企业	人本观、股东价值、创新观、客户价值、诚信观、奉献观、团队观、和谐观、发展观、形象观、服务观、职业观、效益观、道德观
交通产品企业	职业观、发展观、奉献观、诚信观、人本观、团队观、客户价值、创新观、服务观、和谐观、形象观、效益观、道德观、股东价值

要素选择差别的主要因素既有典型类别企业的特征，也有主观认知的差异性，主观认知的差异性是主要因素。由于相当部分企业对核心价值观的表述根本不是基于对“核心”的认识，将社会普遍推崇的几大重要的价值观统统列入企业的核心价值观，典型的表述如“社会价值高于经济价值，人的价值高于物的价值，团队价值高于个人价值，长远价值高于近期价值”。也由于部分企业对核心价值观概念的理解有误，所提出的价值观根本不具备真正意义上价值属性，即便具备一般意义上的价值属性，但也并不是本企业真正推崇的核心价值观。

因此，在企业核心价值观的概述中就应有完整的阐述。在现实经营环境中，企业本身就具有多种价值和面对众多的价值对象，这就构成了企业的价值体系。但是，在很多时候价值体系中的各个价值常常不可兼得，必须对多种价值作取舍的选择。核心价值观就是企业选取的最高价值，贯穿于所有价值对象之中。

多数样本企业提出的价值观既看不到“核心”，也体验不到什么是企业的最高价值，多价值因素的罗列和重叠，反而使核心价值观凸显不出来。语言锤炼不精、个性特征不鲜明的问题也是交通企业核心价值观提炼中的一个不容忽视的问题。

尽管如此，通过对不同类别企业价值观表述的研究，还是可以基本看出不同类别的企业选择的核心价值观，以及某些类别企业的典型特征（见表6-4）。

在港口类企业在已经选择的众多价值要素中，人本价值的取向占十分突出

六类别典型企业的核心价值观　　表6-4

类别企业	企业名称	完整的精神表述
港口	秦皇岛港	为国家尽责任,为股东创效益,为职工谋利益
	秦皇岛港铁运公司	敬业爱港
	天津港	发展港口，成就个人
	天津港石化码头公司	以人为本，欲事立人；诚信为本，和谐发展；互尊互助，崇尚科学；创新进取，追求卓越；知荣明耻，勇于承担；同心协力，尽职尽责
	龙口港	崇人兴港，物流惠世，成己达人
	深圳港	以客为尊，以人为本，团队精神，诚信正直，未雨绸缪，回馈社会
	芜湖港	“三讲”：讲感情、讲信誉、讲效率；“三个有利于”：有利于服务社会、有利于投资者利益、有利于企业全面进步
	烟台港	秉诚兴港，求是立业
	日照港	传载真诚，追求卓越，共享阳光
	湛江港	为客户创造价值，为股东赢得财富，为员工提供平台，为社会承担责任
	连云港港	诚信，高效，创新，奉献
	青岛港	信念，感情，珍惜，奉献
	营口港	以人为本，以诚为根，以和为贵，以新为魂

续上表

类别企业	企业名称	完整的精神表述
工程建设	中交一航局	浇注精品，发展企业，奉献社会，造福
	一航局一公司	当一流的，做最好的
	一航局二公司	拼搏进取，超越昨天
	中交二航局	诚信共赢，拼搏奉献，持续改进，超越自我
	中交通建设集团	诚信服务，优质回报
	中交建二公路工程局	人才为本，信誉为上，贡献为先，效益为重
	中国路桥集团公司	以诚信为本，承诺我们的社会责任；以质量为本，提供客户满意的服务
	路桥集团第一公路工程局	诚信，合作，人本，创新
	陕西路桥集团	追求卓越，奉献精品
	中国港湾建设集团	感知责任，优质回报，合作共赢
	青岛路桥建设集团	一路真情
	河南中原路桥建设集团	提升以技术创新能力为主的核心竞争力，塑造诚实守信
水运	长江航道局	为行轮服务，对人民负责
	大连远洋	服务客户最优,回报股东最大
	长江航运集团	诚信忠实，和谐关爱，严谨勤俭，创新一流
	广州远洋	服务客户最优，回报股东最大
	南京水运	共同创造，共享成功
	中国海运	诚信四海,追求卓越
	大连春安船舶公司	尊重个人，忠诚服务
	青岛远洋	服务客户最优，回报股东最大
	中远航运	经营效益最大化，公司价值最大化，股东回报最大化
	南京长江油运公司	诚信忠实 和谐关爱 严谨勤俭 创新一流
	中远鞍钢航运公司	团结，开拓，诚信，求强
	中远远达航运	以人为本，追求卓越；服务客户最优，回报股东最大
	广州越洋船务公司	客户至上，信誉第一

续上表

类别企业	企业名称	完整的精神表述
道路运输	邯郸交运输集团	服务公众，回报社会
	湖北公路客运集团	造福员工，造福企业，造福社会
	内蒙古巴运公司	奉献社会，创造美好未来
	唐山一运	信誉至上，诚信为本
	焦作交运集团	同心同德同赢，和谐和睦和衷
	南京长鑫发汽车运输公司	为每一位客户提供最优质的服务，让员工分享公司的成功
	成都金沙运业公司	以人为本，追求卓越，敢为人先，从不言败
	贵州省水城汽车运输公司	遵纪守法，取信于政府；竭诚服务，取信于用户；高额回报，取信于股东；提高报酬，取信于员工
	青岛交运集团	交的是朋友，运的是真情
	河北快运集团	以人为本，科学经营，名牌兴司，联盟共赢
	南阳兄弟缘汽车运输有限公司	倾我所有，尽我所能，竭诚用户，满足天下
	山西晋城汽车运输公司	您的满意是我们的心愿
	江西新世纪汽运	企业与我同发展，我与企业共命运
	淄博交运	以公司为家，做资本主人，创一流业绩

续上表

类别企业	企业名称	完整的精神表述
高速公路	陕西西汉高速	求实，科学
	京沪高速	顾客满意，持续改进
	苏州苏嘉杭高速	团队，创新，专业，卓越
	广州东南西环高速	实现股东效益价值，实现员工人生价值，实现企业社会价值
	浙江甬台温高速	以人为本
	广州北环高速	让过往司机更满意，为愉快生活而工作
	广州机场高速	顾客至上
	江苏宁沪高速	规范诚信，职责严明，关爱员工，持续改进
	广东高速	以人为本、以路为业、服务社会、回报股东
	河北高速	安全、舒适、快捷、温馨
	江西赣粤高速	利义共赢，和谐创新

续上表

类别企业	企业名称	完整的精神表述
交通产品	山西交通建设工程监理总公司	社会价值高于经济价值，人的价值高于物的价值，团队价值高于个人价值，长远价值高于近期价值
	陕西晋中机械化养护中心	管理水平一流、工程质量一流、员工素质一流、服务意识一流、经济效益一流
	日照市公路管理局	珍爱公路就是奉献自己
	云锡物资储运汽车修理总厂	厂兴我荣，厂衰我耻
	中交第一公路勘察设计研究院	服务交通，奉献社会
	北京银建投资公司	让勤劳者更富有
	中通客车控股	诚信做事，诚恳待人
	中集集团	诚信为本，客户至上，简明高效，创新无限，尽心尽力，尽善尽美
	西安筑路机械公司	同步世界，创造高新技术精品奉献社会；诚信敬业，实现使用者和制造者共同价值
	浙江交通规划设计研究院	敬业、协作、诚信、奉献，牢固树立“忧患、市场、品牌、服务、团队”五个意识
	天津安达集团	爱国，敬业，求实，奋进
	大众交通	一切为大众
	本钢起重机制造厂	为社会奉献最好的产品和服务，取之于社会回报社会
	一汽	第一汽车，第一伙伴

的地位，从港口类企业选择的价值观要素的排序结果也可以看出，“人本观”居各要素的首位。在具体的表述中，“发展观、奉献观、诚信观”等其他价值要素基本上也是围绕“人本至上”的价值观进行表述的，如前面分析过的天津港的“发展港口，成就个人”、深圳港的“以客为尊，以人为本，团队精神，诚信正直，未雨绸缪，回馈社会”、营口港的“以人为本，以诚为根，以和为贵，以新为魂”等企业的核心价值观尽管也表达了“发展、诚信、奉献、客户”等多种价值要素，但基本是围绕“人本”的价值关系进行表述的。由此，可以认为“人本至上”的价值观是大多数中国港口企业选择的核心价值观。

从工程建设类企业具体的价值观的表述可以明显地感受到“诚信至上”的价值观占核心地位。如中交通建设集团的“诚信服务，优质回报”、中国路桥集团的“以诚信为本，承诺我们的社会责任；以质量为本，提供客户满意的服务”、中交二航局的“诚信共赢，拼搏奉献，持续改进，超越自我”等核心价值观即是比较典型的“诚信至上”价值观的表达。虽然，这些企业的价值观也有“奉献”、“人本”、“服务”等多种价值观要素的表述，但“奉献、人本、服务”等价值要素在这些价值观的完整表述中与“诚信”都构成了比较完整的价值关系。选择“诚信为上”的价值观，可以有效帮助交通工程类企业拓展发展空间。

发展观、诚信观、客户价值、股东价值、服务观是水运企业的价值观表述中选择频次较高的要素。透过对水运企业价值观表述的认知可以发现，虽然“发展观”在水运企业价值观的表述频次最高，但并没有处在核心价值的位置，相反，从这些表述中明显地感受到典型水运企业“客户至上”的价值观占核心地位。如广州和青岛远洋的“服务客户最优，回报股东最大”、长江航运集团的“诚信忠实，和谐关爱，严谨勤俭，创新一流”、广州越洋船务公司的“客户至上，信誉第一”等核心价值观主要是围绕核心价值“客户”进行的。“发展、诚信、股东、服务”等诸多要素也渗透着“客户至上”的理念。由此可以认为“客户至上”的价值观是目前中国水运企业选择的核心价值观，选择“客户至上”的核心价值观也与水运企业的业务发展战略相适应。

透着“人本”理念的“服务至上”的价值观在道路运输企业价值观表述中占有突出的位置，如青岛交运集团的“交的是朋友，运的是真情”、邯郸交运输集团的“服务公众，回报社会”、山西晋城汽车运输公司的“您的满意是我们的心愿”等核心价值观都是“服务至上”价值观的典型表述。箴言式的表达，简洁、明了，有个性语言的特色。

即使是对价值观有多元表述的贵州省水城汽车运输公司的“遵纪守法，取信于政府；竭诚服务，取信于用户；高额回报，取信于股东；提高报酬，取信于员工”的价值观从中还是可以看出作为价值对象的“政府、用户、股东、员工”与价值主体“竭诚服务”构成的价值关系。因此，应该有理由认为“服务至上”的价值观是中国道路运输企业普遍奉行的核心价值观。道路运输企业选择“服务至上”的核心价值观符合道路运输企业业务发展的形态，与绝大多数企业选择的发展战略相适应。

“人本观”和“股东价值”是高速公路管理及运营企业价值体系中的两大最重要的价值主题。从典型高速公路企业提出的价值观中也可以清晰地感受到这两大价值主题所处的位置，如广州东南西环高速的“实现股东效益价值，实现员工人生价值，实现企业社会价值”、广东高速的“以人为本，以路为业，服务社会，回报股东”等核心价值观基本上是围绕“人本”和“股东价值”进行表述的。虽然，这些企业的价值观还包含了“客户、员工、社会、服务”等多种价值要素，但这些价值要素还是可以归入“人本观”和“股东价值”之中。

由于“人本”理念是当今社会普遍奉行的价值观，让“人本”理念渗透到企业经营管理的各个方面是中国高速公路管理及运营企业不懈的追求。更因为我国的高速公路特殊的发展方式使得各高速公路管理及运营企业在规定的期限中必须更快地实现投资回报。因此，选择“股东价值至上”作为核心价值观也许更符合高速公路管理及运营企业的公司治理结构和公司制度的安排。

交通产品类企业因经营业务及发展领域不同，在价值观的选择上也有一定的差别。如中集集团的“诚信为本，客户至上，简明高效，创新无限，尽心尽力，尽善尽美”的价值观，基本是以“客户至上”价值观为核心的，与“诚信”和“完美”构成了符合中集集团发展战略的价值关系。

大众交通的“一切为大众”的价值观是比较典型的“社会价值至上”的核心价值观的选择，表达方式富有个性，简洁、有典型业务领域的特征。中交第一公路勘察设计研究院的“服务交通，奉献社会”也是典型的“社会价值至上”的核心价值观的选择。

交通产品类企业的核心价值观在表达方式上看不出明显的带有典型业务领域的特征，可能与样本量不足有关。

四、国内外著名企业的核心价值观

从本节的关于价值观概念的研究中可以清楚地了解到，企业的价值观是企业中的人们对价值问题的共同看法。在企业生产经营的实践中，共同看法一旦形成，企业中的全体员工就会在共同看法的引导下追求他们认为最有价值的东西。由于企业的核心价值观是企业在众多的价值对象中所选择的居核心地位的最高价值。因此，它是企业在追求成功过程中所推崇的固有的、不能因一时的方便和短期的利益而改变的价值观。如一个把“社会利益至上”作为企业核心价值观的企业当眼前的利润、效率与企业奉行的“社会”目标发生冲突时，它会毫不犹豫地选择“社会利益至上”的价值观，让眼前的利润、效率让位于长期的利益。同理，一个把快速的“利润回报”作为核心价值观的企业面对眼前利润回报的机会也不会放弃去选择长期的收益。

从国内外著名企业的经营实践看，核心价值观一经确定，就成为指导企业发展的根深蒂固的原则，尽管企业经常要面对和选择各种价值，尽管核心价值观的某些表象可以用新的方式来表现，但每一个追求可持续发展的企业对自己核心的价值观是永久维护的，决不允许任意地改变。如美国波音飞机致力于制造和开发各种波音系列飞机的业务战略是可以调整的，也可以选择“速度和灵活性”、“追求卓越”的多种价值观，但是其“领导航空工业，永为先驱”的核心价值观是恒久不变的。

从表6-5国内外著名企业的核心价值观的完整表述中可以看出，著名企业之间无论是对核心价值对象的选择，还是对核心价值观的表达方式都存在明显的差别。但也存在“核心”价值观的意义表达不突出、价值观缺乏个性、核心价值观的表述不是基于系统的思考的问题。

1．“核心”价值观的意义表达不突出

部分企业对核心价值观的表述不是基于对“核心”的认识，而是将企业选择的多种价值对象都当作企业的核心价值观，如“人才第一，追求一流，引领变革，正道经营，共存共赢”（三星）、“尊重个人，正直不阿，相互信任，信誉至上，精益求精，力求上进，论绩嘉奖”（柯达）、“诚信尽责，公平公正，变革创新，知行合一，整体至上”（TCL）等。多种价值对象的表述，反映不出居核心地位的最高价值。尽管通过对企业的战略、使命、精神、愿景的分析可以大体判断以上企业的核心价值观，如三星可能是“引领变革”；柯达可能是“信誉至上”；TCL

国内外著名企业的核心价值观　　表6-5

企业	企业名称	完整的价值观表述
国外企业	可口可乐	自由、奔放，独立掌握自己命运
	麦当劳	以人为本，优质、服务、清洁、价值
	迪斯尼	健康而富有创造力
	正大天晴	做事先做人，欲速先健康
	英特尔	客户至上
	三星	人才第一，追求一流，引领变革，正道经营，共存共赢
	宝洁	员工始终是公司最为宝贵的财富
	IBM	诚信负责，创新为要，成就客户
	西门子	专注于我们的业务，倾听客户的需求和想法
	惠普	尊重和关心每个员工
	爱立信	专业进取，尊爱至诚，锲而不舍
	肯德基	以人为本，顾客满意，沟通合作，奖惩分明，提供机会
	摩托罗拉	高尚的操守和对人不变的尊重，全面的顾客满意
	美国柯达公司	尊重个人，正直不阿，相互信任，信誉至上，精益求精，力求上进，论绩嘉奖
	联合利华	以最高企业行为标准对待员工、消费者、社会和我们所生活的世界
	沃尔玛	超出顾客的期望
	美国波音飞机	领导航空工业，永为先驱
	GE	以极大的热情全力以赴地推动客户成功
	3M	服务顾客重于一切
	诺基亚	客户满意是我们战略和行动的指南

续上表

企业	企业名称	完整的价值观表述
国内企业	TCL集团	诚信尽责，公平公正，变革创新，知行合一，整体至上
	格力集团	给消费者以精品和满意，给创业者以机会和发展，给投资者以业绩和回报
	五粮液集团	敬业奉公，精艺克靡，我们为消费者而生而长，先天下消费者之忧而忧，后天下消费者之乐而乐
	泸州老窖集团	取信，深虑，认真，慎我
	海尔集团	真诚到永远
	红塔集团	人的价值高于物的价值，共同的价值高于个人的价值，消费者所看重的价值高于企业的利润价值
	中国航天科工集团	国家利益高于一切
	联想集团	成就客户，创业创新，精准求实，诚信正直
	万科集团	创造健康丰盛的人生，客户是我们永远的伙伴，人才是万科的资本
	同仁堂集团	为了您的健康与幸福，尽心尽意，尽善尽美。
	中国人民财产保险股份有限公司	诚信立业，稳健经营，创造卓越，回报社会
	中国建设银行	诚实，公正，稳健，创造
	国航	服务至高境界，公众普遍认同
	中国移动	正德厚生，臻于至善
	中国电信	全面创新，求真务实，以人为本，共创价值
	宝钢集团	诚信，协同
	中国铁道建设总公司	诚信、创新永恒，精品、人品同在
	伊利集团	健康兴旺，基业长青

可能是“变革创新”，因为只有这些价值观对这些企业来说才可能是相对的恒久不变的，其他价值对象都可能在企业发展的过程中调整、变化。由此可以认为，如果企业的核心价值观多于两个就可以说这个企业还没有找到真正的核心价值观。

2. 价值观缺乏个性

优秀的企业文化应该成为企业的核心竞争力的优势，成为企业实施采用化战略的核心，但表6-5中相当部分中国企业的核心价值观所表达的价值要素缺乏差异，将社会普遍推崇的价值观作为企业的核心价值观的现象比较普遍，如“诚信”使用的频次就较高。在企业的经营过程和环境中，“诚信”是任何企业都需要坚守的道德底线，用它作为企业的核心价值观，不容易把企业间在生产经营实践中表现出来价值差异概括出来。将社会普遍推崇的价值观不加提炼就作为企业的核心价值观实际上是企业文化建设者的简单化处理。同样是表达“诚信”，海尔的“真诚到永远”就非常有个性，不但表达了海尔认同“诚信”的价值观，同时还拓展了“诚信”的内涵，表明了海尔“顾客至上”、“服务至上”的恒久不变的价值观。由此，透过“真诚到永远”就可以体味出海尔及其提供的产品对社会、对广大消费者的价值——优质的产品和真诚的服务。

3. 核心价值观的表述不是基于系统的思考

从对国内外企业著名企业的文化理念的整理研究看，相当部分企业对核心价值观的表述不是基于系统的企业文化建设的思考，突出的问题主要表现在两个方面：一是多数企业的核心价值观没有渗透到企业的其他理念中去，如精神、使命、愿景、经营理念等的表述与核心价值观表述没有多大关联，即使是选择用多种价值对象来表述价值观的企业，也缺乏一个贯穿于所有价值之间的“核心价值”的统领，如“以人为本，顾客满意，沟通合作，奖惩分明，提供机会”（肯德基）、“优质、服务、清洁、价值”（麦当劳）等并列的几个价值要素并没有体现“核心”价值的内容，因而这样的核心价值观是没有形成“灵魂”的价值观。二是企业文化理念体系表述不完整，很多企业对文化理念的表述有精神表述、没有价值观的表述，有价值观的表述、没有使命或愿景的表述等。即使被学术界公认为十分重视企业文化的著名的日本企业，也是能够容易找到它们关于企业精神的表述，但不容易找到它们统一的关于企业的核心价值观的完整表述。一个企业核心价值观同时有几个不同的版本，或核心价值观与企业精神使用相同的表述，说明这个企业的文化表述不是基于系统的思考。

当然，不少企业对核心价值观的表述是基于对本企业文化的系统思考，如中国国际航空公司提出的“服务至高境界，公众普遍认同”的核心价值观，就贯穿以下国航的文化理念体系：

国航愿景——具有国际知名度的航空公司；

国航使命——满足顾客需求，创造共有价值；

国航精神——爱心服务世界，创新导航未来；

国航服务理念——放心、顺心、舒心、动心；

国航经营理念——安全第一，顾客至上，诚信为本；

国航管理理念——人本，科学，和谐，高效；

国航人才理念——品德、激情、能力、业绩；

国航安全理念——预防为主，完善系统，夯实基础，科学严谨；

国航团队理念——忠诚尽责，团结协作，充满活力；

国航发展策略——发挥优势，品牌制胜。

我们可以认为，国航的所有文化理念都与“服务至高境界，公众普遍认同”的核心价值观紧密关联，应该说中国国际航空公司所倡导的文化是企业文化建设的一个系统思考的典范。其核心价值观的表述概念清晰，语言使用准确（除“忠诚尽责”搭配不当外）、朴实，没有云山雾罩的古语，更没有华丽和所谓有冲击力的词语。

此外，语言锤炼不精、个性特征不鲜明的问题也是表6-5中部分国内外著名企业的核心价值观表述存在的共性问题。

如果一定要对国内和国外企业提出的核心价值观进行比较的话，国外企业不拘一格的语言表达方式和风格，无不彰显着一种企业的个性。从20家国外企业的核心价值观表述中，几乎看不到雷同的文字，即使是价值取向选择趋于一致的企业，其表达的方式与各不相同。例如，同样选择“顾客至上”为主导价值的企业，其语言的表达也颇具个性色彩，如西门子的“专注于我们的业务，倾听客户的需求和想法”、沃尔玛的“超出顾客的期望”、GE的“以极大的热情全力以赴地推动客户成功”、3M的“服务顾客重于一切”、诺基亚的“客户满意是我们战略和行动的指南”等。个性化的语言，还表明了企业实现“顾客至上”价值的差异化实践及方法。

与国外的企业相比有明显的差别是，国内企业对核心价值观的表述语言缺少个性，总有“你中有我”和“我中有你”的感觉，即使是不同业务领域的企业，其核心价值观也有同一化的表述。表现在发展战略和业务发展方向选择的差别明显，但表现在价值观方面的差别不大。其原因是中国企业文化创新的意识不强，喜欢用“放之四海而皆准”的古训，或采用社会普遍推崇的价值观表述作为本企业的核心价值观，虽然简单、省事，显得有内涵和紧跟时代，但却没有了企业的个性，最终也只能成为“壁上观”。

但是，国内著名企业的核心价值观也不乏具有个性风格的表述，如海尔的“真诚到永远”、中国航天科工集团的“国家利益高于一切”、伊利集团的“健康兴旺，基业长青”等。应该说明的是，中国航天科工集团的“国家利益”有典型军工企业的个性特征和特定、丰富的内涵，绝不仅仅是社会道德底线上的“国家利益”。此外，同仁堂集团的“为了您的健康与幸福，尽心尽意，尽善尽美”如果再简练些；泸州老窖集团的“取信，深虑，认真，慎我”如果再通俗或取其核心还原以箴言式的表述，也一定会有独特的个性和强盛的影响力。

五、核心价值观的提炼

通过以上对交通企业核心价值观的实证研究和国内外著名企业的核心价值观的研究分析可以基本得出这样的结论：任何企业都面临多重价值的选择也都有自身的价值所在，但企业在追求成功和发展的过程中所遵循的核心价值观是恒久难以改变的，它贯穿于企业的所有价值之中。在很多情况下，企业的核心价值观所体现的价值要素有可能是相同的，但企业选择实现相同价值的方式千差万别。选择共同发展目标的企业，能够寻找到共同的价值观。

通过以上的分析可以基本明确交通企业核心价值观的提炼的一些原则和方法。尽管众多的交通企业面临无数的价值的选择，但交通企业对社会和我国交通事业发展的价值目标是一致的。因此，交通企业应该有自己共同的核心价值观。

通过对样本企业核心价值观的分析研究，居于核心地位的价值要素主要集中在对“发展观”、“诚信观”、“人本观”、“奉献观”、“服务观”和“客户价值”等六个方面，而且这六个方面的价值要素都体现了“社会使命至上”的价值理念。很显然，交通企业选择“社会使命至上”的核心价值观是符合交通企业的社会价值定位和行业属性特征的。但是，从更大的范围看，“社会使命至上”的价值观也是当今绝大多数企业普遍奉行的价值观。因此，在坚持“社会使命至上”的价值观的同时，要确定清楚交通企业的核心价值目标，而这个核心价值目标应该说交通企业持续发展都难以改变的价值观。

根据交通企业在济济社会发展中行业属性特点——“服务国民经济和社会发展全局，服务社会主义新农村建设，服务人民群众安全便捷出行”，我们认为中国的交通企业可以有各种各样的价值选择，但恒久不变的价值即是“服务”。因此，围绕这一行业的社会属性和价值特征来确定交通企业的核心价值观应该更加容易获得广大交通企业广泛的认同。

我们认为，经过提炼和整合后的企业核心价值观的完整表述应为：“竭诚服务，满足社会”。

服务社会、服务交通、服务大众是交通企业存在的价值所在；“竭诚”也是交通企业服务社会、服务交通、服务大众的行为所在，只有“竭心诚意”，服务才具有现实的价值的意义。在交通企业的经营实践中，广大交通企业对“竭诚服务”有着非常深刻的理解和广泛的认同。

“满足社会”是“竭诚服务”核心价值内涵和价值对象的延伸，交通企业要实现“创一流”的强企之梦，必然要选择创新的经营方式，完成向现代服务业的转型。

“满足社会”还体现了企业关注员工发展的社会责任。一个企业，特别是把“竭诚服务”作为核心价值观追求的交通企业，只有关心、尊重、理解员工——以人为本，员工才能建立起符合“竭诚服务”价值观要求的行为方式，服务社会、服务交通、服务大众才能够落到实处。因此，“满足社会”的理念和“海纳天下”的胸怀，能够确保所有交通企业做强、做大和可持续发展。

用“竭诚服务，满足社会”作为交通企业的核心价值观，具有恒久不变的价值特性，强化了“通行天下，图强报国”的企业精神。

第七章　交通企业模范人物风范

模范人物风范是交通企业精神和核心价值观人格化的集中体现，也是交通企业文化建设成果的重要体现，更是交通人直接效仿的学习榜样。在文化和组织行为学的研究中，常常把模范人物行为分为若干行为类型，并依此推断和理解群体精神和群体的核心价值观。例如，“实干型”行为类型总是埋头苦干，数十年如一日默默无闻地奉献。但在交通企业模范人物行为特征的概括中，“智慧型”、“开拓型”和“创新型”行为类型表现尤为突出，包起帆、许振超、陈刚毅、孔祥瑞等模范人物的典型事迹就充分体现了与时代共进的交通精神和创新发展的价值观。

一、刻苦钻研，勇攀高峰
——创新典型包起帆

包起帆是在港口生产第一线作出重要贡献的工人专家。20世纪80年代时他就是一名革新能手，相继发明了新型木材抓斗、生铁抓斗、废钢抓斗系列，被誉为“抓斗大王”。他没有在以往的成绩面前停步，而是继续创新，90年代又被中宣部树为全国重大宣传典型。2006年5月，在第95届巴黎国际发明博览会上，他一次获得4项金奖，成为105年来

在技术创新中实现人生的价值*

一次获得该展会奖项最多的人。20多年来，他与同事们共同完成了120多项技术创新项目。他还是党的十四大、十五大、十六大、十七大代表。

*图片来自上海国际港务（集团）股份有限公司网站。

20世纪80年代，包起帆和他的同事一起，攻克了木材抓斗的难关。之后又先后发明了生铁抓斗、废钢抓斗、半剪式散货抓斗等抓斗系列，完成的技术革新和发明创造多达80多项，这些成果三次获得了国家发明奖，一次获得国家科技进步奖，11次获得了交通部和上海市科技进步奖，10次在日内瓦、巴黎、匹兹堡、布鲁塞尔等国际发明展览会上获得金奖。包起帆的这些创新成果经过努力推广，在全国20多个行业，600多个单位得到应用，为国家创造了4亿多元的经济效益，并批量进入国际市场。

根据包起帆的能力和贡献，组织上安排了包起帆担任龙吴码头公司的经理。龙吴码头在黄清江的上游，包起帆上任时码头经常三五天没有一条船到港。工人没活干，包起帆更是心急如焚。企业要生存，必须走产业创新之路。那时我国水运的集装箱都是与国外相连的外贸箱，而我国沿海和内河间内贸货物的运输采用的还是散来散去的老方法。包起帆看准了集装箱发展的大趋势，提出了发展我国内贸标准集装箱运输的新思路。然而这是一件没有人做过的事，困难极大。经过艰苦努力，在交通部的支持下，通过港航间的合作，1996年底我国第一条内贸标准集装箱航线终于开通了，从而引发了我国内贸标准集装箱大发展的高潮。几年后，一个贯通全国40多个港口的内贸标准集装箱运输网络已经形成。全国港口内贸集装箱在去年已经发展到了260万标准箱。包起帆所管理的码头，集装箱装卸量到达每年30万标准箱，全年增加收入3000多万元。包起帆的一个新的创意就为港口带来了一个产业结构调整的新机遇和一场运输方式的大变革。

在国企改革中，包起帆的公司同其他国企一样，面临着一个最大的难题就是“减员增效”。为了使减员不造成职工失业，切实维护职工的切身利益，包起帆当时提出的口号是：“只要你努力工作，我们一定为你提供一个岗位”。他认为解决这个问题的关键，是企业要用发展来创造新的岗位，为此，利用企业发展内贸集装箱运输的机会，与国外兴办了合资合作联营企业和几家股份合作制企业，创造了许多岗位。尽管包起帆管理的企业每年以8%的速度从管理岗位裁减人员，但包起帆的公司始终没有几个下岗人员。几年来，在1200名正式职工中，包起帆们先后安排了450名职工转入了新的工作岗位。创新使企业得到了大发展，港口吞吐量从几年前的230万吨提高到了890万吨，利润也达到900多万元。

不久前，组织上又安排包起帆担任上海港务局主管技术的副局长，这是党组织对包起帆的新考验。要把上海港建成国际航运中心，作为一名党员，包起帆深感任重而道远，在新的岗位上，包起帆继续以“创新、创新、再创新”的理念，用辛勤的汗水续写创新的辉煌。

点评：无论是做装卸工人还是当领导干部，无论是做技术工作还是搞管理工作，包起帆都在用不断创新的业绩报效祖国交通事业，在科技创新的实践中实现自己的人生价值。责任感、使命感和敢于创新人格特质在包起帆身上得到了充分的体现。

记者（宋学春摄）

二、挑战极限，永创第一——新时期产业工人代表许振超

许振超，57岁，初中毕业，1974年进青岛港工作，曾先后荣获青岛市劳动模范、青岛市优秀共产党员、山东省有突出贡献工人技师、省自学成才先进个人、全国“五一”劳动奖章和全国交通系统劳动模范，全国劳动模范、全国优秀共产党员等称号，被誉为新时期产业工人的杰出代表。

（一）牢记使命

“咱工人阶级只有把自己的命运同国家的命运紧紧联系在一起，才能大有作为，才能真正成为党的执政基础”。许振超一辈子也忘不了胡总书记亲切接见自己的叮嘱。2004年以来，全国用电普遍紧张，怎么能想方设法为国家节电，为港口省钱，许振超开始动了脑筋。他把节电的目光投向了冷藏箱场地。公司共有冷箱插座平台79座，冷箱插座3792个。仅2003年冷藏箱堆存用电5113万千瓦时，占公司总用电量的77%，电费支出4600多万元。“存在的不一定是合理的，要把电钱合理地省下来！”许振超充分利用了自己的“名人效应”，四处打听相关信息，多方联系节电器材，广泛进行市场调查，选择了一项国外先进技术产品进行实验。2004年8月，在最热的日子里，他整天泡在现场，对节电装置进行实际测试。他选用了压缩机为同一型号、同一厂家、同样新旧程度的两个40尺冷藏箱，在其电源侧各装一块电度表，一个箱不接节电器，一个箱接入节电器，在同一时刻同时通电测试。测试结果显示该产品节电率为13%。节电大有文章可作了，他立即设计了改造方案，对77个平台、154个配电柜配置了智能降损滤波节电器，经过一段时间的运转，生产用电大幅度下降，预计回报利润高达8000万元。

许振超管理着24台集装箱桥吊、78台集装箱场桥以及其他100多台集装箱装卸设备，每月公司在设备的使用和维护方面投入很大。因此，靠高科技节约费用，成了他不断探索的课题。“摩圣”技术原为前苏联军工尖端技术，后发展成为一种适用于各行各业使用的节能环保新技术，听到这个新技术的巨大作用后，许振超像掘金人发现宝藏一样，到处拜师学艺，多次邀请专家举行讲座，反复同技术主管们探讨此项技术在青岛港的使用价值。当他把这项技术应用在两台轮胎吊上后，第一年就降低了燃油费45万元。2004年，许振超带领工友们完成了63项技术成果，为港口节约资金1200多万元。

（二）牢记誓言

作为一名共产党员，就是要把自己一头交给组织，一头交给工作。从许振超站在鲜红的党旗下宣誓的那一刻起，他感受到了一种洗礼。

一位毕业于理工大学的技术人员，有一次编制的备件采购计划将一个“放水旋塞”习惯地写成了“水龙头”被许振超在审核时发现了，为此他专门找到那位技术人员让他纠正过来。但那位技术人员没把这事放在心上，争辩说，如果写“放水旋塞”就太专业了，采购员可能看不明白。许振超一点也不让步说：不明白可以加注解，但技术本身不能不严谨，你这里松一松，他那里松一松，我们桥吊队“风气正、作风硬、纪律严、技术精”的队风还从何谈起。在

许振超的教导下，这位技术人员逐渐养成了严谨细致的作风。

许振超常说："如果咱党员都优秀，那将是一支多么伟大的力量。"振超在桥吊队深入开展了"为党旗增光辉，为海港立新功"的"两为"活动，成立了十大技术难题的课题组。在党员的先锋模范作用下，先后创出了设备一般电气故障15分钟排除、发动机运行零故障、吊具运行零故障，6小时完成桥吊起升钢丝更换、3小时完成胎吊起升钢丝更换，流机率先实现"零缺陷"运行、设备故障维修零返修，材料计划采购保管"一次到位"、"一口准"等团队练就的七项绝活。还推行了先进的机械设备管理系统，实现设备检查、保养、维修、成本核算、材料物资管理等全过程、全方位的计算机管理模式。

（三）牢记责任

许振超认为："振超精神不是我个人的，只有服务社会，奉献人生才最能体现它的价值"。他还认为，党和国家、社会各界给了自己这么多的荣誉，我有责任为社会、为群众多做一点事，多尽一点义务。为此，他每天都挤出时间，同社会上关心和支持他的人交流思想，探讨对人生的看法。一位下岗职工来信告诉他，自己和老许是同龄人，很要强，也很好学，想靠自己的努力干出一点名堂。但自己所在的企业濒临倒闭，所学没有用武之地，连养家糊口都困难，自己十分失望和苦闷。许振超立即回了信，讲述自己对人生的看法：人不能改变环境，但可以改变自己。一时的失意并不可怕，可怕的是意志上的消沉。要想成功就要执著地追求你的事业，要相信一切都会好起来的。是个好工人就要挺直腰杆，挣口气，是个好男儿，就要振作精神，从头再来。三个月后，这位下岗的同龄人打来电话，欣喜地告诉许振超：在刚刚结束的一家公司招聘会上，以第一的优势竞争到了关键岗位。

许振超在一年中先后与126名孩子通过写信、电话和网络等形式进行谈心，告诉他们：爱祖国，要从爱自己的青春开始。许振超特别愿意和大学生们一起交流，和他们谈人生、谈理想，希望自己的成长能对他们有所借鉴和启发。据福建大学的毕业生讲："在听许队报告前，我们选择职业不是进机关就是进高级写字楼，没有到基层工作的念头。而通过了解了许队的成长以后，我们想无论在哪里工作，都需要扎扎实实、敬业奉献，这样才能得到社会和岗位的认同。"聊城外国语学院的八名预备党员大学生来到青岛港前湾集装箱码头，看望许振超，并和许振超一起在码头现场面对党旗，重温入党誓词，表示要做一名像许振超那样做对上忠、对下爱、对己严的先进共产党员。

（四）牢记期盼

青岛港已经成为了世界关注的焦点， 因此，许振超不敢有丝毫的懈怠，他明白，青岛港的目标就是要让中国的港口屹立在世界强港之林，为了争这口气，必须全力以赴。许振超和工友们不断挑战自我，潜心研究操作工艺，积极攻关技术难题，持续优化作业流程，提高作业效率。单机平均效率由27自然箱/小时提高到35自然箱/小时，平均收发箱时间由33分钟降到18分钟，装箱到位率、计划兑现率、单证准确率均实现了“三个100%”。2004年先后九次打破昼夜作业记录，连续六次刷新单班作业记录，最高达到12000标准箱。

2004年10月份以来，由于欧洲各港口船舶压港，造成世界第一大航运公司马士基亚欧航线核心班轮脱班。马士基要求各挂靠港实施纠班作业，六小时内必须完船，否则甩箱。该航线的班轮都是长347米，载箱量达7600箱的大船，少则2200多箱，多则3000多箱，6小时保班的难度相当大。但对许振超带领的冠军团队而言，纵有千难万难，也不能让船公司一时为难。桥吊队铆足了劲，不断创造着奇迹，自10月24日以来，在马士基公司的纠班会战从5.6小时，到5小时，再到4.2小时，又到3.7小时，效率越来越高，时间越来越短，离新的世界纪录也越来越近了。2004年12月10日，“马士基多特蒙德”在青岛港装卸2035个集装箱。该轮作业难度非常大，其中45英尺集装箱多达95个，40英尺集装箱多达770个。在许振超他们制定的“人机合一，团队协作，穿插作业，施展绝活”新工艺作业中，仅用2.67小时就完成作业，第三次打破世界纪录。

有家国外船公司在感谢信中算了这样一笔账：一艘第五代集装箱船在港口耽搁1小时就会损失1.5万美元，而提前1小时就能产生1.5万美元的效益，正反相差3万美元。因此，他们在感谢振超效率为我们船公司赢得了丰厚的利润，中国人了不起！

点评：对于新时期的产业工人来说，工作不仅是谋生的手段，更是服务社会的机会和施展自己才能的舞台。许振超同志认为，爱岗就要敬业，敬业就要精业。他参加工作30年来，对待工作总是兢兢业业、一丝不苟，体现了甘于奉献的价值观和永创第一的精神风范。许振超同志是新时期产业工人的杰出代表，他始终保持码头工人的本色，牢记使命，牢记誓言，牢记责任，牢记期盼，带领他的团队挑战极限，先后三次打破由他们自己保持的世界装卸效率。

许振超同志的事迹生动地说明，只要我们全身心地投入到工作中，就一定

一丝不苟的工作作风

会在平凡的岗位上作出不平凡的成绩。

三、雪域高原的路桥人生
——科技工作中的典范陈刚毅

陈刚毅，男，43岁，中共党员，湖北省交通规划设计院高级工程师。2006年6月，陈刚毅被中组部评为全国优秀共产党员，2006年5月被全国总工会授予全国五一劳动奖章。2007年当选为党的十七大代表。

“结肠癌，中期……”任凭家人、同事不断编织着善意的谎言，陈刚毅还是知道了自己的真实病情。犹如一声炸雷，这位刚强、坚毅的汉子被打懵了！这时，离他2004年2月25日做手术已经过去了20多天。

其实，早在2003年9月，陈刚毅就觉得身体有点不对劲，腹部隐隐作痛，到了11月份，症状就更严重了，经常拉肚子。可工地附近缺医少药，忙于工作的陈刚毅又觉得回内地检查太花时间，看病的事一拖再拖，只是在疼得受不了的时候吃两片消炎止痛药。

“我还能活多久？命运怎么这样残酷啊……”就像憋足了劲准备驰骋赛场的运动员突然被取消了参赛资格，躺在病床上，陈刚毅一度辗转难眠。

堂堂七尺男儿，岂惧“魑魅魍魉”。这个在学生时代就渴盼拥有刚强和坚毅品格，把名字由“光义”改为“刚毅”的汉子没有被病魔击垮。因为，支撑他的除了亲情、友情，还有最难以割舍的交通事业，还有那座倾注了全部心血、正在兴建的角笼坝大桥。

“治病的事就交给医生，我自己该做什么就去做什么！”从那时起，陈刚毅的心就又飞回了角笼坝，把重返西藏工地的念头刻进了心底。

角笼坝位于沿茶马古道南线蜿蜒而

行的214国道（又称滇藏公路）由滇入藏约30公里处，属昌都地区芒康县盐井乡。自1997年出现第一次泥石流开始，这里每年都要发生10余次山体滑坡，造成事故10余起，死伤数十人，渐渐形成了一条深70多米、宽100多米的巨大泥石流沟。奔涌而下的泥石流曾让澜沧江的水断流了好几秒，最严重的一次竟导致交通堵塞长达一个月。据说，每次因泥石流造成的交通堵塞都会让昌都和周边地区菜价疯涨。

“角笼坝”成了让当地群众和过往驾驶员说起来脊背上都会冒凉气的词语，成了连接云南和西藏的主要通道214国道的“卡脖子”地段。正因为如此，2002年，交通部决定投资1.1亿元，援助西藏自治区在这里建造一座主跨345米的钢结构悬索桥，跨过泥石流沟，彻底解决问题。援建任务交给了湖北省交通厅，项目法人代表的担子落到了有过援藏经历的陈刚毅肩上。

陈刚毅读得懂当地尝尽了“行路难”的藏胞渴盼着天堑变通途的眼神。此刻，他一边积极配合治疗，一边保持与角笼坝大桥工地的热线联系，时刻关注着项目的进展。

为了更快恢复，陈刚毅忍着化疗后的恶心、呕吐，强迫自己喝点稀饭、牛奶，哪怕喝了吐，吐了再喝；化疗针打多了，血管都发硬，有时打一针要换几个护士，怕护士紧张，他疼得满身是汗还笑着说：“尽管扎……”

2004年5月初，第二次化疗刚结束，感觉刚好一些，陈刚毅就坐不住了。

“刚毅啊，孩子才14岁，我们母女俩还要靠你啊。你到西藏要是有个三长两短……”听丈夫执意要去西藏，妻子毛细安搂着女儿泣不成声。

“细安，这可能是我承担的最后一个大项目了，就让我干完吧。我想画个圆满的句号。你放心，如果不对劲，我马上回来。”望着妻女，陈刚毅模糊了双眼，却没有动摇决心。

拗不过把事业看得比命还重的陈刚毅，毛细安只好同意。说服了妻子，他又开始找设计院的领导。

“工程上的事，没有人比我熟，换人需要时间适应，会影响进度。”“打电话遥控指挥不方便，也说不清楚，有些事得到现场看才行。”“我去那儿精神有了寄托，对病情还有好处，你们就‘成全’我吧!”……

陈刚毅“死缠烂打”，摆出种种理由“软磨硬泡”，最终让设计院领导松了口。5月8日，陈刚毅回到了他魂牵梦绕的角笼坝工地。

从此，那蜿蜒曲折的茶马古道，烙下了陈刚毅直面病魔进出西藏的脚印——在七次化疗期间，他四次进藏，最长的一次在工地上呆了一个多月。2005年，结束化疗的陈刚毅更是把全部心思放在了工程上。

面对吞噬健康的癌症病魔，有的人意志消沉，有的人及时行乐，而陈刚毅选择的却是继续工作！

那如彩虹般横卧山谷的角笼坝大桥，见证了陈刚毅创新中付出的努力、收获的成功。

2006年4月8日，来到盐井乡的记者，决定去看看那座倾注了陈刚毅全部心血的大桥。从住地出发，颠簸于“挂”在半山腰的狭窄土石路上，30分钟后，一座现代化的大桥“撞”进视野——橘红色的主缆和钢梁十分显眼，横跨山谷的桥身仿佛一道彩虹飞架南北。它，见证了陈刚毅不懈探索创新中付出的努力、收获的成功。

在高原、高寒地区破碎性、风化性岩层上，修建这样一座大跨度隧道式锚碇悬索桥，一定会碰到不少技术难题吧？记者的问题，让陈刚毅的同事、角笼坝项目办成员熊颂宝思绪回到了过去。他说，因为桥址地质结构十分复杂，有“西藏第一跨”之称的角笼坝大桥，在开挖隧道修建锚洞时，前前后后发生过大小不下20次的塌方。

面对锚洞一次次地塌方，陈刚毅担忧起来：按设计方案采取隧道锚碇的方法在破碎性、风化性玄武岩上建桥，技术上是否可靠？如果这个方案不可行，则要采用巨型混凝土墩重力式锚碇，投资会高出好多倍。

那段时间，陈刚毅就像着了魔，拖着虚弱的身体天天往工地跑，在塌方的锚洞那里一呆就是很长时间；回到项目办也顾不上休息，带去的技术资料都被翻得卷起了角；不停地向专家请教，让他电话费猛涨……

“摸着石头过河！”深思熟虑后，陈刚毅提出先进行岩锚模拟试验及单根锚、群锚试验。根据反复试验得出的结论，他决定采用在锚碇后增加预应力锚索的方案，即在锚碇周围破碎的岩体上打孔，然后将预应力锚索放进去、压浆，使锚索和山体成为一个整体，通过锚索和山体一起承受大桥的重量。这一方案最终获得成功。

“大桥通车前，由30辆20吨满载车和2辆30吨重载车进行了为期两天的动静载试验，结果表明大桥所有结构完全符合设计要求……”谈起大桥，陈刚毅脸上写满成就感。

“在西藏那种特定的环境和地理位置，采用锚碇后增加预应力锚索方案，在国内也是第一次应用。陈刚毅与同事们一起用专业技术和不断创新的精神，攻克了难关，实现了一个新的突破。”湖北省规划设计院院长姜友生说。

取得这样的成就，陈刚毅一定是建造钢结构悬索桥的行家里手吧？设计院的同志告诉记者，其实陈刚毅的专业是土木工程，不过，连专家都被他“蒙”过。

那是2003年4月7日，陈刚毅飞抵拉萨，进行角笼坝大桥工程招标工作。在50多天里，他带领同事们完成了原本需要100多天的工作量。

“一看就是行家干的活，漂亮！”他们编制的工程招标文件得到了评审专家的一致肯定，西藏自治区交通厅认为，在交通部同批9个援藏项目中“质量最好，效率最高，提交资料最及时、最完整”。

可活做得漂亮的陈刚毅付出了怎样的艰辛！那段时间，面对技术上涉及土木、化工、冶金、铸造等多个领域的全新工程，他就像被上紧了的发条，没日没夜地翻阅资料、编制文件，每天只睡三四个小时，眼皮打架、困意来袭就用香烟和浓茶提神，有时为了弄清一个难点，要翻遍手边的书籍，打十几个电话请教。极度疲劳加上高原反应，让陈刚毅的肠胃变得不适，只能用白开水泡点米饭勉强下咽，短短50多天，他整整瘦了11斤。也许就是在那个时候，病魔悄悄地侵入了他的身体。

“就是通过那两个月的磨炼，让我的专业水平得到了提高，也使我对做好角笼坝大桥充满了信心。”陈刚毅说，“一个合格的技术人员，必须敢于应对新知识、新技术的挑战。”

或许正是这股子不怕困难坎坷、敢于突破创新的钻劲儿，让陈刚毅经过20年的努力，在一个知识分子密集、人才荟萃的群体里，从基础学历是中专的普通技术人员成长为高级工程师，成长为一名懂设计、会施工、善管理的复合型人才、技术骨干。

那神奇的雪域高原看到了陈刚毅无论修路还是架桥，始终视质量为生命的高度负责精神。

在西藏，黄金施工季节只有短短几个月，耽误了不知道还要等多久。有人问，质量标准是不是可以网开一面？陈刚毅态度坚定：“质量要求只有一个，那就是部颁标准，不论是什么地方，只能往高靠，绝不能往低降。”

无论是在山南修路，还是在芒康架桥，陈刚毅始终视质量为生命，不容瑕疵、拒绝遗憾。那时，陈刚毅是项目总工程师。坚持“使命高于一切，责任重于泰山”的他，从施工材料的选用，到工程质量的验收，每一个环节都谨慎对待、严格把关。

当地的一家水泥厂借“地主”之便推销水泥，可因为他们的水泥当时质量不稳定，陈刚毅最终还是舍近求远，选择了拉萨水泥厂的免检水泥。

高原不比内地，3500多米的海拔，即使人躺着啥都不干也相当于背了25斤的东西。工程开工的头两个月，项目部没来得及配车，从住地到工地来来回回，要走十几公里。可不管高原反应让人多难受，陈刚毅仍然每天去现场查看。

西藏的昼夜温差大，水泥板养护控制难。在路面施工的三个月里，陈刚毅裹着大衣，每晚都要打着手电筒到施工现场观察温度、优化养护方案。一次，他在检查中发现一段200米的水泥稳定层强度不合格，立即要求打掉重来。

这一决定意味着什么？意味着施工单位要耗去相当多的时间，投入相当大的人力物力。“在这种地方，做到这种程度已经不错了。放一马吧……”他们又是托人说情又是送礼。陈刚毅只有一句话：“我们修路要对老百姓负责，不能留下豆腐渣工程！”他心里知道，交通工程建设是不允许有缺憾的，今天放一马，明天造成的可能是道路寿命的缩短，往严重说是对人民群众生命的不负责，是要被人戳着脊梁骨骂的。

角笼坝大桥桥址属泥石流多发地段。为了稳固山体、保障路基不偏移，他们决定在路基下方修建挡土墙。一次检查，陈刚毅发现有300多立方米的墙面坐浆不饱满，立即提出异议，并叫来负责工程监理的黄绍国督促施工单位全部返工。“生活中陈总是个随和的人，但在工作上非常较真。”角笼坝大桥项目办的杨吉红回忆说。有一次，他在计量数据上出了点小误差，陈刚毅火了，那股严厉劲让旁边的人都很震惊。当时，杨吉红想不通，现在他理解了。他说，正是陈刚毅严格把关，角笼坝大桥才建成了全藏的样板工程，所有分项工程的质量优良率都在96%以上。

那滔滔奔流的澜沧江水，诉说着陈刚毅———一个癌症患者，笑对苦难、乐于奉献的人生境界。

点评：

生命不息，奋斗不止，是对刚毅的精神的真实写照，集中体现了新时期交通群体高尚情操和良好的精神风貌。一位记者在他的采访手记中感叹：是怎样的精神，让他甘于相守寂寞，游走于繁华和荒凉始终不改初衷？是怎样的境界，让他不惧高寒缺氧，四年里为雪域高原建起一路一桥？是怎样的信念，让他身患癌症依旧勇往直前，术后七次化疗四次进藏？ 雪山见证了一个共产党员、一个交通人的精神境界。透过陈刚毅用生命和热血书写的人生故事，我们读懂了刻苦钻研、勤奋好学的进取精神；不懈探索、敢于突破的创新精神；胸怀祖国、热爱边疆的爱国精神；恪尽职守、忘我工作的敬业精神；淡泊名利、清正廉洁的自律精神。

*照片来自湖北省交通规划设计院。

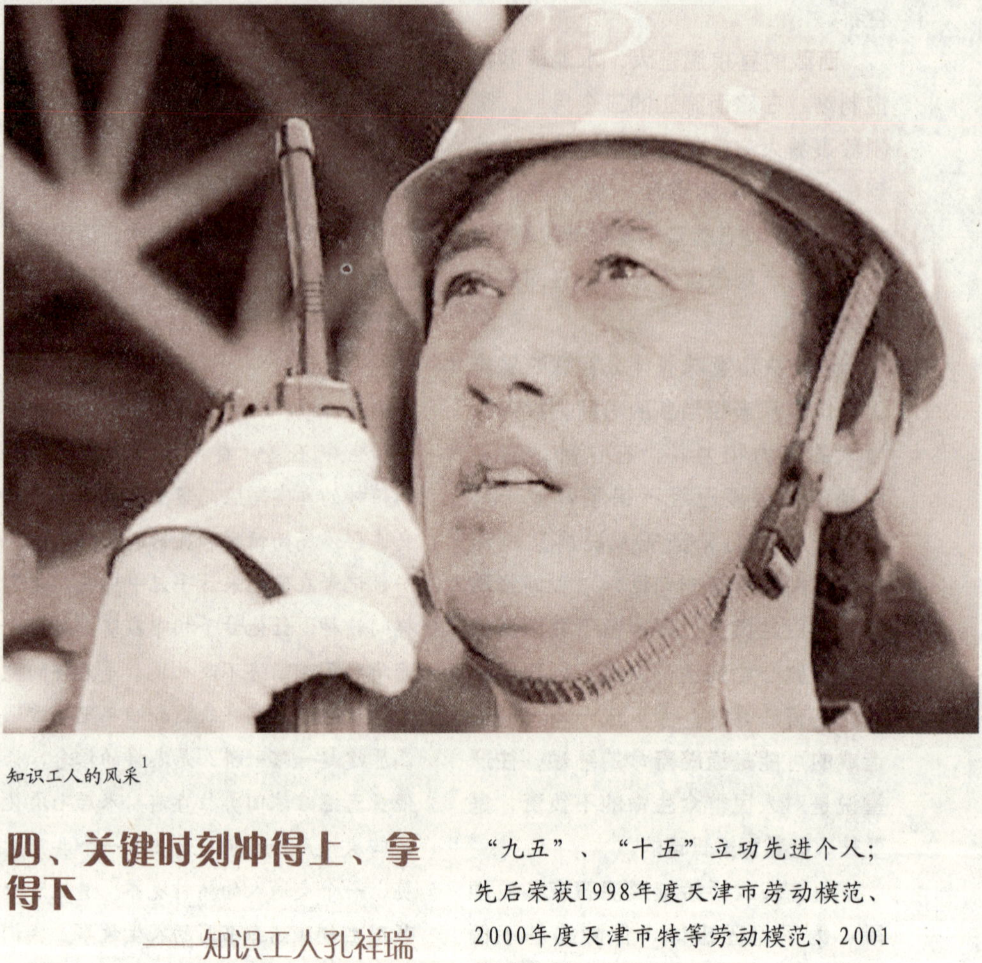

知识工人的风采[1]

四、关键时刻冲得上、拿得下

——知识工人孔祥瑞

孔祥瑞，男，52岁，中共党员，高级技师，现任天津港股份有限公司煤码头分公司操作一队队长兼党支部书记。先后在天津港一公司、六公司固机队作司机、任队长。孔祥瑞同志是伴随天津港建设发展而成长起来的新时期知识型产业工人。1994年以来，9次被评为天津市"八五"、"九五"、"十五"立功先进个人；先后荣获1998年度天津市劳动模范、2000年度天津市特等劳动模范、2001年全国"五一"劳动奖章、2005年度全国劳动模范、2006年度全国优秀共产党员等称号。

1995年，孔祥瑞在天津港六公司担任固机队党支部书记、队长，掌管公司装卸生产的核心力量——18台的40吨门机。这是当时世界最大级别的门机，离地高度达60米以上。站在门机下，你会感觉眼前是一座高耸入云的铁塔：钢铁铸造的底座稳稳扎下“马步”，紧紧固定住巨臂摆动的支点；四根碗口粗的钢丝绳力拔千斤，可将一兜近40吨的货物轻松抓起；走进门机机房，巨大的齿轮如大号的磨盘，转动起来轰轰作响。资料显示，一部40吨级门机自重在320吨左右，可称真正的“庞然大物”！老话说“一物降一物”，这大门机在小小的千斤顶面前也会乖乖听话。这出好戏的“导演”就是孔祥瑞。

8月的一个夜晚，孔祥瑞躺在床上大瞪着两眼——他失眠了！

今天早上，刚从调度室听来一个振奋人心的消息：两周后，会有一条公司成立以来最大的散货船进行“抢水”。“抢水”是大吃水船在航道水深不够的情况下，乘涨潮时进港卸货，以减少船舶吃水，在退潮前，大船必须回到锚地水深处，以避免搁浅事故。可以说，“抢水”就是抢时间！

孔祥瑞把这个消息告诉工友，大家无一不是兴奋非常。毕竟，接过一条大船，就说明公司吞吐能力又迈上一个新台阶呀！

下午，孔祥瑞却又听到一个令人沮丧的消息：12号门机转柱回转大轴承下支撑面损坏！根据公司泊位安排，12号门机将是参加这次装卸作业的几员“大将”之一，它的故障意味着什么？大船动态的延迟或是抵靠计划取消都有可能。必须马上抢修！

可偏偏这次坏在了最要命的地方。为了证实故障情况，孔祥瑞亲自爬上了门机，当他看到转柱回转大轴承下支撑面上那个长约1.5米的大裂缝后，心猛地沉了下来：要进行抢修，第一步就是要把门机上盘抬起。门机上盘重168吨，遇到这种情况，只能租用海吊，可这需要时间，预定期通常2个月左右，远水不解近渴！

为这情况，队里开了个“诸葛亮”会。“诸葛亮”会是孔祥瑞和工友们一起分析问题、研究方案渐渐养成的一个习惯。队里一有了技术难题，大家都会自觉坐到一起寻找破戒方案。都是和门机打交道多年的“老中医”，什么样的难题都在会上找到过解决方案。都说“三个臭皮匠，顶个诸葛亮”孔祥瑞却得意地说：“我们这坐的都是诸葛亮！”“诸葛亮”会由此得名。

孔祥瑞在会上做了个极具煽动性的开场白：“12号门机是给咱队、给公司争光露脸的。我就不信，咱几十条汉子，顶不起这门机上盘！”

一个“顶”字脱口而出，却点燃了大家的灵感：千斤顶！？

正是绝处逢生的兴奋和充满悬疑的结果让孔祥瑞失眠。理论上讲，用10个承压30吨的千斤顶完全可以顶起门机上盘，可这毕竟是没有先例的尝试，会不会成功？自己的脑子里也满是问号。

深夜11点多了，孔祥瑞坚信有一个人定也和他一样睡不着，他就是时任六公司机电科科长的张友明。张友明也是从固机队走上港口管理岗位的技术人才之一。和孔祥瑞一样，他也爱和工人们交流心得，给门机的管用养修出点子、创新意。今天的情况张友明看在眼里，急在心上。这种新的操作工艺到底有多大的冒险性？张友明也陷在深深的思索中。

就在这时，电话铃响了。当然，这人是孔祥瑞。

默契，让两个汉子没有一句寒暄就切入了正题。

"友明呀，我总觉得10个30吨的（千斤顶）满可以了，可我还是拿不准呀。"

"我也做过测算，理论上绝对过关，可还需要多做几次计算，必须万无一失！"

……

老友的认同无疑是最大的鼓励。多做几次计算，反正也是睡不着了。孔祥瑞想着，人更来了精神儿。他轻声轻脚的搬来那一摞刚刚撂下的资料……

次日清晨，孔祥瑞早早来到现场，爬上12号门机故障点。

孔祥瑞又发现，M16—33型门机的回转大轴承与法兰盘是压在一起的，根本没有缝隙，要从中分离谈何容易。没有支点的千斤顶无异于废铁一块。

经过孔祥瑞与工友们研究发现，在法兰盘以上的门机旋转外齿圈可以作为上支点。那下支点呢？千斤顶总不能悬空工作呀。于是，"诸葛亮"会又请来了上海港机厂技术人员，不到两周时间，一项新成果诞生了：一种焊接在大法兰盘下的新型顶升支座应运而生。以此作为每个千斤顶的下支点，然后采用一边松法兰盘螺丝，一边同时顶升的工艺，就可将门机上盘顶起。

万事俱备！小千斤顶与大门机的较量开始了：一毫米……二毫米……一公分……二公分……这168吨的"钢铁巨人"真的被乖乖地被这10个"小兄弟"稳稳托起，并达到了要求高度！

门机修复圆满成功，前后仅用9个小时！

孔祥瑞和工友们用油乎乎的手击掌相庆：小小千斤顶，抬起大门机，这是个不小的奇迹呀，而且这奇迹竟是出自咱普通码头工作之手！

小小千斤顶，顶起的不仅仅是百余吨的钢铁，更顶起了一份自信，让孔祥瑞和他的工友们找到了与这些"钢铁兄弟"们"交流"的语言！

2001年，天津港吞吐量冲击亿吨，作为当时全港最大的装卸公司，六公司承担的作业量达2500万吨以上。作为公司固机队队长，孔祥瑞深深感到肩上担子的分量。

六公司装卸作业以煤炭为主，门机是完成生产任务的主力。固机队就是负责18台管用养修的“大管家”，可以说，公司生产完成多少指标看门机，门机状态效率如何就看固机队下的工夫了。公司拥有18台当时世界先进的40吨大型门机，被称为“18条好汉”。说它们“好汉”，不光说它们高大威武，更因为它们是公司生产的“顶梁柱”：2000年，公司18台门机“出满勤、干满点”，完成货物吞吐量2000万吨以上，平均每台门机完成近120万吨；门机使用率在全国港口排位第一，完好率始终保持98%以上，是名副其实的“铁军”。2001年，还是这18个“弟兄”，而面临的任务总量却要增长30%!

冲击亿吨，全港上下都是立了“军令状”的，尤其这个天津港最靠大海的突堤，已被人们视为进军新征程的“旗舰”。公司领导曾诚恳地征询过孔祥瑞的意见：“固机队有什么困难？”“没有！一定完成任务！”孔祥瑞的回答斩钉截铁。

言犹在耳，孔祥瑞的眉头已紧紧聚在一起。客观现实明摆着：门机作业时间已达极限，一味蛮干只会增加生产的不稳定因素。怎么样才能让门机再“加把油”？孔祥瑞为了寻找答案，寝食难安。

那阵子，孔祥瑞满脑子都是门机在转，从门机抓斗作业的第一个动作到最后一个动作，在他眼前不停的过电影，稍有疑惑，马上跑到门机前实地观察。工人们知道，孔队是在为“小马拉大车”想办法，可谁不会想到，他心中已有一个“大计划”悄然酝酿。

经过反复观察发现，门机抓斗在放料时，纵向斗瓣先打开，既而横向斗瓣打开，一前一后间，起升动作会出现10秒钟左右的停滞现象。这是个不易被人发现的作业空挡，在有心的孔祥瑞看来，无异于发现“新大陆！”

激情，一旦被点燃，希望就不再遥远！为了和时间争抢这宝贵的“10秒钟”，孔祥瑞铆足了劲：为摸清抓斗操控线路，他在门机机房里一呆就是一整天；为绘制一幅合理的结构图纸，他守在灯前常常是埋头一晚；为获得最新的门机生产资料，他不辞辛苦拜访各门机生产厂家的专家骨干……

他发现，改变门机动作要从改造门机的“大脑”——主令控制器入手。凭借对门机的熟悉，他将门机动作控制系统“解剖”，与队里技术骨干共同研究，把抓斗起升、闭合控制点合二为一，并将主令控制器手柄移动轨迹由“十”字形丰富成“星”形，在抓斗打开和提升的两个轨迹之间增加一个新轨迹，让上述两个动作沿新轨迹，用一个指令同时完成的技术创新方案。“门机主令器星形操作法”在全队进行了推广，实践表明，门机每完成一次作业可节省时间15.8秒，平均每天多干480吨，当年就为公司创效1600万元。现在，这个港口技术工人自己创造的“金点子”成为同行业关注的新技术，2002年，“门机主令器星形操作法”被天津市总工会以孔祥瑞的名字命名，成为天津市职工十大优秀操作法之一。

2002～2003年，孔祥瑞主持开展了“门机中心滑环技术革新”技术改造项目。固机队曾多次因门机中心滑环短路烧毁而影响生产。制造厂商的技术人员多次来港会诊，却苦无良策。孔祥瑞决定带领大家自力更生进行技术改造。他翻阅大量书籍，进行实地考察，确定改选方案，组织实施，彻底解决了门机中心受电器发生短路，造成滑环烧毁、门机停工的问题。他的革新方案得到了生产厂家采纳，被专家论证为是“从全新的角度解决了门机中心受电器的故障隐患”，并于2004年被授予国家级发明专利证书。

2003年，他主持开展的“连接卡环通过滑轮，提高门机起升高度”的技术创新项目。解决了天津港南疆9号、10号泊位潮汐高位时门机抓斗进出舱口受阻，生产效率受到严重制约的问题。保证了天津港南疆的9号、10号泊位门机全天候接卸10万吨级以上大吨位船舶。为煤码头公司2003年完成全年生产任务提供了强有力的保障。该项成果获天津港2003年度“金点子方案”一等奖。

2003年，他主持进行了“高压电缆保护装置”改造。该成果解决了门机“高压电缆苫盖保护”的一大难题，技术专家高度评价了这一项目，该项目所具有的技术巧妙地解决了门机移动时如何保护电缆槽这个长期以来困扰人们的问题，既很好地保护了沟槽中的高压电缆，又确保了码头地面工作人员的人身安全。在全国也属首例。

2004年，刚刚走上新工作岗位的孔祥瑞又主持开展了煤码头公司大型系统设备翻车机“拨车机挂钩传动”技术革新项目，使拨车机摘挂钩传动部位新材料和新传输方法的使用获得成功。经过运行验证，仅节省下的拨车机挂钩维修时间全年就可达1800多个小时，用这个时间可接卸列车65700节，接卸原煤达320多万吨。

工作中的孔祥瑞[2]

从2000年至今，孔祥瑞主持开展技术创新项目达50余项，为企业创效达6200多万元。在创出经济效益的同时，他主持开展的技术创新、革新、改造项目，也使他所在部门机械设备管理水平迈上了新台阶：机械设备使用率始终保持在85.4%以上、车质完好率达97.8%，设备管理水平在全国港口同行企业中处于领先水平。

点评：

孔祥瑞是天津港第一代门机司机，是伴随天津港生产建设的迅猛发展而成长起来的新时期港口产业工人代表。他和各种港口门机打交道30多年，与港口装卸机械打结下了不解之缘。作为交通企业知识型工人的优秀代表，他是开拓创新、岗位成才的突出典型。从孔祥瑞身上，我们看到了交通人立足本职、岗位成才的进取精神，刻苦钻研、迎难而上的拼搏精神，自主研发、勤奋开拓的创新精神。应该说孔祥瑞精神是新时期我国工人阶级主人翁精神的集中体现，也是构建和谐交通，建设创新型交通宝贵的精神财富。

1、2照片均由天津港提供。

第八章 交通企业文化建设实施纲要

一、指导思想

以邓小平理论和“三个代表”重要思想为指导，以落实科学发展观、构建和谐交通为统领，以社会主义核心价值体系为根本，弘扬中华优秀文化，继承行业优良传统，构建具有鲜明时代特征和交通企业特色的交通企业文化体系，着眼于内强素质、外塑形象，增强企业凝聚力，提升企业竞争力，激发员工活力，为交通企业发展提供坚实的思想基础、有力的制度保障和强大的精神支撑。

二、基本原则

（一）以人为本，和谐发展

交通企业文化建设必须始终贯穿以人为本一条主线，用美好的愿景鼓舞人，用宏伟的事业凝聚人，用科学的机制激励人，用优美的环境熏陶人。从广大职工的根本利益出发，全力为每位职工搭建发展平台、提供发展机会，增强职工的责任感、爱岗敬业精神和团队意识，激发职工的积极性、创造性，达到职工价值体现与单位发展的有机统一。

（二）继承发扬，借鉴创新

文化本身的性质、内涵或者张力，决定了它必须承载着民族、历史的东西，任何文化都不能截然割裂开文化的背景与文化的主体、客体和内容的关系，同时，随着加入WTO后，企业面临全球化的竞争，需要中国交通企业的员工素质、管理理念和文化体系上不能只停留在纯粹中国式的与传统的理念上，必须与国际社会相互适应。

搞好创新文化建设必须对历史积淀的优秀文化进行充分总结提炼，发扬与传承，同时又要与时俱进，借鉴具有鲜明的时代特征、行业特征的优秀文化成果，创新文化的内涵。

（三）共性指导，培育个性

交通企业共同的外部行业背景和成长历史，形成了具有交通企业特色的共性文化，但内部环境和个性的产品特点，构成企业文化的个性特征。因此，要构建交通企业文化，必须坚持共性与个性相统一的原则，处理好共性和个性的关系，坚持以总结提炼的共性行业文化为指导，努力塑造和培育个性特色文化，注重表现形式的多样性、独创性。

（四）系统设计，全员参与

交通企业文化建设是一个系统工程，在理念系统设计上，需要总结提炼具有历史优秀文化传承和时代特征的文化价值体系，在配套措施上，企业文化的实施推进要与企业战略发展规划、与企业制度安排相匹配，保持三者之间的内在统一，在实施推广上，是一项长期任务，从计划制定、组织落实、人员安排、财物等方面的投入都给予充分保证，需要一个不断强化、反复灌输、考核评估与动态提升及完善的过程。因此，需要系统的进行设计，确保文化功能的最大效益的发挥；同时企业文化建设是企业全员共同的责任，而不是个别部门或少数人的事情，要发动广大员工积极参与企业文化建设。确保企业文化的增强行业凝聚力，提升行业竞争力，激发员工活力的作用。

三、总体目标

交通企业文化建设的总体目标：

力争用5～10年左右的时间，在交通企业建立员工普遍认同并自觉实践的价值理念系统、行为规范系统、形象标识系统，建立遵循文化发展规律、具有时代特征、行业特点和企业特色的文化体系，并使其内化于心、固化于制、外化于形，为交通企业改革、建设、发展提供强大的精神动力和思想保障；通过企业文化建设，使企业管理水平进一步提高，员工素质进一步提升，企业形象进一步改善；增强企业凝聚力，激发员工潜力，使企业核心竞争力明显提高。

四、主要任务

（一）建立适合企业特点的价值体系

在交通部有关文化建设要求和共性文化价值体系指导下，根据本企业特点和历史积淀的优秀文化，提炼适合企业特点、个性化的企业文化价值体系。文化核心价值体系统一员工的利益观、价值观、精神与理念，让员工用企业的价值观指导自己的行动，为交通企业改革、建设、发展提供强大的精神动力和思想保障。

（二）建立系统的企业文化实施工作体系

为切实发挥文化价值体系对企业

经济发展、核心竞争力提升、员工行为引导的作用，在提炼了适合本企业特点的核心价值体系的基础上，建立系统的企业文化实施推广工作体系。主要包括企业文化建设的组织领导、工作机构、明确任务及目标、责任主体、文化传播途径、完善考核奖惩条例等。使企业文化建设落到实处，促进生产经营和内部改革，推动企业向前发展。

（三）积极开展企业文化的传播推广

积极开展企业文化价值体系的对内对外推广活动，达到引导员工行为和改善企业形象、优化企业发展环境的作用，主要完善文化宣传平台建设，如强化对员工的文化培训、组织文化活动、树立企业文化典型故事和典型人物、完善文化的评估机制；建立公司外部网站、品牌广告发布。树立企业文化宣贯典型，总结经验，逐步推广。

从内强素质和外树形象两个方面加强企业文化建设。企业文化管理部门要结合宣传工作，对企业文化理念进行广泛宣传，设置专栏，开展多层次、多形式的宣传活动，营造良好的文化氛围。并结合实际组织征文比赛等活动，提高员工对企业文化的认知度，培养员工的参与意识、创新精神和健康心态，促进员工个人发展与企业理念的统一。

（四）建立和完善企业文化的配套制度

在配套措施上，企业文化的实施推进要与企业战略发展规划、与企业制度安排相匹配，保持三者之间的内在统一，要以理念为导向，健全管理制度。建立考核、奖惩制度，把软指标变成硬任务，纳入到员工招聘、绩效考核、薪酬激励、职业发展等相关制度中，以制度来保证企业文化的推广，对以前制定的规章制度进行梳理，发现与企业文化理念不吻合的要进行修订、完善，把企业文化融入制度，让制度体现文化。

（五）建立企业文化实施效果评价机制

为了及时了解企业文化建设情况，不断总结经验，更好地指导下一步企业文化建设工作，需要健全企业文化实施效果评价机制，企业文化管理部门将通过检查、问卷调查等各种方式，对各单位企业文化宣贯情况进行检查和全面总结，了解员工对企业文化理念的知晓度和认同度。并结合实际检查情况进行总结，对存在问题和不足，提出解决方案。

五、实施方案

交通企业文化建设主要分为以下步骤：

(一)做好企业文化建设准备工作

1. 企业主要领导支持与参与

企业文化建设是企业“一把手”工程，企业一把手为企业文化建设工作的第一责任人，因此，企业文化建设必须得到企业领导的支持；同时，企业领导在企业文化建设中起着创造者、培育者、倡导者、组织者、指导者，示范者、激励者的角色。在倡导和推行新观念和行为方式时，企业领导一定要切实参与企业文化实施活动，并靠自身的影响力，靠自己所具备的人格力量、知识专长、经营能力、优良作风、领导艺术以及对新的企业文化的身体力行，躬身垂范，去持久地影响和带动员工，使员工看到这种新观念和行为方式能给企业带来发展，给员工个人带来更大的利益。

2. 做好企业文化建设的宣传动员

召开企业文化建设的动员大会，认真学习交通部关于企业文化建设的相关文件精神、学习交通部交通企业文化建设的研究成果，宣传企业文化建设对企业发展的重要意义，提高全体职工对企业文化建设的认识。统一思想、提高认识、得到全员支持。

3. 成立企业文化项目小组

企业文化的建设与实施是一个复杂的系统工程，涉及企业的方方面面，需要各部门的共同努力才能做好，成立一个企业文化建设项目小组，成员由党政工、综合事务部、人事、财务、市场等部门组成。成立企业文化项目小组人数以5～10人为佳，小组组长应由企业主要领导担任，有条件的单位，可以考虑借助外部专家或机构参与到企业文化建设中来。

4. 拟定企业文化建设计划

企业文化项目小组成立后，需要制定出完整的企业文化建设计划，主要包括下列内容 项目目标、主要工作及责任人、时间进度安排、费用预算。

(二)开展企业文化现状诊断

企业文化现状诊断是企业文化建设的重要环节，是企业文化建设的重要前提和基本依据。目的是通过对企业文化现状的审视、分析和判断、评价，找出企业文化存在的问题、企业文化建设实施环境判断、单位的发展历史、已有的文化积淀、员工的素质和形象、企业的管理和制度，比较与交通部企业文化建设相关要求的差距，提出解决问题的方向、建议和预案。

从诊断组织形式上来看，可以分为企业自我诊断和第三方诊断两大类。自我诊断是企业自己组织文化诊断；所谓第三方诊断，就是指企业聘请专业的专家或机构帮助企业进行诊断。自我诊断的优势是费用较少，缺点是可能面临专业知识不够和不能从中立的角度客观评价企业文化现状；第三方诊断的优势是专业程度高、相关工具和手段比较完善、经验比较丰富、能站在中立客观角度审视企业文化建设现状，缺点就是成本相对较高。

从诊断方法来看，主要有：

1. 观察法

观察法是指对企业工作现场进行实地观察，通过这些表面的信息，以获得对企业文化现状实质性的、有应用价值的认识。观察的内容包含企业环境、员工的衣着举止谈吐、纪律性和精神状态、领导者领导能力、气质，人际关系和谐程度、各类文体设施等。

2. 座谈法

座谈法是请一部分员工召开座谈会，员工对调查的内容畅谈自己的看法，以此来发现大家在企业文化建设方面的意识和倾向。座谈法实际上也是一种人际关系的了解和分析，了解人们对某些思想和行为的看法的相似性。

3. 访谈法

访谈法是对个人进行深入了解。它与座谈法相比，要谈得更加具体深入。由于访谈是一对一进行的，便于了解不同的人对同一问题的看法是否一致，便于了解被访谈者行为背后的内隐概念和价值取向。访谈时应该注意被访者的情绪变化，及时调整谈话内容。

4. 问卷法

问卷法是了解企业文化基本状况及其员工对调查内容认同情况的基本方法。运用问卷法要精心设计问卷，力求体现企业文化的核心与精髓。

5. 文献分析法

文献分析法是对企业已经形成的档案资料、制度进行查阅分析的方法，运用资料法的意义主要在于了解企业的历史、了解目前的企业文化积淀、探悉企业文化形成的原因，寻找到重塑企业文化的动力，所以，查阅文献资料一定要把握住重点。

（三）分析比较企业文化差异

1. 建立适合企业特点的文化模型

根据交通部有关交通企业文化建设要和交通企业公共价值理念体系，结合企业个性特点，基于企业自身发展历程的企业价值观差异和企业管理行为模式差异，建立适合企业特点的企业文化模型。

2. 企业文化差距分析

通过对企业文化的诊断、企业文化建设要求、企业公共价值理念体系和企业个性特点的文化模型，可以明确分析现有的企业文化的差距。其分析方法如下：

(1) 调研当前企业文化现状，并找到目前企业的主导文化类型与企业不同业务单元文化的一致性和差异性；

(2) 比较目前企业的主导文化类型与交通部门企业文化建设要求和交通企业公共价值理念体系的差异，发现目前企业文化的不足之处；

(3) 总结企业内部优秀文化积淀，找到需要保留的企业个性文化特征；

(4) 探索文化改进或者变革的突破口、突破阻力应配备的管理资源、改革风险以及应对措施。

(四) 建立适合企业特点的价值体系

在交通部交通企业文化建设相关要求和交通企业文化共性理念体系下，建立适合企业特点、富有个性的企业文化体系。

1. 总结提炼企业精神文化

企业精神文化内容主要包含企业精神、企业使命、企业战略、共同愿景、核心价值观、经营理念和价值观等。在企业文化精神提炼中必须注意：

(1) 市场发展的前景及国际化趋势，体现企业发展历史及对未来的追求；

(2) 体现企业在发展中所形成的共同意识及区别于其他企业的个性。

2. 设计企业行为和制度文化

企业行为和制度文化是企业文化的重要组成部分，是塑造企业精神文化的根本保证。通过加强行为文化和制度文化建设来进一步激励、教化、引导员工，这是一个明显的趋势，通过制度建设规范企业成员的行为，并使企业精神转化为企业成员的自觉行动。行为文化和制度文化是精神文化的基础和载体，并对企业精神文化起反作用。

企业行为和制度文化内容包含：业务管理制度、行政管理制度和内控管理制度，主要内容包括组织管理、行政管理、法律事务、人力资源、财务审计、运行维护、市场营销、服务监督、信息化、员工行为规范等。

企业行为和制度文化主要工作：

(1) 建立健全企业各项管理制度，构筑完善的制度体系。包括保证企业各项工作正常有序开展的工作制度，保证整个企业能够分工协作、井然有序、高效运转的责任制度，企业非程序化的特殊制度；

(2) 营造企业良好的环境氛围。将企业长期延续、约定俗成的典礼、仪式、节日活动、习惯行为等加以改造和培育，加以规范和升华，增加企业的凝聚力，增加员工对企业认同感，培育员工积极向上的追求和健康高雅的情趣。使企业风俗和企业的各项责任制度、工作制度和谐一致，互为补充、互相强化，为塑造良好的企业形象发挥作用；

（3）塑造文明员工形象。通过在企业中倡导和推行员工行为规范，包括仪表仪容、岗位纪律、工作程序、待人接物、环卫安全、素质修养等方面的要求和规定，在员工群体中形成共识和自觉意识，从而促使员工的言行举止和工作习惯向企业期望的方向和标准转化，以增强企业内部的凝聚力，提高企业的工作效率。

企业领导成员行为规范应突出开拓进取、率先垂范等内容；管理人员行为规范应突出奉公守法、执着敬业等内容；普通员工的行为规范应突出忠诚守信、敬业爱岗等内容。

3. 完善企业物质文化

企业物质文化主要内容包含：设计和完善企业标识系统；研究提出在搭建平台，引导企业文化产品的创作，进行形象展示和宣传活动方面应开展的工作。

企业物质文化主要工作：

（1）设计和确定企业的名称、标志、标准字及标准色，集中表现企业的物质文化；

（2）规划和营造企业外貌，包括自然环境的绿化美化、办公室和厂区的优化布置等，营造人们对企业的第一良好印象；

（3）设计和确定企业徽章、旗帜、服装和歌曲等。可聘请专业人员精心设计，企业领导和员工积极参与，以此为载体，形象地反映企业文化的深刻内涵；

（4）加强文化设施和阵地建设。包括建立完善企业自办的报纸、刊物、有线广播、闭路电视、计算机网络、宣传栏、广告牌、橱窗等。

4. 总结优秀文化典型案例

先进的典型人物和典型事迹是企业精神、优秀理念生动、形象的体现和象征，具有很强的示范、辐射、传承作用，没有个性鲜明的典型就没有独特的企业文化。因此，在企业文化的建设和培育过程中，要注重总结实际案例。通过正反两个方面的人和事件的案例，总结和提炼企业文化的生动内容，使本单位的企业文化包括文字表述、图案展示、实际案例、人物事迹等，形成完整的体系。

（五）开展企业文化的传播推广

1. 企业文化内部传播

企业文化是一种群体文化，企业精神也是一种群体精神。只有转化为企业职工信奉的和遵循的心理习惯与行为模式时才能发挥作用。因此就必须从本企业范围内广泛传播和阐释，使企业具有上下统一的价值观和行为准则，并最终将企业精神内化为各员工自己的价值观念，通过自身行为表现出来，从而增强企业凝聚力、竞争力。

企业文化内部传播的形式多样，公司可根据自己的具体条件采用，但要遵循一个原则就是形式创新，注重实效。在企业文化建设的内部传播方面可首先采取一些最基础、最直观、最有效、普及面广、成本低、易于操作的形式。主要传播推广形式有：

1）企业文化培训

加强管理层企业文化培训，因为管理者在企业文化建设中的领导、示范作用，因此，把企业文化建设同企业的经营管理活动相结合的观念和技能的培训文化管理人员培训。

加强入职人员的文化培训，如对“新进人员训练”、“新任主管人员训练”等培训项目中，安排了“企业文化”课程，由单位高层领导或企业文化部门向受训人员传播单位的企业理念和企业文化 。

2）组织文化活动

企业文化活动可以为企业文化服务，成为企业文化的重要载体。通过这种载体，既能活跃员工的生活，减轻工作紧张感和疲劳感，增加人们的生活情趣，也能够使员工置身各种文化活动之中，潜移默化地受到企业文化价值观的熏陶与感染。

企业的文化活动可以分为多种类型：

（1）专题竞赛类。比如辩论赛、演讲赛、知识竞赛、擂台赛、征文大赛、故事会、设计大赛；

（2）沟通类。比如高管开放日、网上聊天、对话会；

（3）知识类。比如读书活动、文化沙龙、论坛；

（4）娱乐类。比如联欢会、卡拉OK、影视欣赏、音乐会；

（5）艺术类。比如书法展、摄影展、绘画展；

（6）体育竞技类。比如球赛、登山等。

3）反复诵读和领会企业文化

企业可以把单位的使命、精神和文化，让职工反复诵读和领会，是铭记在心的有效方法。如每天上班前，员工同时朗读企业精神，一起唱公司歌等。

4）建立常态的沟通渠道

一是建立员工提案制度，员工可以通过提案提出对公司各方面的改善建议，全面参与公司管理、可以对真实的问题进行评论、建议或投诉，公司相关部门限定期限内对有关问题的处理结果予以反馈，使员工所有提出的问题会得到答复。

二是建立情况通报制度，定期召开高级管理人员与员工沟通对话会，向广大员工代表介绍公司经营状况、重大政策等，并由总裁、人力资源总监等回答员工代表的各种问题 。

三是举办企业内刊、布告栏、公告、函件、意见箱可以使员工及时了解公司的大事动态和丰富员工的工作生活。

5）企业文化仪式

文化仪式是指企业内的各种表彰、奖励活动、聚会以及文娱活动等，仪式是一种重复出现的活动，活动目的在于彰显组织重要的价值观、最重要的目标、最重要的人等，使人们通过这些生动活泼的活动来领会企业文化的内涵。文化仪式主要有： 公司创业纪念日、节日夜慰问制度、年终表彰大会、例会讲评制度等。

6）企业文化故事与人物宣传

企业都有一些广为流传的典型事件和典型人物的故事，通过总结提炼一些与企业发展、产品生产开发、业务管理等体现单位文化特点的典型事件和优秀人物的故事，并积极利用各种宣传手段广泛宣传、达到对员工启发、引导和教化的作用。

2. 企业文化外部推广

1）企业文化外部传播意义

企业是社会的一部分，企业文化的建设除了注重对内传播，还要关注对外传播。企业文化的对外传播，是把企业的价值理念、企业的员工形象、企业的产品和服务向社会公众广为传播。

通过企业文化的外部传播可以使客户、供应商、政府和有关机构、团体、个人更好地了解企业，从而促使企业与其它组织间关系及行为的协调，为企业的发展创造良好的社会环境；可以把企业的产品信息与文化信息紧密结合在一起，赋予产品或服务以文化的内涵，通过外部传播，给社会公众留下美好印象，得到社会公众的尊重，在公众感受独特企业文化的同时，对企业的产品和服务产生信任感，从而树立企业的品牌；可以通过文化的感召力影响社会，优秀的健康的企业文化必然具有社会感召力，赢得社会公众的认同和尊重，从而扩大企业的社会美誉度。

2）企业文化对外传播的渠道

（1）大众媒体传播

按照传播媒介方式的不同，把大众媒体大致分为四大类：

①纸媒介的传统报纸杂志；

②电波为媒介的广播；

③基于电视图像传播的电视；

④ 基于互联网传播的网络媒体。

（2）公共关系传播

按照企业与公众的沟通关系大致可以分为四种类型：

① 宣传型公共关系

宣传型公共关系是指运用大众传媒和内部沟通方法开展宣传工作，比如开展对社会媒体的新闻报道，组织对外的演讲讨论等。

② 交际型公共关系

交际型公共关系是指通过人与人的接触进行直接交流，为企业广结良缘，建立广泛的社会关系网络，形成有利于企业发展的人际环境，如举办客户座谈会等。

③ 服务型公共关系

服务型公共关系是指以提供优质服务为主要手段，以实际行动获取公共的了解和社会的好评，塑造企业的美好形象。

④ 社会型公共关系

社会型公共关系是指利用各种社会性公益活动塑造企业形象。特别是发生重大突出性事件承担社会责任，实施赞助活动，以此扩大企业影响，赢得社会声誉。

(3) 建立和完善公司外部网站

网络作为新的信息传播的载体，能够比报纸、广播、电视等传统新闻媒介更为快捷、广泛、低成本传播信息，而且还具有多媒体、实时性、交互性、可检索等传播信息的独特优势。企业要重视建立公司的外部网站，作为企业文化外部传播的便利工具。

(4) 建立品牌广告发布

现代广告有两种，有直接宣传企业产品的商品广告，有宣传企业形象的公共关系广告。创立企业统一的品牌。并对品牌进行广告发布，在宣传产品时，注意宣传公司文化，从而让社会公众认识产品，认识公司，认识公司的文化。发布企业品牌广告，除了对社会公众的宣传作用之外，还有一点重要的作用就是，可以增强公司下属单位和员工对公司的自豪感与归属感。

（六）角色定位

1. 高层领导

高层领导是企业文化理念的倡导者，文化实施的发起者、推动者和第一执行者。高层领导班子对企业价值理念的高度认同、强力推动和身体力行是企业文化充分发挥作用的根本动力。

2. 中层领导

中层领导是企业文化的主要推动者，承担起企业文化的日常宣导、培训、监督和管理的责任，中层领导也是企业化的执行者。

3. 基层员工

基层员工是企业文化的具体实践者，应主动学习和领会企业文化的内涵，认同企业文化，融入企业文化，通过自己的行为体现企业文化。

（七）保障措施

1. 组织保障

企业文化的建设与实施是一个复杂的系统工程，涉及企业的方方面面，需要各部门的共同努力才能做好，可以考虑设置两级职能：

（1）成立文化建设实施领导小组，成员由公司主要领导、党政工、综合事务部、人事、财务、市场等部门组成。主要职责是对企业文化建设和实施推广的重大问题（如文化理念的调整、年度文化主题的确定、年度文化预算的计划、重大文化活动的设计等）讨论决定。决策的执行及日常事务由副组长及人力资源部负责。

（2）设置企业文化建设执行机构，只有常设的企业文化管理及推广的执行机构（如企业文化部），企业文化建设有专业的团队负责，企业文化工作才能常态化，其主要职责是对公司企业文化战略思考与企业文化现状分析、制定企业文化实施程序与相关的配套制度、协调各部门的企业文化的实施活动、对企业文化实施效果评估。采取多种形式做好企业文化的宣传，强化企业文化对员工行为的影响，对外通过广告宣传、业务演示会、新闻发布会、用户座谈会等形式，充分展示企业形象。

2. 经费保障

实施企业文化工作，经费保障是前提。各项企业文化实施活动的开展需要一定的经费，对于在企业文化建设过程中表现突出的团队和个人也应当予以适当的奖励，这也需要一定的经费。可以设立专项的企业文化建设基金，并出台相应的基金使用的规章制度，以满足正常的企业文化实施工作的需要。

3. 制度保障

企业文化的实施是一个常抓不懈的工作，因此也需要建立企业文化建设的长效管理机制作保证。

（1）从实际出发，建立必要的组织制度。要明确在企业文化实施过程中各部门的工作职责，建立分工负责、关系协调的企业文化建设责任体系，保证企业文化建设工作的顺畅运行。在人才的使用和经费上也应给予保障。

（2）建立考核评价和激励机制，定期对企业文化建设成效进行考评和奖惩。企业文化工作要纳入公司的考核体系，作为考核的内容之一，定期检查，严格考核，并将考核的结果与各部门的绩效挂钩。对于在企业文化建设中表现突出的部门和员工也应该制定相应的激励制度。

（八）文化评估与提升

1. 企业文化评估

1）评估的目的

评估的目的是：

（1）掌握企业员工对文化理念的认知与认同程度；

（2）掌握员工行为是否符合企业文化要求；

（3）检验主要管理政策、制度是否与企业文化理念具有一致性；

（4）在此基础上，为今后文化的

动态提升提出变革思路。

2）评估的内容

企业文化评估的内容主要包含对企业文化的保障措施、价值理念合理性、传播体系完善程度、文化实践程度、文化影响程度和对企业文化实施效果的评估体系完善程度等六个方面的评价，包含21个测评指标，如表8-1所示。

3）评估的方法

企业文化评估主要包含问卷调查、访谈、文献分析（历史资料回顾以及公司文件研究、产业发展研究与行业研究等）、现场调查等，通过对关键文化特性的分解，把文化特性与企业经营管理的核心要素、企业管理行为及员工的行

企业文化评估指标 表8-1

测评纬度	测评指标	评价标尺（一般设有1～7级供选择，其中“1”表示最低，“7”表示很高)
保障措施	文化建设及实施推广的组织机构	
	文化建设及实施推广的经费及其他条件	
	确保文化建设及实施推广的制度	
价值理念	价值理念体系的完善程度	
	价值理念体系的科学性和规范性	
	员工对价值理念体系的认同程度	
	价值理念与企业特点及战略的匹配程度	
传播体系	内部文化传播体系的完善程度	
	内部文化传播的有效性	
	外部文化传播体系的完善程度	
	外部文化传播的有效性	

续上表

测评纬度	测评指标	评价标尺（一般设有1～7级供选择，其中“1”表示最低，“7”表示很高）
文化实践	文化实践各项目规划合理性	
	文化实践各项目落实程度	
	文化实践中员工积极性及参与程度	
文化影响	各项制度与文化价值理念的匹配程度	
	文化对员工思想、行为的影响	
	外界对企业文化的认知程度	
	文化对企业发展环境及品牌的影响	
评估体系	文化实施效果评估体系完善程度	
	文化效果评估工具的科学性、合理性	
	评估结果对企业文化体系改进的影响	

为联系起来，从多个角度诠释企业文化的特征与影响，为全方位考察企业文化与企业经营管理之间的关系，提供了有效的测量、评估的方法和工具。

4）评估的结果及其应用

企业文化评估完成后，形成企业文化评估报告，报告内容应包括企业背景及环境分析（战略、管理、制度），企业文化体系实施取得的成绩，存在的主要问题及成因分析，今后文化提升的主要目标和思路。

企业文化评估报告完成后，要在文化管理小组领导下体现到文化提升方案中，并最终落实到日常工作改进中。

2. 企业文化的提升

在对企业文化评估的基础上，组织对企业文化持续改进和提升活动，具体做法如下：

（1）对那些符合企业发展要求、行之有效的文化理念、员工行为和制度体系，要在坚持的基础上弘扬其精神、强化其执行；对那些不再适合企业发展战略和管理实践的文化理念，员工行为和制度体系，要及时坚决予以改进。

（2）对已经提炼总结而确符合企业但未得到有效贯彻的理念，应改进方法、强化监督和考核，积极把文化体系落实到位。导致企业文化理念没有执行，有两个基本情况，一是认识的还不到位，缺乏指导行为的操作性内含，这就需要进一步提升；另一种是虽然理念很好，也具有操作意义，但并没有重视去执行，或者在执行过程中缺乏力度、监督和考核，没有见到好的结果。因此，要针对可操作性对理念进行进一步的完善，针对理念执行效果强化执行力度。

（3）对企业在发展过程中会积累很多独特的感悟、理念和方法，应当对这些宝贵的经营管理思想要进行挖掘和整理。将没有明确意识到的思想，通过交流和研讨加以挖掘，将散见于个人、各部门的各种创见进行专门的系统收集、整理、归纳，然后提炼到文化理念的高度融入现有文化体系中。

（4）对企业文化中还尚未完善的文化理念体系，要根据企业经营管理的发展要求，进行大胆创新和摸索，形成自己的独特思想；也要积极与外界交流，引入外界成功的、可以借鉴的思想为我所用。

3. 文化理念的调整

企业文化理念包括核心理念和基本理念两部分，每一部分的调整周期是不同的。

（1）对企业的愿景、使命、企业精神和核心价值观，是企业文化的核心理念，从设计原则上要求，应该能够在相当长时期内指导企业的发展战略和管理过程，即使经营业务类型、企业重要领导人、市场环境等发生重大变化也不需要更改。只有对这些核心理念的坚持，才能抵御各种随机冲动，才能让企业战胜各种挫折，保持稳健发展步伐。但其内涵解释可以做适当的补充或完善。

（2）对企业的基本理念部分，即经营理念、管理理念要动态适应企业的战略要求和环境变化。一方面，这些基本理念的内涵要调整；另一方面，这些理念的组成也可以调整，可以更换或者补充、取消某个理念。基本理念的调整主要依据是每年的文化评估、战略变化、新的管理方法的要求、经营环境的重大变化、重要领导人更换引起的领导风格的变化等。

第九章　交通企业文化建设案例

一、奔跑者的追求
——天津港有限公司文化建设实践

天津港是中国北方第一大港，我国重要的国际贸易口岸。现有员工2万余人。2005年港口货物吞吐量2.4亿吨，总资产208亿元，居世界港口十强。天津港在跨越发展的历史进程中，始终把加强企业文化建设作为战略之举，坚持用文化力凝聚员工队伍，促进管理变革，引领企业发展，港口综合实力和核心竞争力不断增强。先后荣获国家质量管理奖、全国文明单位、全国思想政治工作先进单位等多项荣誉称号。2005年被中国企业文化促进会评为“中国企业文化十大最具影响力企业”，工作经验被收入《中国特色企业文化案例》丛书。

（一）天津港企业文化体系及其作用

天津港的企业文化体系包括三大目标、四项基本要素及十大理念，成为港口发展的文化动力和精神支撑。抓住关键 加强领导 着力形成企业文化推动力

作为具有一百多年历史的“老字号”国有企业，天津港积淀了深厚的企业文化。这其中既有优秀的传统文化，也不乏陈旧的落后成分。转变思想观念，不断创新发展，必须从“头”抓起。2002年，天津港集团领导层根据当时面临的形势与任务，在认真研究和客观分析的基础上，提出了全面系统加强企业文化建设的构想。公司主要领导亲自带队，到国内知名企业考察学习，成立了以集团公司总裁为组长的企业文化建设领导小组，建立起“党委统一领导、行政全面负责、党政工团齐抓共管、主管部门协调推动、广大员工积极参与”的工作机制，把企业文化建设作为重要工作纳入公司“十五”发展计划，形成了企业文化建设的创新思路。制定颁发了《天津港关于加强企业文化建设的意见》，提出了“建设具有企业自身特色并展示公司优良文化传统、美好发展前景和时代特征的企业文化，塑造优质服务、奉献社会、务实高效的企业形象，打造富有国际影响力的著名品牌”的企业文化建设任务。集团公司主要领导利用讲座、会议、论坛、调研等多

种形式，带头宣讲加强企业文化建设的重要性和必要性，亲自主持召开企业文化理念研讨会，举办企业文化专题报告会，成为企业文化建设的倡导者、引领者、示范者和实践者。为进一步统一思想，更好地交流文化创新体会，集团公司每年召开企业文化论坛，对公司经营管理、企业文化建设、领导艺术、战略发展等重大课题进行研讨，一些新的思想、新的理念在企业领导层取得共识。各级骨干人员积极发挥示范带动作用，认真落实集团公司工作部署，采取有力措施抓好各项工作的推进。各基层单位高度重视，把企业文化建设纳入党政工作重要议事日程，与宣传思想工作、精神文明建设工作、经营管理工作统一规划部署，形成了领导层大力倡导和推动企业文化建设的良好局面。明确目标健全体系着力增强企业文化凝聚力作为天津港发展战略之一，在全面系统开展企业文化建设之初，天津港就明确提出了企业文化建设的三大目标和四项基本要素，即要把天津港建设成为一所培养人才的学校、一个兴旺和谐的家庭、一支雷厉风行的军队；天津港企业文化要体现追求卓越、以人为本、民主性、包容性。在此基础上，采取“六步锻造法”（即调研与分析、确定实施方案、梳理传统理念、整合提炼精神文化、指导行为和视觉识别系统、应用行动辅导），构建起具有天津港特色的企业文化体系。

1．以精神文化建设为核心，充分发挥激励功能

精神文化是企业文化的灵魂，是指导和支配员工行为的价值标准。天津港在精神文化建设过程中，充分体现员工的主体地位，发挥员工的积极作用，经过广泛征集，反复整合提炼，形成了以“发展港口，成就个人”为核心价值的理念识别系统：

企业远景：世界一流大港、员工快乐之家。

企业使命：承载社会期盼、集散中外文明。

核心价值：发展港口、成就个人。

企业精神：团结开拓、超越自我。

服务理念：服务是生命、满意是追求。

人才理念：辟广阔天地、聚八方良才。

企业作风：令行禁止、务实高效。

市场理念：市场为导向、功能占先机。

管理理念：以人为本、科学管理。

环保理念：建设生态港口、共享碧海蓝天。

鲜明的行业特点，独具的企业魅力，充分显示了天津港企业文化的强大生命力。尤其是“发展港口、成就个人”这一核心价值理念已经得到广大员工的普遍认同，也吸引了多家企业到天津港考察交流。

2. 以行为文化建设为条件，充分发挥引导功能

企业行为文化是规范组织架构、业务流程、员工行为等活动的制度准则。它在理念识别系统的指导下发挥作用，不断塑造企业的公众形象、经营者形象，影响着企业风气的形成。天津港企业行为文化在精神文化的指导下，经过反复讨论修订，形成了《员工职业道德规范》、《员工文明礼仪守则》、《员工奖惩条例》等相关读本和文件，并编印成《天津港企业文化手册》和《天津港员工手册》下发到员工手中。通过建立“三级培训网络”，加强对高管人员、骨干人员、普通员工教育培训，使高管人员以科学的发展观统领全局，在战略制定和实施过程中，充分体现“发展港口、成就个人”这一核心价值；使骨干人员在生产经营管理过程中自觉倡导和践行行为规范、价值理念和道德准则；使广大员工明确企业提倡什么，反对什么，知道什么该做，什么不该做，在理解和掌握文化理念中升华思想，在贯彻落实行为规范中体现个人价值。

3. 以物质文化建设为基础，充分发挥塑形功能

企业物质文化是静态识别系统，是企业的外表形象。它通过规范企业名称、标志等视觉特征，借助企业对内、对外的行为活动，把企业的经营理念、文化精神，统一完整的传达给客户和社会公众，通过强有力的视觉冲击，给公众留下深刻印象。天津港物质文化建设在理念识别系统的指导下，按照“整体设计，逐步推出”的原则，编制出《视觉识别系统手册》，于2004年转制时推出了部分应用要素，树立了天津港新的品牌形象。通过推广应用新的形象视觉识别系统，营造了团结和谐、奋发向上的企业氛围，进一步扩大了天津港的市场影响力。完善机制规范管理着力强化企业文化执行力。

企业文化是管理制度的导向，管理制度是企业文化的最终体现。在实践中，天津港以企业价值理念为引导，让企业文化理念体现到企业生产经营管理当中去，通过制度的强制性，使企业理念不断同化，形成执行力，最终变成员工的行为准则。

在企业文化的引导和推动下，天津港不断推进企业管理现代化进程，积极引进先进的管理理念，在产权制度、法人治理结构、组织架构、股权关系等诸多方面进行了一系列的改革。尤其是近两年，根据企业转制和建立现代企业制度的要求，天津港在干部人事制度、劳动用工制度、分配激励机制以及市场开发机制、规划建设机制等方面实施或正在实施一系列变革措施，使原有的生产、经营方式逐步得到优化，组织流程不断改进，企业和员工行为得到了进一步规范，有效地激发了企业的生机与活力。集团公司生产经营系统，坚持“以市场为导向，以功能占先机”的市场理念，坚持以功能开发带动市场开发，把客户利益放在第一位，将“服务是生命，满意是追求”的服务理念贯彻到市场开发和生产经营的各个环节。通过文化传递，进一步扩大了市场影响力，保持了港口生产形势的稳定发展；人力资源管理系统，遵循企业文化价值理念，调整和完善劳动人力资源管理制度，建立健全内部激励机制，积极推行“绩效考核，竞聘上岗”制度，使管理人员队伍通过绩效评价得到择优汰劣，使员工通过绩效管理得到持续提高和发展；企业发展战略规划部门，依据企业愿景制定了天津港未来发展战略目标，即大津港集团到2010年将发展成为世界一流的港口运营商。2015年建设成为跨地区、跨行业经营的以港口业为主营，实现多元化发展的港口企业集团。2020年之后逐步建设成为跨国经营的国际著名的港口运营商。不断置入的符合国际经济发展趋势与市场经济运行规律相适应的价值理念和经营管理模式，使百年的历史文化积淀焕发出勃勃生机，天津港人自觉主动构建起的优秀文化，引领着企业向着更高更远的目标阔步前进。

(二)提高素质 打造品牌 着力提升企业文化影响力

高素质的员工队伍是企业发展的牢固根基和活力之源，是提高企业核心竞争力的最终落脚点。2002年以来，天津港大力实施员工素质工程。通过各种宣传载体和阵地加大宣传力度，营造尊重知识、尊重人才、尊重劳动、尊重创造的良好氛围。通过知识技能培训和员工职业生涯设计，使员工专业技术水平和改革创新意识不断增强；通过健全完善激励机制，为员工搭建了广阔的施展才华的舞台。天津港巨大的人力资源不断转变为人才资源、智力资源和新生产力资源。“十五”时期天津港员工队伍整体素质得到较大提升，管理人员职称结构和学历结构得到较大改善。具有中高级职称人员的比例由原来的28%提高到35%，大专及以上人员比例由原来的31%提高到55%；操作人员技能等级结构和学历结构逐步优化。技师及其 人员由95人增加到124人，高级工由829人增加到1060人，中级工及其以上技术等级人员占技工总数的59.6%。涌现了一大批作风过硬、技术精湛的业务能手和掌握先进管理手段的专业技术人员，形成了一支优秀的员工团队。被誉为“蓝领专家”的知识型产业工人孔祥瑞就是其中的杰出代表。他在30多年的工作实践中，爱岗敬业、勤奋学习、刻苦钻研、勇于创新，自2001年至今完成技术革新发明50多项，累计为企业创造效益6200多万元，由一名技术工人成长为“蓝领专家”。他的先进事迹受到党和国家领导人的高度评价，为广大员工树立了学习楷模，为天津港树起了一面旗帜，产生了良好的社会影响。“十一五”期间，天津港已经建立了博士后工作站，并正在实施“十、百、千工程”，即招聘十个博士生、一百个硕士生、一千个学士生。在以前瞻性的思维谋划全局，瞄准国际、国内市场发展大势，进一步加大港口基本建设投资力度，实施超前建设，扩大规模、提高等级，完善功能的同时，天津港还大力塑造世界一流大港的品牌形象，提高品牌信誉度，扩大品牌影响力。通过多渠道、大力度的对外宣传，极大地增强了天津港在国际、国内的知名度，“天津港”这块金字招牌正在成为企业巨大的无形资产，为天津港带来可观的经济效益和社会效益。经过多年的潜心打造，天津港企业文化实现了创新与提升。正如中国企业联合会宣委会常务副秘书长祝慧烨评价的：天津港的企业文化建设已经实现了四大转变，即从自发到自觉的转变，从局部到系统的转变，从外部到内部的转变，从传统到现代的转变，成为中国企业界典型案例和优秀样本。21世纪是科技文化迅猛发展的世纪，对于一个企业来讲，谁拥有了文化优势，谁就拥有了竞争优势、效益优势和发展优势。十届人大四次会议通过的《中华人民共和国国民经济和社会发展第十一个五年规划纲要》，把推进天津滨海新区开发开放纳入到国家整体发展战略当中，天津滨海新区的开发建设成为带动环渤海区域经济发展的重要引擎，成为中国经济的第三增长极。作为天津滨海新区的重要组成部分和核心载体，天津港面临着难得的历史性机遇。天津港将继续推进企业文化创新战略，使天津港在拥有规模、等级、功能等硬件优势的同时，拥有文化优势，为早日实现创建世界一流大港目标而努力奋斗！

点评：

“发展港口，成就个人”，是天津港企业文化的核心价值理念。正是在这一战略性、现实性、因果关联性的价值目标作用下，形成了天津港的企业精神文化、制度文化和物质文化的企业文化体系。本案例给我们的启示在于：企业文化建设首先要把握的是企业文化建设的企业价值定位和关注企业价值的战略性和现实性。

二、质量、服务、团队、创新

——中国船级社上海规范所文化建设实践

中国船级社(CCS)是中国唯一从事船舶入级检验业务的专业机构，上海规范研究所作为其直属单位，承担了海船规范、法规的制定和维护；船舶图纸审核；技术支持等职责，是CCS科研系统的一个重要组成部分。上海规范研究所的企业文化是CCS企业文化一个重要的组成部分，它体现了时代特征、CCS特色和规范科研特点，因此，建设具有上海规范研究所特点的先进的企业文化，既是企业健康持续发展的内在需求，也是在竞争环境日益激烈形势下企业成长的现实要求。在新的历史时期推进建设具有上海规范研究所特点的先进的企业文化体系，有利于内强精神，外塑形象，提高企业在市场中的竞争能力。

（一）上海规范研究所企业文化理念体系

上海规范研究所企业文化体系是通过对企业发展历程的总结，根据中国船级社业务国际性、技术权威性、服务公正性和社会公益性的特征，结合上海规范研究所的工作特点，形成了质量、服务、团队和创新为主要内容的企业文化理念体系。

1. 质量理念：安全质量是上海规范研究所永恒的主题

上海规范研究所具有海上安全技术标准制定与执行的双重职能，其工作直接关系到海上人命财产安全、环境安全和海上安保。安全质量是他们的信誉之本，是他们的生命，是他们的社会责任，容不得一丝马虎。全体员工对待工作质量必须从自己做起，从细节做起，严谨踏实，一次性把工作做对、做好、做细、做实，每项工作都经得起时间的考验。

2. 服务理念：满足需求，优质高效

坚持以市场为导向、以客户为中心，将满足客户（包括系统内）的需求和提供优质的服务作为各项工作的出发点和落脚点。

上海规范研究所的每一个部门、每一个专业、每一个岗位都是全过程、全方位服务链的组成部分，既是为客户提供准确、及时、专业、高效服务的基础，也是内部相互服务的重要单元。

3. 团队理念：同舟共济

企业文化是企业员工公共价值观的体现，团队理念就是团队成员共同的价值观。上海规范研究所追求：目标明确、职责分明、团结协作、步调一致；他们鼓励：尊重包容、互助互爱、积极配合、群策群力，努力打造一流团队。

他们认为，每一个成员都是团队中的一分子，团队是每个成员坚强的后盾，任何成员离开了团队，很难有所作为；每一个成员都代表着其所在的团队，其所作所为直接影响着整个团队；只有每一个成员都真正融入团队，团队的力量才能充分体现。

4. 创新理念：创新是企业发展的动力

提倡员工勇于面对新技术、新问题，鼓励创新和尝试，并容许精心策划和诚实努力情况下的失败；面对竞争，他们不囿于已取得的成果，积极进取，超越自我，勇于突破。善于用新的思路、方法解决发展中的问题，不断提升技术和服务能力，创新机制，促进企业开创新的局面。

(二)上海规范研究所企业文化特色

上海规范研究所的企业文化集优良的历史传统、管理者的领导风格、现代管理思想、员工的共同价值观于一体，充分反映了上海规范研究所全体员工的价值追求、精神面貌，也反映了企业的个性特色和发展历程。

1. 重视安全，注重质量，公正服务，诚信为本

重视安全，注重质量，公正服务，诚信为本是他们工作职责的基本要求，是他们质量体系的主要质量目标之一，是“质量船检”、“诚信船检”文化建设的重要内容，也是他们发展过程中沉淀下来的优良传统之一。

CCS是国内最早建立质量管理体系的行业之一，上海规范研究所的质量体系是CCS主要组成部分，通过业务管理体系的建设，从流程上规范各业务开展的行为和秩序。在内部管理中，实行目标管理责任制，层层签订目标责任书、廉政责任书、治安综合治理责任书等，将安全质量、工作诚信的要求落实到每个岗位和工作流程。通过理论学习、业务培训和工作交流等方式，引导员工牢固树立“四个意识”（即：安全意识、质量意识、服务意识、法律意识），坚持做到“四个不准”（即：不准做有损船检形象的事，不准做有偿中介，不准违规检验，不准发人情、关系证），强化责任意识，规范服务行为。

2. 团结互助、敬业奉献、尊重包容、友爱和谐

“同舟共济”是中国船级社上海规范所共同的信念，敬业奉献是员工将实现自我价值与事业有机融合的表现，尊重包容、友爱和谐是形成团队合力的基础。

他们追求以尊重、包容、团结、互助作为全体员工的共事方式和沟通准则，积极营造民主、平等、友爱、和谐的氛围，大力倡导忠诚、爱岗、敬业、奉献的精神。

船舶检验技术标准的制定、船舶图纸的审核、船用耐火材料的试验等业务工作，需要他们进行跨部门、跨专业的协作，如每一部规范的编写，需要船、机、电、材料等专业，多个部门的通力合作。通过项目组、课题组的形式，实现团结协作；通过业务协调会、集体活动、团队培训等团队精神建设，增进员工间的相互了解、相互尊重、相互包容。CCS是我国船舶检验的国家队，上海规范研究所是这个队中的后卫，在面对国际竞争的同时，他们承担了更重要的安全责任，面对更广的客户需求，他们把压力转化为工作的使命感和责任感，通过强化“客户意识”，积极培育员工忠诚敬业、爱岗奉献的精神。

3. 严谨务实、主动高效、继承完善、创新发展

中国船级社上海规范研究所的工作直接影响到海上人命财产安全和环境安全，业务工作的社会责任性要求我们的工作容不得一丝马虎，出不得一丝差错，由此培育并形成了严谨务实，认真踏实，精益求精的工作作风。“安全重于防范、责任重于泰山”，造就了他们主动开展工作，高效完成任务的工作氛围。在海损应急事故处理、规范标准的制定、船舶新技术的开发工作决定了他们需在继承完善的基础上，与时俱进，开拓创新，持续发展。

他们通过倡导自由的学术交流，创建宽松和严谨的治学氛围，积极宣扬自主创新的重大意义，培养员工热爱科学，崇尚科学的精神，培养科学态度和科学方法，培养具有独立思考和自主探索的创新精神与能力。通过不断努力，历年来上海规范研究所的规范科研项目多次获交通部、中国航海学会等主管机关的奖励。特别是2002年该所的“国际海事组织（IMO）载重线最小船首高度与储备浮力”课题研究成果，使国际三大著名的海事公约之一的《国际载重线公约》中首次写入了中国人推导的公式，被国际海事组织前秘书长奥尼尔称为“对国际载重线公约修订做出了重大贡献”。这是我国海事科技成果在国际上的重大突破，具有里程碑式的历史意义，该研究成果被《中国船舶报》评为2002年十大船舶科技新闻之一，并获得了2003年度中国航海学会科技进步唯一的一等奖。

4. 以评先创优活动为载体，加强精神文明建设，形成公开、公平、公正的激励文化

上海规范研究所坚持“两手抓两手都要硬”的方针，把两个文明建设作为统一的奋斗目标，一起部署，一起落实，一起检查。通过开展“三学四建一创”（“三学”：个人学包起帆，集体学华铜海轮，单位学青岛港；四建：建设安全质量文化工程、建设检验服务旗帜工程、建设管理科技创新工程、建设增收节支效益工程；“一创”：争创中国船级社双文明建设先进单位）活动为载体，结合单位实际，进一步加强精神文明建设，积极开展各项创建活动，并将创建活动与所各项改革和发展工作有机结合；与各项业务工作有机结合；与年终评比活动有机结合，形成公开、公平、公正的激励文化，充分调动全所员工的工作积极性、主动性、创造性，催生创新的能手、创优的标兵。

为了使评先创优活动能够公开、公平、公正，并形成制度化，制定了一系列相关的规章制度，例如：《上海规范研究所文明处室评比条例》、《上海规范研究所先进工作者评选条例》、《上海规范研究所先进党支部、优秀共产党员和优秀党务工作者评先条例》、《上海规范研究所工会先进集体、优秀工会工作者和工会积极分子评选办法》、《上海规范研究所优秀团支部、优秀团干部和优秀团员评选条例》及《上海规范研究所合理化建议奖励办法》等。每项评比活动都要经过个人自荐、部门推荐、评审小组考核、所党委会或办公会审议等一系列公平、公正、公开的程序。

通过评选创优活动，鼓励先进，表彰先进，营造积极向上、乐于奉献的工作氛围，在精神上关注、引导、激发员工的工作积极性和主动性；为员工获得工作的成就感和责任感创造条件与环境，使个人的潜能得到充分发挥，扶助员工自我成长。通过大张旗鼓地表彰和宣传身边先进人物和先进事迹，给人启迪，催人奋进，广大员工感到先进人物就在自己身边，看得见、摸得着，可望而可及，比学赶超有目标；先进人物感到领导和员工时刻在关注自己，继续奋进就有了新的动力。

5. 结合思想政治工作，加强宣传教育，打造凝聚力工程

上海规范研究所把企业文化建设作为企业的思想政治工作的重要载体，不断推动企业精神文明建设再上新台阶。实际工作中，他们通过所内部信息网、内部刊物——《上海规范》等多种方式宣传该所业务技术成果、先进人物、事迹，及时快捷地传播企业文化，深入强化各级领导干部的政治意识、责任意识、大局意识，更好地发挥宣传、教育、动员、激励作用，对凝集队伍和鼓舞士气起到了积极的作用，增强了员工对企业文化的认知程度和执行力度，进一步提高了企业文化建设的吸引力、感召力和战斗力。同时，他们积极加强与当地相关部门的联系，定期向上级主管机关及宣传媒介投稿，展现该所的规范科研、审图、试验、培训、翻译风貌，提高了该所知名度。

点评：

中国船级社其本质属性是社团组织，但其业务特性具有国际性、技术权威性、服务公正性和社会公益性，围绕“四性”上海规范所的文化确定了：质量、安全、公正、公平、高效、创新等行为文化标准很有创意。把思想政治工作，精神文明建设与企业文化建设进行有机结合值得各交通企业借鉴和学习。

三、飞越秦岭

——陕西西汉高速公路建设有限责任公司文化建设实践

陕西西汉高速公路有限责任公司于2002年8月21日正式挂牌。负责GZ40户县至勉县高速公路的工程建设、项目融资、运营管理。该项工程是陕西省目前一次开工建设里程最长，投资最大，地质最复杂，施工难度十分艰巨的公路建设项目。全线共有桥梁116776延米/422座，隧道91526延米/130座（单洞），涵洞18205.04延米/615座，通道6661.74延米/236座，设互通式立交14处。全线服务管理设施设匝道收费站14处，服务区5处，养护工区5处和通信监控中心、通信监控所6处，隧道管理站5处，征地面积约19417亩。2003年开工，建设工期5年，2007年10月建成通车。

（一）塑造企业形象，打造西汉高速品牌

2002年企业成立之时，西汉高速就深刻认识到，企业形象是企业的无形资产，是企业走向市场的重要条件。为此，他们首先确立了自己的经营理念：质量是企业生命。必须以高质量的产品和服务赢得市场的信赖，特别重视在社会公众心目中树立起企业即服务的良好形象。为树立这一形象，他们专门在全公司展开了经营理念的学习讨论活动，并对有损形象的一些行为做出公开严肃的处理，提出谁砸企业的牌子，企业就砸谁的饭碗。其次，他们请专家为西汉设计了公司图文标识和包装，各种场所、各种文具材料都印制了统一的图文标识。让客户和合作单位一眼就能认出西汉高速的品牌，提升了企业的美誉度。第三，他们把企业文化凝结在日常工作的细节之中，让优秀的质量、优良的服务、为乙方着想的经营作风都体现

在西汉高速之中，使乙方和社会不仅得到了西汉高速的信誉度，在关注西汉高速的人们心目中牢固树立起西汉高速的形象，培育西汉高速的企业精神。

他们在大力倡导市场经济观念和现代企业意识的过程中，适时总结、提炼，形成了自己的企业精神——“求实、科学、团结、拼搏”。求实是体现实事求是的管理思想，也是尊重企业以人为本的管理思想。企业的着眼点在于尊重员工的人生价值，激发员工的创造性，从而形成一种以员工为中心，尊重人、关心人、激励人的机制和使人奋发进取的文化氛围。科学，即追求科学的产品质量和工作质量，提倡精益求精、锲而不舍的精神，任何事情都能办好。团结，是体现西汉人组织观念的外显，只要团结一心，众志成城，就会赢得成功。拼搏是一种向上的精神状态，是团队永葆斗志和生机的不竭动力。这一企业精神是在经过班组、各部门及各位反复讨论和修改后形成的，具有广泛的群众基础，一经推出，便在全公司形成共识。他们又乘势组织各种形式的“西汉精神”演讲会、文艺演出活动，在各种场所制作了统一标牌，使这一企业精神很快深入员工之心。当然，更主要的工作在于生产经营工作中贯彻落实这一精神。他们将之纳入员工日常工作中进行考核，凡是认真贯彻这一精神的典型人和事，都给予大力表扬奖励。

（二）以“命运共同体”为纽带凝聚人心，提炼公司企业文化

如今，企业与员工事实上已经成为一个命运共同体，许多员工一家几代人都在同一个企业工作，“企损俱损，企荣俱荣”。但是，要把这种现实升华为一种凝聚力和战斗力，仍然需要做大量艰苦细致的工作。几年来，他们不断完善职工代表大会制度，企业重大事项都提出来让员工共同参与决策，增强企业管理的透明度，使员工感到企业的事就是自己的事。公司和党委认真贯彻江泽民同志“三个代表”的重要思想，一切工作都以代表广大员工的根本利益为出发点来开展，真正使员工认识到自己的理想与企业的命运相一致，员工的利益与企业的发展目标相一致，把员工的利益、荣誉和企业发展目标统一起来，形成共同的价值趋向和行为规范。党委因势利导，以“命运共同体”理论焕发大家团结一致、共渡难关、保质保量按期完成建设任务的信念，使大家的认识统一，心更齐了。通过这些工作，使西汉高速的全体员工真正认识到“命运共同体”的内涵和价值。

（三）管理从严，情感从真，在企业文化建设中营造“家”的氛围

管理是企业永恒的主题，而企业文化建设是提升管理现代化水平的基

本途径，某种意义上说，管理也是文化。这些年来，西汉公司修订了大小百余项制度，几十种考核规范，都体现了一个“严”字。这些制度的贯彻和落实更是不折不扣，制度面前一律平等，严格执行已经形成风气。达不到管理岗位标准和完不成任期指标的干部一律挪了位，完不成生产工作任务的员工一律被“内部下岗”，出了质量事故按规定一竿子罚到底。他们的严格管理作为企业文化的一个特点，形成了被社会单位称为西汉的“严文化”。当然，“严”的出发点是对员工深深的爱。员工是企业最大的财富，员工在目前社会条件下过得又很艰辛，他们从关心和保护员工的根本利益出发从严管理，同时在日常工作中又非常重视关心员工生活和思想。工会在这方面做了大量而细致的工作。如坚持“三下三上”工作方法，三下即：工会工作的重心下移到项目组各工会小组；工会干部要经常深入蹲点到最基层；把学习、培训、奖励的重点下放到基层。三上即：将一线职工关心的问题第一时间反映上来；将一线职工家属中需要扶助的事情第一时间捕捉上来；将一线影响职工工作积极性和单位稳定及工程质量的现象和思想动态第一时间反映上来。积极构建工会帮扶体系，着力推进送温暖工程的深入开展。坚持深入基层、深入群众的思想路线，关心职工生产生活，着力提高办好事、办实事能力。开展一系列的送温暖活动，急职工所急，想职工所想，及时了解职工存在的困难和各种想法，为大家谋福利。例如：继续开展生日送祝福活动，使每一位员工在生日感受到来自工会的关心与温暖；对每一位出现患病，生产等情况的员工及时探望，带去工会的问候；继续开通帮困热线，对工作生活等各方面出现困难的员工第一时间给予帮助；在提高全体员工生活福利方面进一步努力，使员工从生活最细微处也能感受到来自工会的关怀。从而毫无后顾之忧，更加努力地投入日常工作。西汉公司这种关心员工生活和思想的精神在当地有口皆碑，被称为西汉的“家文化”。

群众性文化活动不是企业文化建设的全部，却是其中必不可少的一部分。他们坚持长年开展各类企业文化活动，每到大型节日，公司都搞综合性文艺体育比赛和演出，每月各项目组和收费站都有单项的文体活动，每半月班组都有小型的班组文体活动。活动的形式有书画展、健美操、歌舞晚会、体育运动会、演讲、拔河、诗歌朗诵、郊游、辩论会等。其中有些活动在省地多次获奖，既看重活动的水平，更看重群众的参与性及其中蕴含的团队文化价值。他们还坚持办好公司自己的宣传阵地同时大力组办“西汉高速文化长廊”和板报壁报等，使这些文化载体形成优秀的精神环境，增强员工热爱西汉、建设西汉的信念，提高企业的凝聚力。

（四）企业文化的特点

西汉高速的员工常年散落在258公里的崎岖蜀道上，常散少聚，他们以文艺作品和歌唱的形式把员工紧紧地凝聚在一起。从内心升华出来迸发的凝聚力和战斗力，是西汉公司企业文化的显著特点。其凝聚力和战斗力的具体表现是：

(1) 求实、科学——构成西汉公司企业价值观念和经营哲学的核心层；

(2) 团结、拼搏——凝聚了西汉公司员工作风和企业形象的外显层。

出色完成西汉项目，高素质的人才队伍是先决条件，塑造其精神意志、挖掘其潜力和张力，培养高度责任感及使命感，塑造凝聚力及竞争力的团队成为西汉公司企业文化追求的制高点，质量意识是企业文化建设的核心。实现经营哲学和价值观念。通过员工对企业的价值观和行为规范的认同来实现对员工态度、行为的控制，这种控制是潜意识的、微妙的，是群体共同的价值观内化在员工身上后的自我管理。强有力的企业文化是制度化的合理替代。企业文化的功用在于它是信息的载体，在于有它形成的习惯势力。由于生长在同一文化土壤里的人们共享的信息，企业的交易成本由此降低。企业的核心价值观得到强烈的认可和广泛的认同，这种高度的价值观共享和对信仰的坚定性，在企业内创造了一种很强的行为控制氛围。

任何时候，责任感不可或缺。责任感根植于内心，它已成为他们脑海中一种强烈的意识。在日常行为和工作中，这种责任意识会让他们表现得更加卓越。

从《鹰之魂》到《金秋时节》，西汉项目的建设本身就是一曲壮歌，更是《飞越秦岭》的前无古人的大事业、大壮举。几曲壮歌展现的是西汉公司企业文化不断成长的厚度和力度。几年来，坚持不懈地加强企业文化建设，企业的凝聚力、激励力、约束力、导向力和辐射力大大增强，对企业的改革、发展和生产经营工作起到了强有力的保证和促进作用。

《鹰之魂》从一组表达情人相思之苦的对白开始，从情人、家庭的伤痛写到西南、西北的经济文化融合。一如在古蜀道上艰难跋涉一样，更是在攀登一种精神的海拔高度。通过诗歌的表白把西汉人的历史使命感和责任感突现了出来。有什么样的企业就有什么样的员工，企业的使命感和价值观就是员工的使命感和价值观。立足岗位，无私奉献阐释了西汉人对工作的忠诚，升华了他们的使命感和责任感的内涵。同时工程的质量是他们永恒的追求和主题。质量是西汉公司企业文化的核心，更是他们企业在生产经营活动中形成的质量意识、质量精神、质量行为、质量价值观和质量形象地集中表达。质量意识构成西汉公司企业提供产品或服务的总和。

《金秋时节》通过工程施工的一段小插曲，突现了西汉公司的团队精神和和谐的协调能力、凝聚力及执行力。凝聚力在于企业文化所特有的魅力，这种魅力在于对员工所具有的感召力，即感染力和号召力。它是员工心目中认同和追崇的共同价值观，是化为员工具体行为的共同纲领。它不是空泛的口号，而是实实在在存在于企业里的。大局意识、协作精神和服务精神的集中体现。核心是协同合作，最高境界是全体成员的向心力、凝聚力。团队的组织形式和“家”概念的结合，反映的是个体利益和整体利益的统一，明确的协作意愿和协作方式则产生了真正的内心动力，正因为这样，所以这样的金秋时节才显得分外耀眼和丰饶。

而《飞越秦岭》正是西汉公司所有努力的出发点和归宿点。多少年的魂牵梦萦、离别愁绪、畏于远途都将作为历史，都将成为回忆。飞越秦岭不再是神话，这豪壮雄浑的歌声是在迎接一个工业文明的到来，一个高速时代的到来，一个南北大开通的到来。“求实、科学、团结、拼搏”的企业文化贯穿着飞越秦岭大手笔的细节。

西汉公司的企业文化的特点是适应他们企业常散难聚特点的文艺作品，是犹如《诗经》中那种歌颂劳动本身的手之舞之，足之蹈之一样，在全员的参与中，在人们的传唱中，把企业的要求和工程历史厚重感、责任感、使命感一并植入员工的心里，从而化之为奋斗、拼搏的动力。 这就是陕西西汉高速公路有限公司的企业文化。西汉公司正在发展中，他们的文化也在走向茁壮、走向更高，追求更加卓越。

通过几年来坚持不懈地加强企业文化建设，西汉公司感到企业的凝聚力、激励力、约束力、导向力和辐射力大大增强，对企业的改革、发展和生产经营工作起到了强有力的保证和促进作用。

1 .凝聚力

企业是经济组织，经济关系起基础性纽带作用。但是单纯依靠金钱来维系系统及员工，长期下去必然是一盘散沙，因此必须有良好的企业文化发挥凝聚员工之心的作用。因为人不仅有物质需求的欲望，还有归属感和亲和感的欲望。这也是西汉公司开展企业文化建设实践中的体会。秦岭山脉地貌多变，地形复杂。在建设西汉高速的前期和建设过程中，他们的设计、征迁人员曾数月奔波在秦岭的险山峻岭中，相互配合、相互沟通、相互照顾，排除重重的困难顽强工作。有的员工半年都回不了家，不能和他们的亲人团聚，在他们的意念中，没有比自己的工作更重要的事情。2002年8月，征迁人员在洪水肆虐，山体塌方包围的危险情况下，继续团结一心，齐心协力，排除危险，加班加点终于如期按质完成了征迁任务，为工程进度提供了保障和施工环境。期间表现出的凝聚力和工作热情，令公司领导十分感动。这样的人和事在西汉公司发生的很多很多。

2. 激励力

几年来，西汉公司广大员工在西汉文化的鼓舞下，艰苦奋斗，大胆创新，严细实恒，创造出许多辉煌的业绩，涌现出一大批无私奉献、争创一流的优秀员工。自公司成立来，工程建设质量连上台阶，2003年，交通厅质检站抽查8348点，合格8053点，合格率为95.5%;2004年，交通厅质检站抽查3766点，合格3497点，合格率为95.1%;2005年，交通厅质检站抽查7123点，合格6609点，合格率为92.8%;2006年，交通厅质检站抽查6689点，合格6368点，合格率为95.2%。生产水平一直保持全省先进水平，管理水平有了较大提高。有一丝不苟的一线征费，有严格管理的项目组长，有勤政廉洁的中层干部。他们有些成为陕西交通行业的典型代表。企业文化孕育出来的工作激励力成为提升企业整体素质的主要动力之一。

3. 约束力

当一个企业正气盛行的时候，这种精神氛围起一种无形的约束力，一些不良言行就没有空间，就不敢抬头。优秀的企业文化铺垫着积极向上的土壤，播洒着健康文明的种子，杂草害虫便没有生存空间。他们有些员工调往其他单位，都是佼佼者，社会上有一句话：西汉的人再差也有个样哩。学校刚毕业的学生，父母亲愿意把他送到西汉公司来工作。在企业里，大家都在忙工作，有的人偶有空闲也不会扎堆闲聊，一般都选择看书、学习，以提高自己的业务水平和办事的执行能力。埋头一线，以苦为乐的工作态度和默默奉献的精神化做神圣的使命感，约束力由纪律的约束转化为员工的自发行动。当约束力在潜移默化中形成自发行动时，企业的组织行为效率得到了提升。

4. 导向力

优秀的企业文化又是一种共同的价值趋向。企业提倡什么、弘扬什么已形成风气，成为一种导向。2006年西汉公司开始实行岗位工资制度，阻力很大，许多员工不理解，认为自己是“国家人”，职务动不得。但是在价值趋向的引导下，绝大多数员工不仅理解，而且积极支持，认为这是企业生存和发展的需要，也是实现自身价值的需要。因为员工的观念变了，计划经济头脑换成了市场经济头脑。用现代市场规则和现代化的企业观念激励先进，优胜劣汰，形成企业和市场的良性循环。同时运用先进的管理经验和激励制度大胆起用有知识、有激情、有责任感的年轻干部，给员工营造一个充分发挥才能的广阔空间。观念转化的导向力为企业带来了明显的效益，而且现代企业意识在员工的心田里生了根。

5. 辐射力

企业文化的影响有潜移默化的特点，创建学习型组织，争当知识型职工活动为载体，加强学习培训，打造团队精神。它会逐步渗透到企业的方方面面、每一个角落，发挥出无声而有形的作用。我们公司下辖七个项目组、三个收费站，还有一些外围单位，尽管体制不同，管理各异，但西汉文化却是一律的，它对各条线、各个枝节都发挥着作用，西汉文化不仅影响着自己，也影响着修建西汉高速的乙方和合作单位。特别是近期以来，西汉公司的企业文化影响下，西汉公司的乙方单位履约更加严格，克服天气炎热、施工难度不断增加的困难，工程进展十分顺利，质量在不断的提高。还有的施工单位主动来我们公司学习西汉公司企业文化，企业文化在合作单位的辐射力范围在扩大，影响更加深远。

通过几年的实践，西汉公司在文化建设中有两点体会：

第一，用企业文化提升企业管理水平已经成为共识。如今，已很少有人持企业文化无用论观点，但对其重要性的认识普遍不够。西汉公司在这几年的企业文化建设中同样遇到这些问题，但事实表明：企业文化建设对企业的发展产生了巨大的推动作用。

第二，精神文明是整个企业文化的核心和灵魂。它是指导、支配企业全体员工共同持有的价值标准、信念、态度和行为准则。精神文化相对于物质文化来说，看不见，摸不着。但却无时无刻不通过物质形态表现出来。当前，西汉高速公路建设攻坚阶段，千余名建设者，以大无畏的英雄气概和超常的速度，克服了数不清的艰难险阻正在艰苦奋战。西汉人在凝聚力、激励力、约束力、导向力、辐射力的力量塑造下，更加努力工作，齐心协力提升西汉公司企业核心竞争力，使西汉公司立于市场的不败之地。

点评：

企业品牌建设是企业文化的集中体现，品牌的打造需要有企业的精神，企业的价值注入需要有企业的凝聚力、激励力、约束力、导向力、辐射力的实践构成。西汉高速五年铸就品牌的过程，实际上就是企业文化建设的过程。西汉高速企业文化给人的启示：文化构建品牌，品牌推进文化建设。

四、让过往司机更满意

——广州市环城高速公路北环营运公司文化建设实践

广州北环高速公路是我国最早动工兴建的环城高速公路，全长22公里，但它却连接多条主干线——北衔105、106、107国道，南驳京珠高速公路，东连广深高速公路，西接广佛高速公路，是010国道（同三高速公路）广州段的重要组成部分，扼守着广州北部进出城区的主要交通咽喉。由于地理位置特殊，北环高速公路在广东省高速公路规划网络中，处于中心枢纽地位。作为广州北环高速公路之经营管理单位——广州市环城高速公路北环营运公司（以下简称北环）成立于1990年，是由广州市高速公路总公司与香港新世界发展有限公司所属诚愿投资有限公司、香港越秀交通有限公司三家企业合作组建的合作企业。公司主要从事广州北环高速公路的道路管养和营运收费工作。目前，北环已发展成为一家拥有员工近千人，总资产超过15亿元的大型公路企业。

（一）沉孕育积，创建北环企业文化的体系

北环企业文化建设始于1993年。当时公司刚刚与香港新世界发展有限公司达成合作经营协议，整体管理机制需要完成一次质的大变革。为了解决管理上的问题，公司组织全体中层干部和业务骨干到香港大老山隧道进行集体培训，学习日资企业管理中关注细节、关注质量的全面质量管理。在学习过程中，发现国外企业管理比国内企业先进的重要原因之一在于企业文化。从那时候开始，北环就积极学习国外同行特别是香港企业的先进文化管理模式，这为北环吸收外来文化，发展本土文化打下了坚实的基础。

在国内高速公路率先引入“四大系统”。高速公路经营管理是一项复杂的系统工程。为了提高管理效率，1994北环投入巨资从法国引进先进的电子收费系统，率先把高速公路电子收费的机电系统、通信系统、收费系统和监控系统全面引入国内高速公路经营管理中。这四大系统设备先进，功能齐全，搭配科学，完全实现了半自动化收费管理，大大提高了高速公路的工作效率，为我国今后高速公路的信息化管理打下了基础。

在国内率先实现收费监控模式的转变。对收费作业过程进行监控是一项

难度很大的工作。当时国内所采用的收费监控方式主要是利用摄录像、抓拍系统等进行直接监控。这种监控方式的潜规则是不信任收费员，最大弊端是给收费员造成很大心理压力，从而引发管理与被管理的对抗与矛盾。为了解决该问题，1994北环组织骨干员工全面学习法国北方高速公路公司（SANEF）的“数据监控”管理模式（即从收费系统中提取收费员的工作数据进行稽核分析和查找问题，达到监控的目的），及时调整公司现有的组织架构、工作流程和绩效评价机制，实现了由粗放型“人盯人”的收费管理模式向“数据监控”收费管理模式的转变。

出台《“三全”管理制度》，明确将全员培训、全员创新和全员服务作为传承企业文化的主要手段。任何企业的文化都是物质现象的精神反映，而培训、创新、服务则是传承和发展企业优良文化传统，展示企业良好形象的最好手段。北环的“三全”管理机制，使公司全体员工紧密围绕核心目标形成了一个高效运作的学习型组织，并通过不断的学习、创新和服务在企业内部形成一个个团结和谐、热情高涨的工作团队。激发团体智慧，提高生产力，使“让过往司机更满意，为愉快生活而工作”目标的实现成为可能。

（二）整体提高，推动北环文化建设走上快速轨道

创造性地提出了深入人心的企业价值观——“让过往司机更满意,为愉快生活而工作。”“员工满意第一，顾客满意第二”才是真正的顾客满意体系。员工在企业只有工作得开心、踏实，体现自身价值才会感觉满意。只有这样，员工才会接受和认同企业的价值观，才会发自内心、满怀激情地为企业工作，为自己的幸福生活而工作。为此，在总公司的领导下，营运公司经营班子结合北环实际，提出了“让过往司机更满意,为愉快生活而工作”的北环文化价值观。在北环，主张首先以员工的需求为第一导向，积极营造制度公平、尊重差异、优势互补的文化氛围，使企业与员工形成了双向尊重、双向责任的格局，无论何种职位的员工都能愉快地在和谐的北环大家庭里工作和生活，共同实现“为愉快生活而工作”的人生目标；其次是以顾客的需求为第二导向，大家万众一心，众志成城，努力实现“让过往司机更满意”的企业目标，不断推动北环持续健康发展。

高屋建瓴，为北环发展明确了战略目标——“做现代交通文明的倡导者”随着城市现代化进程步伐的不断加快，市民的交通文明意识却远远滞后，交通安全与交通效率等问题的严重性日益暴

露出来。目前在高速公路行驶中，部分驾驶员野蛮的驾驶行为与其身份极不对称，严重阻碍了交通安全与道路畅通，降低了运输效率。他们认为，凭借北环特殊的地理位置和庞大车辆流，承诺北环做现代交通文明的倡导者，是可以起到引导和教育驾驶员进行文明驾驶的作用的。他们愿做一名先行者，为提高中国公路交通运输效率，构建现代交通文明体系作积极的探索。

惜才爱才，为北环培育了核心人才资源。“员工为公司创效益，公司为员工谋发展”，员工是公司的核心资源。在日常经营和管理中，北环始终把员工职业生涯与整个企业经营战略一起规划，为员工创造个人发展的空间，充分体现员工的人生价值。首先，在北环创建了“公司级、部门级和班组级”的三级全员培训体系，每年都把员工培训工作列入年度工作计划和资金预算，使培训学习经常化、制度化，大大提高了员工的综合素质。其次，善于锻炼和使用人才。“能者上，庸者让”这是北环极力倡导的以人为本，培育核心员工的指导思想。在北环，努力为每一位员工创造公平公正的竞争环境，例如出台了《竞争上岗管理办法》，规定公司每年根据工作业务发展需要，对空缺岗位实施竞争上岗，鼓励有才干、有技术的员工走上适合自己发展的岗位，最大限度发挥个人才能。

打造工作团队，塑造北环企业文化的精髓。培育企业文化，关键是要使之得到员工的认同和大力支持。在实际工作中，十分注意运用企业文化价值导向培养员工的职业道德和企业忠诚度。特别是在生产一线中，引领一线生产班组以“员工相互支持、协助与信任”为指导思想，打造和谐工作团队，创造愉快工作氛围。同时，实现尊重个体差异和心理优势互补的友好工作关系，消除员工的压力与情绪，让员工自觉地愉快工作。

以人为本，大力推行“爱我员工，四访四助” 温暖人心工程。“乐人之乐，人亦乐其乐；忧人之忧，人亦忧其忧”。只有实行人性化管理，尊重、关爱和善待员工，公司的管理才能获得员工的理解、支持、信任和宽容，企业文化价值观才能让全体员工认同并得到升华。平时通过开展“四访四助”（访困难员工、访问题员工、访先进员工、访后进员工）送温暖活动，及时了解员工的工作、生活情况，准确掌握其思想动态。同时有针对性地为他们办实事、做好事，把公司对员工的关怀送到基层中去，让员工切实感受到公司对自己存在价值的尊重。这种以实际行动灌输企业价值观的做法，有效地同化了员工，使员工形成高度统一的思想和高效率的工作行为，从而促进了北环持续、和谐、协调地发展。

（三）有形展示，推广“北环文化”管理模式

他们认为，企业文化虽然是抽象的，但可以通过其依附的载体进行有形展示。企业文化正是通过有形展示来作用于人的认知与理解，从而实现对人行为的影响与控制。

在全国率先出版发行《高速公路管理实务》，积极探索高速公路管理模式。1996年，北环在吸收国外高速公路营运管理先进经验的基础上，通过创新和发展，逐步建立了一整套适合我国高速公路发展的经营管理体系。在总公司的指导和帮助下，北环率先把自己的管理体系编辑成《高速公路管理实务》一书，并通过人民交通出版社向社会全面推介。这本书一出版就引起高速公路同行的高度关注和学习借鉴，也开创了我国积极探索高速公路营运管理之先河。

推广收费服务标准，实现“让过往司机更满意”的企业目标。在广州，凡是驾车经过北环收费站的驾驶员朋友，没有不对北环的优质文明服务大加赞赏的。北环的“服务四要素”标准是通过多次实地调研和三年试点运行后，召集有关职能部门制定和实施的。由于该标准设计科学合理、美观大方，受到广大驾驶员朋友的赞扬。为此，广东省交通集团和省外高速公路兄弟单位纷纷到北环学习取经。目前，该服务标准已经成为广东省普遍采纳的行业标准。

贯彻ISO9001国际质量标准和OHS18001国家职业安全健康标准。在总公司的指导下，北环于2002年全面贯彻了ISO9001国际质量标准和OHS18001国家职业安全健康标准。这两个标准是指导北环开展高速公路营运管理工作的规范性文件。它建立了一系列的量化数据考核指标，确保了北环的规章制度能贯彻落实，既提高了全体员工的质量和安全健康意识，又满足了驾驶员的需求，实现了服务优良、设施完好、环境优美、交通畅顺、管理科学、员工健康、驾驶员满意的目的。

创建“三全”管理机制，加速提升北环文化理念。“三全”的内涵就是全员服务、全员培训、全员创新。全员服务的内涵是北环全体员工要树立“服务第一”的意识，通过完善服务规范、强化服务组织、提升服务观念、优化服务环境、改进服务态度、提高工作效率，形成企业为员工服务、后勤为一线服务、一线员工为驾驶员服务的服务阶梯，以创造更大的社会效益和经济效益。全员创新的内涵是全体员工围绕企业工作目标，充分发挥主动性和创造性，从不同岗位和角度，全面、持久地对企业的运行机制、程序环节、工作内容以及方式方法提出富有创意、切实可行的方案和意见，以推动北环的管理和技术水平不断提高。全员培训的内涵是在企业内部营造一种团队学习氛围，形成一个高效的学习型组织，让全体员工在培训和学习中获得相关的知识、技能和态度，以帮助员工挖掘潜能和发挥聪明才智，在岗位学习中锻炼成长。

实施先进绩效考核制度，激发员工斗志。“星级评比考评制度”是北环十几年绩效管理的结晶，是一种与时俱进的员工激励手段，其核心管理思想是采用“相对排队论”和“团队管理”方式对员工进行绩效考评。具体做法是把员工的绩效管理划分为若干个指标，每个指标得分均按排队次序来给予分值。所有员工的指标分大多数情况下是不能仅靠个人力量获得的，它必须依靠团队（班组）的力量来共同争取，这样就迫使员工必须进行团队协作，在整体上共同提高工作质量。为了能全面考核员工的工作质量，北环专门编辑了《收费业务责任认定清单》，清单中基本囊括了涉及收费操作及管理的所有已知情况（清单内容是动态变动的，随着收费业务和管理要求的变化而变化）。凡是有员工违反《责任认定清单》的，就给予星评分扣罚。反之，如果符合奖励条款的，则给予星评分嘉奖。当月星评等级决定员工当月的工效奖，年终的星评等级决定员工下一年度的工资套档和劳动合同续签，星级评比制度已成为北环员工绩效考核的有效手段。

（四）经营革新，确保企业的可持续发展

打造一支精英团队，解释领导意图，层层分解落实政策。北环认为，企业核心竞争力的大小在某种程度上表现为“执行力”的强弱上。因此北环非常重视执行力的建设，专门培养了一支精英团队。这支团队平时既是公司领导决策的智囊团，又是对公司决策进行解码的翻译者。当公司有重要决策要落实时，这支精英团队就负责将决策进行“解码和译码”，制定任务对策表，层层分解到相关部门去执行，并定期进行跟踪和反馈，确保政策能落到实处。正是因为北环有这样一套行为机制，才创造了非凡的竞争力并在行业中始终处于领先地位。

实施经营高速公路的管理新思路。他们认为，虽然高速公路在某种程度上有垄断性质，但不能坐着等车来，要积极进行市场营销工作，寻找更多车源。为此，他们积极开展多层次、多角度的市场营销工作，深入发掘车源，稳定车流，保持北环持续发展的后劲。北环的市场营销手段包括：政策营销——影响政府制定有利高速公路事业发展的政策；优惠营销——寻找大客户，给予通行费折扣优惠；关联营销——利用途经北环的庞大驾驶员群体，通过派发广告宣传单张等手段，为加油站、医院、酒店、房地产公司等单位作宣传。

做强主业，关联经营，合作共赢。我们认为，高速公路要在市场上长期立足，关键在于在高速公路物流和客运价值链中是否找准自己的正确位置，持续地在这一价值链中发挥自己的积极作用。为此，北环与收费站周边的货场、客运站进行联手合作，共同开发和经营北环高速公路的物流网站，通过网络平台为物流公司和客运公司免费发布运力、货源、路网、交通等信息，既吸引了新车流行驶高速公路，又促进了物流和客运公司发展，达到有效利用社会资源、合作共赢的目的。

通过北环人的共同努力，北环的企业文化建设获得了累累硕果，公司先后被评为1994~1996年度广州市精神文明建设先进单位，1997年度文明单位，1997~1999年度广州市先进集体，1998~1999年度广州市建设系统先进集体；1999年度广州市建设系统精神文明建设先进集体，广州市创建文明城市“三年一中变”工作先进单位，2000~2001年度全省公路系统双文明建设先进路政单位，广州市纳税信誉A级企业。

点评：

企业文化建设就是要形成明确企业价值和员工的认同度，广州市环城高速公路北环营运公司明确地提出“让过往司机更满意，为愉快生活而工作”的企业价值，为了实现这一价值目标又提出了：首先让员工满意只有员工满意了，顾客才能真正得到满意，实际这一理念和做法很有哲理性，员工是服务的主体，关注主体就是以人文本。员工满意才是企业价值的最大认同度。

五、以文兴企，情满旅途

——青岛交运集团文化建设实践

青岛交运集团是交通部重点联系企业，中国服务业500强企业，中国物流百强企业，其服务品牌“情满旅途”是全国道路运输业第一个注册服务商标。集团经营范围涉及交通综合运输、海陆空运代理、综合进出口贸易、国际国内物流、商贸购销运存、宾馆旅游娱乐、系列交易市场等领域。“情满旅途”是中国道路运输业第一个服务品牌，青岛交运集团是全国道路运输业第一个导入CIS的企业集团，交运集团被评为2005年度中国服务业500强企业、2005年度中国物流百强企业第20位，2003年度全国质量效益型先进企业，交运集团是国家级守合同重信用企业、AAA级信誉企业，交运文化被评为全国企业文化创新实践奖、中国企业文化建设二十年企业文化建设实践奖、全国企业文化建设先进单位，“情满旅途”服务品牌被评为全国用户满意服务、全国质量品牌与企业文化经营论坛十大质量品牌文化奖、改革开放二十年感动青岛十件大事，青岛交运集团所属的青岛长途汽车站被评为全国创建文明行业工作先进单位、全国精神文明创建工作先进单位。

（一）文化创造价值

从简单的扶老携幼到文化服务，从传统经营到品牌经营，从传统服务业到现代服务业，青岛交运集团以文化使服务增值。“从客户最希望的事做起”，这是交运文化的切入点。

1995年前后，青岛市客运长途车增势迅猛，市场竞争日益激烈，国有专业运输企业陷入重重包围之中，一时间，交运集团客运业的发展步履维艰。面对激烈的市场竞争，交运集团意识到：随着人民生活水平的不断提高，老百姓对运输服务的要求标准也不断提高，不仅要求运输安全、及时、经济，还要求舒适、精神的愉悦感和文化享受。1995年7月11日，青岛交运集团长途汽车站创意发起了“情满旅途联手大行动”。“情满旅途”从车站到旅途优质服务全过程抓住了“情”字，抓住了传统文化与当代文化的交汇点，因此，“情满旅途联手大行动”一提出就由青岛一地一企扩展到全国50余家客运站点，成为全国公路客运行业的共同行动，并迅速成为社会关注的焦点。为使“情满旅途联手大行动”活动深入开展，配套推出了“情满旅途”五大工程：管理创新工程、星级服务工程、技术进步工程、形象塑造工程和凝聚力工程。1998年，青岛交运集团到国家商标局申请注册了“情满旅途”服务商标，从此一个服务品牌用法律的形式确立下来。“情满旅途”从长途汽车站的一花独秀迎来了交运集团的春色满园，并从集团的客运业迅速延伸到集团其他经营板块。“情满旅途”使交运集团在同行业中脱颖而出，并在激烈的市场竞争中站稳了脚跟，经济效益逐年递增，市场领域不断拓宽。

随着“情满旅途”服务品牌的成长，企业文化建设与品牌塑造如何有机结合成为摆在交运人面前的一个新课题。在创建品牌和服务实践中，交运人赋予了“情满旅途”的丰富的文化内涵：“情”是核心，使员工对企业倾注深情、对顾客满怀亲情、对社会奉献真情；“满”是标准，以顾客和员工满意度为评价标准，不断提高员工对岗位的忠诚度和顾客对企业的忠诚度；“旅途”是过程，做到全方位、全过程的优质服务，在奉献的过程中实现员工的人生价值和企业报效社会的职责。“情满旅途”品牌的广告语是“交的是朋友，运的是真情”。“情满旅途”的实质就是把服务和人与人之间的关系情感化了，使企业有了灵魂，员工有了归属感，使顾客从认同到共鸣到满意再到忠诚。

青岛交运集团于1999年成立CIS企业形象策划小组，对交运文化进行系统的研究。一是发动职工群众总结提炼交运文化，突出交运文化建设的群众性；二是营造文化氛围，加强企业文化的渗透性；三是采取各种形式，加强培训考核，突出交运文化建设的系统性；四是把推进交运文化建设与强化管理融为一体，突出交运文化建设的规范性。通过一系列前期准备工作，交运集团于2000年成功全面导入CIS，统一了文化理念、行为规范和视觉识别，树立了崭新的企业形象。创新是一个企业进步的灵魂，是一个品牌发展的活力源泉。企业文化要随着企业的发展不断进行版本升级，2005年集团又进行了第二轮交运文化新理念征集活动，发动各企业、单位共征集理念用语2000余条，确立了交运集团“真心真情、专心专注”的现代企业新形象。

通过企业文化建设的探索实践，交运集团逐步形成了以“情满旅途”品牌为主体的“123451”文化体系和“主+多+群”的品牌经营管理模式。“123451”文化体系即一个品牌：“情满旅途”品牌是交运文化的主体；两个力：文化力推动经济力、情感力增强凝聚力是交运文化产生作用的效果；三情理念：情满家庭、情满企业、情满社会是交运文化领域的延伸；四种精神：诚信精神、创新精神、团队精神、奉献精神是交运文化的价值体现；五大工程：技术进步、管理创新、星级服务、形象塑造、精神凝聚是交运文化的保障规范；一个目标体系：不断提升发展的目标是交运文化追求的目的。“主+多+群”的品牌经营管理模式即：“主”就是一个主导品牌，“情满旅途”品牌是主导品牌，全集团共打一个品牌，一个品牌是交运文化的主体；“多”就是多种特色服务，在不同的经营领域上推出赋有个性的特色服务，多种特色服务是“情满旅途”的支撑；“群”就是群体品牌员工，在各企业、单位的不同工作岗位推出品牌员工示范典型，品牌员工是多种特色服务的基础。

为了细化市场满足新需求，交运集团在不同的经营板块推出新服务。长途汽车站推出“苏学芬工作法”、长途客运推出“阳光快车”和“便民巴士”、城市公交推出“温馨巴士”、城市出租推出“敬老车”和“文明使者”、货运车队推出“连心货运”、物流场站推出“真情24小时”等。“情满旅途”特色服务是根据市场细分的原理，针对不同的顾客需求提供个性化服务。特色服务的创建使“情满旅途”服务品牌增添了新的生机与活力。特别是2005年，集团将1500余辆城市公交车全部统一了品牌色彩“交运绿”，并制定《交运品牌出租服务、管理标准》，使交运出租成为岛城亮丽的风景线。

服务是一种特殊的情感式劳动，情感需要人去传递，这就要求有一支高素质的员工队伍。青岛交运集团制定了《青岛交运集团品牌员工管理办法》。交运集团品牌员工是指熟知交运文化，认同交运文化，具有强烈的品牌意识和团队精神，视交运品牌形象为生命，以交运事业发展为己任，敬业爱岗，勇于奉献，在工作岗位或重大活动中为交运事业作出突出性贡献，具有不可替代性的优秀交运员工。集团根据不同的业务经营特点在不同的岗位选树品牌员工标杆，第一批选树的品牌员工共有19位，其中长途汽车站迎门班班长、全国劳动模范苏学芬以独创的“苏学芬工作法”当选。2004年集团还专门投资建设了员工拓展培训基地，把学习交运文化、学习专业技术和室外拓展培训有机结合，为建设一支过硬的品牌员工队伍打下了坚实的思想和理论基础。拓展培训决不是过去那种听听课、考考试的灌输式培训，而是一种互动性的思维开发培训。这种互动性的思维开发，不仅体现在课堂上的互动式教学法，而且更体现在“听、看、做、想”的户外、室内拓展训练项目上，即便是一些带有增强体能性质的团队游戏和训练项目，也并非以单纯的体能训练为主，而是围绕着挑战极限、超越自我、改善心理素质和心智模式、加强作风建设、增强组织纪律性和发扬团队精神来展开，是趣味性、直观性、启发性和实用性的完美结合。2004年交运集团对全体管理干部全部进行了拓展培训，2005年结合开展“强素质、练绝活、创品牌活动”重点进行专业技能培训。目前，交运集团培训基地被青岛市劳动局确定为：“青岛市高级技能培训基地”。集团开展以“爱岗敬业、一专多能”为主题的企业生产运动会，通过比赛评选出各工种业务状元，并大张旗鼓地进行宣传和奖励。品牌员工和业务状元就是交运文化在员工身上的具体体现，他们带动了整个员工队伍“强素质、练绝活”工作氛围的形成，并为实施文化服务打下了坚实的基础。

以“情”为核心的品牌经营和企业文化建设在青岛交运集团内部带来了一场服务革命，这场服务革命带来的结果是员工思想意识上的转变和服务方式的变革，从仅着眼于售票的简单劳动和开车的简单位移，发展到个性化、情感式的文化服务，在消费者眼中交运崭新的企业形象也树立起来了，交运文化赋予了交运服务更深层次的价值，并形成了交运稳固、忠诚的客户群体和员工群体。

（二）细节创造感动

“比顾客的需求做得更好”，这是交运人的服务理念。让顾客满意，就是要从关乎顾客的细微事做起。交运“情满旅途”服务，没有做惊天动地的大事，细微之处见真情，交运人就是用这些平凡事创造着感动。

全国劳动模范、青岛长途汽车站迎门服务班班长苏学芬用20多年的服务实践总结了一套“苏学芬工作法”。“苏学芬工作法”的实质是“个性化的情感式服务”，特点是“五心”：主动迎宾，服务热心；体贴入微，服务细心；百问不烦，服务耐心；满腔真情，服务诚心；温馨周到，服务舒心。“苏学芬工作法”的基本功是“一分析、二交流、三听、六看”。一分析：分析旅客心理，掌握旅客乘车动机；二交流：通过语言交流，与旅客建立良好关系，以达到情感沟通；用外语（英语或日语）、哑语（肢体语言）交流，掌握特殊旅客的动态；三听：听口音、听问话、听对话，掌握普通旅客的需求；六看：看服装打扮、看年龄体态、看携带物品、看面目表情、看同行伴侣、看举止行动。进而从整体上明确旅客群体的服务需求和特点，为其提供相适应的服务，及时帮助他们排忧解难。苏学芬的这套岗位绝活，是经过二十几年服务工作的锤炼和自己用心的揣摩练就的。她曾用她的工作法挽救过轻生少女、协助抓获过小偷、送迷路的老人回家、帮外地旅客找到亲人等。2004年7月29日下午，温家宝总理在北京接见作为全国数百万交通职工代表的11名交通系统劳动模范时对苏学芬说：“你们接待的很多客人，都是在一线劳动的工人、农民吧？所以你们的工作更辛苦，更需要职工们对旅客有一种感情，你们要带着感情搞好服务。”温总理的一席话，点出了“苏学芬工作法”的精神内核。青岛交运集团长途汽车站在服务实践中推出了20多项满足旅客需求的特色服务，如旅客代表制、托运老人、邮寄儿童、重点旅客服务、绿色通道、文化长廊、人车联检、外语导乘、钟点旅馆等，细致入微的服务使长途站形成了自己忠诚的顾客群体，连续多年营业额突破亿元大关。交运一运公司经营的“温馨巴士”公交车，自2000年10月份营运以来，秉承“情满旅途”的文化理念，以“比顾客的需求做得更好”为服务标准，围绕精心设计的“温馨巴士”特色服务经营方案，不断进行服务创新，创建了20多项具有较高文化品位和情感诉求的文化服务项目。在“温馨巴士”的驾驶室旁边，摆放着一个“零币兑换盒”，随时可为旅客兑换零币；车门旁设有“自动雨伞套”，雨天可避免雨伞沾湿旅客衣服、弄湿车厢；车厢两旁张贴有青岛主要风光景点的精美图片和文化宣传语；夏天车座铺凉席、车窗挂白色纱窗帘，车厢内充盈着丝丝凉意；冬天车把手用绒布套包裹，暖手更暖心；更方便的是223路“温馨巴士”车上还设有邮箱，邮局每天按规定时间开启，目前已邮信近万封，无一差错。交运“温馨巴士”以文化服务赢得了市场，经营规模逐年递增。2005年6月1日，青岛交运集团与世界500强企业韩国韩进集团签署物流合作协议。打动韩进的不仅是交运的客户网络平台、企业实力和企业发展前景，最终使韩进下决心合作的是交运注重真情、注重细节的企业文化。韩进社长在交运集团考察期间，看到了交运集团的企业文化馆，看到了赵总给员工亲笔签名的生日贺卡，交运集团以“情”为核心、以人为本的企业文化使韩进找到与交运合作的情感共鸣点感和沟通平台。交运与韩进的合作可谓强强联合、结盟取胜，对推动整个山东半岛物流业的发展将会产生深远影响。

细节创造感动，真情温暖人心。“情满旅途”感动了南来北往的旅客，也感动了青岛这座美丽的城市，体现在细微之处的真情为交运赢得了忠诚的客户群，也赢得了广大市民和社会各界的赞誉。2003年9月，“情满旅途”服务品牌被青岛市市民评选为改革开放20年感动青岛的十件大事之一，广大市民充分肯定了“情满旅途”品牌在拉动青岛市服务品牌发展的历史价值，交运“情满旅途”品牌和交运文化在丰富青岛市城市精神的进程中获得历史定位。“情满旅途”被中国质量协会用户委员会评为“全国用户满意服务”，被《中国名牌时报》誉为中国交通第一品牌。2004年，交运品牌员工苏学芬被青岛市民评为2004年度感动青岛的十大人物。

（三）品牌创造市场

“今天的形象就是明天的市场”是青岛交运集团总经理、党委书记赵迎春的经营格言。品牌就是企业的市场形象，而企业的市场形象又创造了一个巨大的市场空间。

2000年，青岛市为打破城市公交垄断局面，将部分公交线路的经营权面向市场公开招标，已经全面导入CIS，成功实现了从传统经营向品牌经营的青岛交运集团以良好的品牌形象，丰富的服务文化赢得了广大市民和主管部门的信任，一举中标六条招标线路中的五条，交运集团成功进军城市公交，鲜明的品牌形象赢得了市场的认可，交运公交“温馨巴士”自2000年10月份营运以来，秉承“情满旅途”的文化理念，以“比顾客的需求做得更好”为服务标准，围绕精心设计的“温馨巴士”特色服务经营方案，不断进行服务创新，创建了“自动雨伞套机”、

"双语报站"等20多项具有较高文化品位和情感诉求的文化服务项目，充分展现了岛城新公交的新形象。交运"温馨巴士"被评为青岛市精神文明建设优秀案例，被中国质量协会评为"全国用户满意服务"，"温馨巴士"服务班组又被中国质量协会授予"全国用户满意服务明星班组"荣誉称号，成为"情满旅途"品牌的有力支撑，是岛城的一张温馨亮丽的名片。涉足城市公交，交运收获的不仅是经济效益，更重要的是口碑效应——2003年，鉴于交运的突出表现，市有关部门又将新开辟的605、606路及胶南市开发区4条公交线路，放心地交给了交运集团运营。

多年来，青岛货运配载行业小而散，竞争无序，原本成长性极强的市场遭受破坏。2002年9月，交运集团货运配载市场正式启动，为外地来青货车提供停车、食宿、分驳、配载服务，在"情满旅途"品牌基础上，交运推出"诚信每一刻"、"十分钟到位服务制"，迅速赢得市场。交运集团又迅速启动了位于青岛市交通要道的多个货运交易市场。青岛货运配载有了领军者，货运配载行业无序竞争的局面得以改观，使得整个行业正稳步健康发展。货运配载领军地位巩固后，交运又开辟城市配送业务，推出了都市"快直送"特色服务，同样是基于"情满旅途"之上进行品牌延伸——"比顾客的需求做得更好"，该服务理念迅速深入人心，家世界、好美家、百安居、欧倍德等这些内外资巨头，如今均是交运的稳定客户。

2005年年初，从事个体运输十多年、有30多辆营运车的胶南私营业主刘先生，主动加盟到交运集团崂山运输公司，双方合作成立青岛胶南崂运集装箱运输有限公司，交运集团以"交运文化"和"崂运"名称参股。按照企业章程规定，新公司每年向崂运公司支付10万元无形资产使用费。"投靠交运集团的主要原因是，我看好'情满旅途'的品牌效应。"刘先生说，与崂运公司合作两个月后，借助"情满旅途"的名气，"胶南崂运"已与三家大客户建立了合作意向，业务额达300多万元，品牌优势和文化优势初步显现。集团先后与美商邦联、日本日立日新物流公司合资经营现代物流业，并进入国际物流市场。集团与世界10大船公司之一的以色列以星轮船公司、东亚香港公司合资经营陆海物流运输。2002年交运集团与山东海丰航运集团、巴拿马船运公司在青岛经济技术开发区合作建设了占地1000余亩的青岛前湾国际物流工业园，吸引了以色列以星轮船公司、丹麦马士基物流、新加坡胜狮货柜、韩国韩进集装箱、日本伊藤忠商事爱通国际物流等国际物流大企业入驻加盟经营。2005年集团与世界500强的韩国韩进集团合作经营现代物流项目正式在韩国汉城签约。“交运集团能与山东海丰、巴拿马船运能够合资建起占地千亩、国内最大的物流工业园，能引进世界知名的500强企业，合作伙伴们看中的就是交运的品牌效应。”这是合作伙伴们在合作成功之后说的心里话。2004年青岛交运集团名列全国物流百强企业第19位。

2005年集团营业收入是集团组建之初1995年的3.2倍，实现利润比2004年提高4%，是1995年的4.4倍；完成客货综合周转量14.6亿吨公里，是1995年的2.7倍，实现了“平安交运”的各项目标；品牌知名度和美誉度显著增强，集团的综合实力得到进一步提升。依托交运文化和“情满旅途”品牌优势，青岛交运集团正在构建以客运旅游、现代物流和汽车服务三大板块为主体的经营格局，并在“情满旅途”服务品牌创建十周年之际确立了集团发展的基本定位：1995~2004年，以创建“情满旅途”品牌为标志，集团走过了品牌创建的第一个十年；2005~2014年，集团第二个十年要推进做大、做强、做优，以“情满旅途”品牌走向国际为标志，实现品牌扩张；2015~2024年，集团第三个十年要推进国际化战略，以“情满旅途”品牌跻身国际名牌行列为标志，实现品牌集群。

“交的是朋友，运的是真情”，交运人将秉承“比顾客的需求做得更好”的服务理念，为中国服务文化的推进做出积极贡献。

点评：

“文化创造价值，细节创造感动，品牌创造市场”——青岛交运集团企业文化的三个理念提炼，很有创意。这三个理念构成青岛交运集团企业文化理论和实践的行为纲领。文化创造价值是方向和目标，细节创造感动是企业的行为和机制，品牌创造市场是途径和目的。这三者基本上涵盖了企业文化的本质内涵。

附：青岛交运集团企业文化理念

青岛交运集团企业文化理念

一、企业使命：社会需要交运，交运奉献社会

二、企业精神：勇于创新，诚于真情

三、经营理念：坚持市场导向，强化专业服务，拓展品牌经营，创新交运

四、管理理念：严、细、实、恒

五、服务理念：比顾客的需求做得更好

六、工作作风：用心动脑，优质高效

七、座 右 铭：珍惜每一天，用心做好每件事

八、集团广告语：交的是朋友，运的是真情

九、人才理念：干事靠人，成事靠才

十、营销理念：从客户最希望的事情做起

十一、学习理念：学习成为习惯，知识改变命运

十二、安全理念：一点不差，不差一点

十三、执行理念：不折不扣，亲力亲为

十四、形象宣传关键词：

1.今天的形象就是明天的市场

2.真心真情，专心专注

六、构建远洋文化，扬帆蓝色航迹

——青岛远洋运输公司文化建设实践

青岛远洋运输公司是中国远洋运输（集团）总公司所属的紧密层骨干企业之一，是大型专业化的国际海洋散装货物运输公司。自1976年成立至今，青远公司已拥有1万~17万吨级散货船30余艘，210万载重吨，以及经营着近10艘长期租入船，航线遍及100多个国家和地区的360多个港口。青远公司现有船岸职工6000多人，陆上企业涉及劳务输出、船舶监造、船舶供应、船舶修理、宾馆、旅游、房地产开发、物业管理等领域，揽货网络遍及海内外。公司通过了ISM安全管理体系认证和ISO9002国际标准认证，并先后获得“全国节能样板企业”、“全国设备管理工作先进单位”、“全国学雷锋先进集体”、“全国思想政治工作优秀企业”等多项国家级荣誉称号。

在青远公司发展的历程中，一代代青远人秉承“团结奋斗，开拓奉献”的光荣传统，弘扬“诚信、认真、求是、创新”的新青远精神，在远洋航线上辛勤耕耘，开拓奋进，使青远逐步发展为管理科学、实力雄厚的大型专业化国际散货船航运企业。特别是20世纪90年代以来，青远紧密联系远洋企业实际，勇于探索，锐意创新，不断挖掘和深化企业文化内涵，逐步推进富有远洋特色的企业文化建设，为公司提高经营管理水平，提升核心竞争力，实现稳定、健康、持续发展提供了强大的驱动力。2003年12月，青远公司作为驻青唯一一家中央、省驻青单位荣获“青岛市工交系统企业文化建设样板企业”荣誉称号，2004年，青远公司再次荣膺“青岛市企业文化建设示范单位”荣誉称号，与海尔、海信、青啤等知名企业共同成为青岛市企业文化建设的示范单位，成为青远企业文化建设历程中一个重要的里程碑，为公司提高经营管理水平，提升核心竞争力，实现稳定、健康、持续发展提供了强大的驱动力。

（一）青远企业文化的形成过程

伴随着祖国波澜壮阔的改革开放进

程，青远公司在不断发展壮大中形成了以“服务客户最优，回报股东最大”的青远价值观为核心内容，独具远洋特色的青远文化。青远文化不仅是几代青远人历尽艰辛、创业奋进的历史写照，是青远人集体智慧的结晶，更是远洋人价值观的集中体现。

第一阶段（1984年~1990年），青远公司企业精神的提出与形成时期。在青远创建初期，创业者们发扬中远集团“艰苦创业，爱国奉献”的优良传统，提出了“搭帐篷办公也要尽快接船营运”的响亮口号。他们克服恶劣的物质条件，以饱满热情、冲天干劲在短短一年多的时间里筹建起一个大型的远洋企业，并于1977年6月接船营运。创业者们惊人的毅力、忘我的奉献、执着的追求，在广大职工中产生了“创建远洋，振兴远洋”的强劲向心力，形成了青远人共同的价值取向。1984年，面对低迷的航运市场，根据经营管理改革的需要，公司发动职工民主讨论，提出了“团结、奋斗、开拓、奉献”的企业精神，对公司的发展产生了深远而巨大的影响。在其指引下，青远克服了重重困难进入稳步发展时期。

第二阶段（1990年~1996年），青远公司企业精神培育提高时期。进入20世纪90年代，青远推进全面质量管理体系，把向客户提供优质服务作为经营战略的重要组成部分，管理思想实现从生产型向生产经营型过渡，企业步入快速发展的新时期。公司继续弘扬青远精神，深入开展“三学一创”（学习华铜海，学习包起帆，学习青岛港，创建文明行业）活动，不断提高广大船岸职工的思想道德素质和科学文化素质，使广大青远职工在企业精神的凝聚下，团结一心，立足本职，积极投身青远的改革发展事业，公司成为亚洲最大专营散货运输公司。这一时期，企业精神的深入培育和大力倡导，增强了广大船岸职工的爱国奉献精神、爱岗敬业意识和争先创优紧迫感，有力地促进了青远稳定、健康、蓬勃的发展。

第三阶段（1997年~2002年），是青远公司企业精神重塑、企业文化全面发展时期。面对青远的二次创业，1997年公司召开的第四次党代会报告中进一步提出了加强企业文化建设的要求，指出“要以十五大精神为指导，加强企业文化的理论研究和实践，弘扬企业精神，塑造企业形象，建设具有远洋特色的企业文化。”通过领导倡导、群众参与、典型示范、集体探索，提炼出一系列企业文化理念；通过舆论宣传、规范管理、制度激励，加大了企业文化理念的宣贯力度，建立了一整套组织有力、保障有效的管理和组织机制；通过深入开展安全文化和船舶文化建设，开创了远洋企业文化建设的新局面。这一时期，企业精神的深化延展，企业文化的全面推行，使企业新的经营管理思想深入人心，促进了公司继续保持良好的上升发展态势，为公司的安全、稳定、效益的大局奠定了坚实基础。

第四阶段（2003年~至今），青远文化进入巩固提高期。经过全体船岸职工的共同努力，公司企业文化体系确立并得到社会认可。2003年公司被评为“青岛市工交系统企业文化建设样板企业”，2004年，青远公司再次荣膺“青岛市企业文化建设示范单位”荣誉称号，与海尔、海信、青啤等知名企业共同成为青岛市企业文化建设的示范单位。以此为契机，2005年，青远公司进一步加大公司企业文化建设推进力度，依托COSCO对外品牌和青岛作为北方港口枢纽的地区优势，对内积极构建“和谐青远”文化，对外大力打造“诚信青远”品牌，完善具有远洋特色的青远文化体系，紧密围绕航运主业，贴近经营，促进管理，以一流的服务质量和诚信文化，打造实力卓越的青远散货运输品牌，扩大青远影响力与宣传力度，提升企业的行业形象和社会形象，提高企业核心竞争力。这一阶段的工作是一项长期的工作，必须通过一以贯之的实施和坚定不移的完善，才能使企业文化真正融入企业经营管理的各个环节，提高企业经营管理水平，完成企业文化建设质的飞跃，开创持续健康发展的新局面。

（二）青远企业文化的理念系统

青远企业文化理念系统是通过对企业发展历程的总结，对企业的缔造者们、领导人管理风格、管理思想的归纳，以及对先进模范人物、典型事迹、员工价值观的提炼而形成的，主要可概括为以下内容：

1. 企业价值观：服务客户最优，回报股东最大

企业价值观是企业文化的核心，是以个体价值为基础的群体价值观。多年的经营实践和市场竞争的法则，使青远人清醒地认识到服务水平的高低，服务质量的优劣，服务手段的先进与落后，都直接影响公司的国际信誉，直接决定了市场份额和利润来源。“回报股东最大”是现代企业制度的本质要求，是企业经营目标的重要内容，而其实现的前提条件是“服务客户最优”，二者相辅相成，相互促进。只有这样，才能牢牢把握市场制胜的主动权，形成更加强劲的竞争优势，实现公司长远发展的战略目标。

2 青远精神：诚信、认真、求是、创新

诚信，是青远公司在与客户和社会大众的交往中必须遵守的基本道德准则。“诚”以待人，“信”以致誉，始终如一地保持“诚信”的品质，是推动企业发展的立业之本。认真，是构筑职业道德的第一要素，是做好各项工作的前提。“求是”是青远在改革和发展过程中要遵循的基本原则，更是青远持续、稳步、健康发展的前提。“创新”，是企业保持活力的源泉，是推动青远航船驶向成功的助推器。时刻保持观念创新是保持持续创新能力，把青远打造成“生命型企业”的根本要求。

3. 服务宗旨：为客户着想，让客户满意

作为航运企业，公司的产品即是公司提供给客户的服务，为国内外广大客户提供优质高效的服务是青远的责任和目标。公司在不违背市场原则和互惠互利的前提下，要主动与客户沟通，了解他们的意图，研究他们的需要，满足他们的要求，想方设法为客户分忧解难，对重点客户进行重点满足，加强客户管理和服务创新。只有真正为客户着想，让客户满意，青远才会赢得客户，赢得市场，实现企业的可持续发展。

4. 工作作风：敬业务实，严谨高效

敬业务实，是市场经济对从业者的基本要求。青远职工要将实现个人的自我价值与青远的事业有机地融合起来，热爱工作，珍惜岗位，不断学习，开拓进取，以实现与青远的同步发展。严谨高效，是对员工更高层次的要求，要求职工将各项工作置于公司管理体系控制之下，努力实现工作的程序化、标准化和规范化，并充分发挥最大的潜能，高标准、高质量地完成各项工作任务，创造好的经济效益和高的工作效能，以速度和效率在市场竞争中占得先机。

5. 安全理念：隐患就是事故，安全就是效益

安全，是航运企业永恒的主题，责任之大，重于泰山。在安全管理工作中，青远将隐患作为事故同等对待，在思想上高度重视，在行动中认真落实，把隐患消除在萌芽状态。对青远来说，安全是效益的基础，失去了安全的支持和保障，效益只能是空中楼阁，青远更不可能实现长远发展。安全生产是一个严肃的政治的问题，必须增强广大船岸职工的安全责任感，强化安全意识，积极采取安全管理措施，公司上下齐抓共管，才能保证青远安全、效益、稳定的大局。

6. 青远企业文化的新观念

行舟论——企业发展如行舟，有顺流逆水、前进后退。市场变化如大海，有低潮高潮、波峰谷底。逆水行舟，不进则退。顺流行船，不退亦进。

互为客户论——互为客户是把市场的服务观念引入公司内部，让企业所有员工共同分担来自市场的压力，从而加强员工的竞争意识、危机意识，加强公司各部门间的互相服务意识，互相配合，协同作战，使公司运转更加平稳、高效。

文化论——企业文化是统一思想、凝聚人心、调动队伍积极性和创造性，进而促进企业持续、稳定、健康发展的根本。

体系论——质量与安全管理体系是提高企业综合管理水平，进而保证企业持续、稳定、健康发展的战略性举措。公司确立的质量与安全方针是“保证安全，保护环境，保障健康，优质服务”。

7. 员工行为规范

机关职工行为规范：遵章守纪，严谨高效，爱岗敬业，承担责任，面向一线，竭诚服务，作风正派，办事公正，勤于学习，创新进取。

船员职工行为规范：忠于祖国，敬业爱船，遵纪守法，安全操作，听从指挥，临危不惧，精益求精，优质服务，举止文明，身心健康，保护环境，同舟共济。

陆产企业职工行为规范：面向市场，艰苦创业，爱岗敬业，守法经营，服从管理，服务大局，求真务实，绩效优先，讲求质量，维护信誉，服务客户，互惠发展。

（三）青远企业文化特色

青远文化是在建设中国特色社会主义理论及“三个代表”重要思想的指导下形成的，是企业生产经营实践的产物。它集优良的历史传统、决策者的领导风格、现代管理思想、职工的集体价值观于一体，充分反映了青远人的价值追求、精神面貌，也反映了企业的个性特色和奋斗历程。

1. 加强职工教育，培育优秀的职工队伍

远洋船员长年漂泊在世界各地，身处环境艰苦复杂，所处的远洋船舶被誉为“浮动的国土”。因此在培育企业精神的初期，青远就把培养职工爱岗敬业、图强报国作为员工教育的第一要素，通过加强职工的思想政治素质、职业道德素质，强化职工的诚信意识、爱国意识，形成了一种“讲团结、讲奉献、重实干”的环境和风气。通过不断加强企业文化理念的宣传，企业精神和企业理念在日常管理中逐渐渗透，潜移默化增强了职工对企业文化的认同感。广大职工在企业精神的感召下，从点滴的小事做起，爱船如爱家，踏踏实实，任劳任怨，把自己的智慧和青春都献给了祖国的远洋事业，也形成了一支敬业精神好、服务意识浓、工作作风优、业务技术强的船员职工队伍，涌现了以“雷锋式好船员”严力宾，全国劳模陈洪璋、沙明宗、庄茂奎等人为杰出代表一大批英雄模范人物。青远的英模群体不但是青远人的骄傲，更是青远人文文化重要的组成部分。他们扎根远洋，爱国敬业，以良好的素质、优质的服务向世界展现了中国船员的良好的形象，他们的事迹。催人奋进，具有鲜明的时代特征，诠释了“爱岗敬业、争创一流、艰苦奋斗、勇于创新、淡泊名利、甘于奉献”的青远劳模精神，体现了“诚信、认真求是、创新”的青远企业精神，展示了新时期青远职工队伍的优秀品格、理想追求和精神风貌。良好的职工队伍素质同时也进一步增强了青远在劳务外派市场上的竞争力，在国际劳务外派市场打响了青远品牌。到目前，青远常年为欧洲、美国、日本、新加坡、香港、台湾地区及国内30多家船东的近百条船舶派出船员。

2. 依托中远品牌，塑造远洋特色文化

青远企业文化是中远集团企业文化的一个子系统。作为新中国自己建立的第一支远洋运输船队和首家远洋运输企业，中远一直以党和国家赋予的神圣使命和光荣任务为己任，坚持“服从外交，服务外贸”的方针，为中国经济及对外交往做出了卓越的贡献。面对时代的变迁，顺应改革发展的需要，中远集团高度重视企业文化建设，相继推出中远的企业文化建设纲要和中远CI手册。作为中远集团紧密层骨干企业的青远公司，秉承和发扬中远文化，依托中远COSCO品牌，结合本地、本企实际，从强化职工的诚信意识、服务意识、守法意识、创新意识入手，以船舶文化和安全文化并重，以不断树立、推广具有鲜明时代特色的先进典型为切入点，大力建设和创新具有青远特色的企业文化，塑造和树立青远公司国际航运企业新形象，稳步成为国际散货运输市场一支生力军。

虽然国际干散货市场经历了连续七年的航运低迷期，但青远依托具有远洋特色的文化体系，通过滚动贷款，扩大船队规模，按照“不求大，只求强”的船队结构构想，逐步实现从“拥有船”向“控制船”的转变；通过不断更新经营管理观念，对经营管理模式不断探索，对经营管理机制不断改进，坚持稳健经营风格，抓住近两年航运市场转机，灵活调整经营策略，努力拼取效益。2003年公司实现扭亏为盈；2004年，公司利润取得历史性突破；2005年截至上半年，公司经济效益，思想政治工作双双取得丰收，生产效益顺利完成“时间过半，任务过半”，党建与思想政治工作先后获青岛市委、青岛市国资委系统“先进基层党组织”荣誉称号，各项管理工作亮点频闪。

3. 狠抓安全管理，突出安全文化建设

安全是远洋航运企业永恒的主题，是企业创造效益的保证。青远从1996年10月12日率先在中远集团建立了安全管理体系并通过了体系认证。ISO9001质量认证的通过及安全质量管理体系的建立与运转，使青远职工形成了有关企业生产经营、安全、质量管理、劳动纪律、财务、投资决策等方面管理观念，推动了公司航运管理与国际规则的接轨，提升了公司的安全管理水平。通过加大对船员的安全生产技能的培训力度，树立起广大船员保障安全的责任意识、提高业务技能的进取意识。为不断提高船舶安全管理水平，青远公司大力在广大船员中宣贯“隐患就是事故、安全就是效益”的青远安全理念，提出了“三保一提高”（即，保重点船舶、保重点部位、保港口国检查重点项目，提高质量与安全管理体系运行的有效性）的管船方针。自2003起，把“二八规律”、协调好“三种关系”、重视“八个观点”的中远安全文化理念融入日常管理工作，进一步发展为“四有”安全思路：领导重视，人人有责；科学投入，监督有力；人员设备，心中有数；管理体系，运行有效。2005年，公司打破安全工作部门界限，将海务、船技、保卫等职能整合，形成“大安全工作格局”设立总船长和总轮机长，在船岸全面推广船舶管理信息系统（SMIS）管理体系，增强对船舶生产经营的现场和跟踪指导，使不安全因素消除在萌芽中，青远连续多年保持港口国PSC和ISPS检查零滞留的佳绩，提高了船舶的营运率，为实现公司效益提供了坚实的保障。

通过积极开展“安全活动日”和“反三违月”、“安全在我身边”、“安康杯”、安全生产法知识竞赛、安全警句征集和征文活动等活动，在公司船岸形成了浓厚的安全文化建设的氛围，使船岸职工切切实实把“要我安全”转变为“我要安全”，形成了“安全第一，预防为主”的全体共鸣，构筑起极具远洋特色、符合青远实际的安全平台。

4. 以“三学一创”活动为载体，推进船舶文化建设

船舶是远洋企业担负运输生产任务的基层单位，船舶文化建设因此成为远洋企业文化建设的主体和基础。青远公司在船舶生产实践中不断汲取新的先进经验和先进文化，以与时俱进的态度努力培育符合船队实际的船舶文化。以理念上船、上墙的方式，从视觉识别上在船舶导入青远精神、中远精神、船员行为规范等理念标牌，营造文化建设氛围；2005年，以“学习严力宾精神，学习华铜海船风，学习先进企业经验，创建数字化、学习型青远”为主要内容的“三学一创”活动深入开展，公司党政工联合做出了向全国劳动模范庄茂奎同志学习的决定，开展各种比赛竞赛，创造“比、学、赶、超”的氛围，内强素质，外树形象，进一步丰富了公司“三学一创”的内涵，使船员队伍树立 起“学习先进，创造一流”意识，推动“内派创精品、外派创名牌”活动进入高潮。

自2004年起，公司加快船舶文化建设步伐，结合“做严力宾式船员，创华铜海式船舶”的“三学一创”活动，在公司船队中广泛开展争创“船舶文化建设示范船”活动。通过开展争创“船舶文化示范船”活动，以点带面，带动了船舶文化建设步伐的加快，提高了船队整体生产营运水平，也进一步树立了“海上青远”的品牌形象。按照“硬件先到位，软件紧跟上”的原则，公司加大船舶文化投入，逐步完善船舶文化建设设施，为主船队船舶政委配备了目前最为先进的微机、打印机设备，专门用于船舶文化建设。同时，在船舶策划布置“文化理念长廊”，将青远文化理念与青岛特色风光融为一体，制作了文化理念挂画，悬挂船舶的工作区和生活区，既强化了船员对中远和青远的文化理念的认知，统一了船舶的视觉形象，同时也利用船舶常年航行于国际航线和世界各地港口的优势条件，通过船舶这一流动的“文化使者”，宣传了中远和青远文化，把青岛远洋品牌文化和魅力青岛的信息传达给客户、合作伙伴，传递给世界，让大家认识青远，合作青远，了解青岛。为船舶布置“明星榜”、“党建园地”、“安全文化之窗”、“英语沙龙”、“休闲天地”等文化主题宣传栏，配发了各类图书、VCD及多种乐器，进一步营造了船舶的文化氛围，改善了船舶的人文环境，在“流动的国土”打造了“COSCO青远”品牌形象，为船员们建设了一个温馨的“文化家园”和“心灵港湾”。

5. 培育“互为客户”意识，打造优秀服务品牌

“互为客户”理论把市场的服务理念引入公司内部，不仅市场中的服务对象是客户（外部客户），企业内部的员工的也是客户（内部客户）。青远的领导者深刻地认识到只有为内外客户提供优质的服务，员工才能不断提高工作效率和工作质量，才能为公司外部的客户提供优质的服务。为此，公司机关深入开展了以“创优良秩序、创优美环境、创优质服务，做文明单位（职工）”为主要内容的“三优一做”活动，严格办事程序，建立服务承诺制，首问负责制、限时回复制，优化了办公秩序，提高了服务质量。以服务内部客户为落脚点，青远公司全面实施了“以信为本、以质取胜、开拓市场、开发资源、加强管理、加强培训”的船员管理方针，全面深化以“内部模拟市场”为机制的各项管理工作，不断增强船员劳务外派队伍的素质，提高青远船员在国际劳务市场竞争砝码。对外部客户，公司不断加强客户服务力度，公司领导亲自率队对港航单位和货主进行走访、沟通，想租家所想，急租家所急，竭尽全力为租家增加运量、节省船期，解决实际困难，满足实际需求，以实际行动履行“为客户着想，让客户满意”的服务宗旨，得到了租家和船东的高度赞扬，增进了与客户的关系，加强了合作，稳定了公司的货源。同时，青远以船舶为树立航运形象的重要窗口，着力打造了天惠海轮、天阳海轮、莲花海轮、丁香海轮等优秀服务品牌和“海上精品航线”，巩固并提高了青远在国际航运市场的地位，树立了企业良好的对外形象。

6. 紧密结合思想政治工作，推动企业文化的健康发展

在企业文化建设中，公司认识到企业文化与思想政治工作相辅相成，有许多共同点。因此，在实际工作中青远把企业文化建设作为企业的思想政治工作的重要载体，不断推动企业的精神文明建设再上新的台阶。公司通过《青岛远洋》、电子版《青远报道》、内部网络、外部网页等多方位、多渠道文化媒体构建起强大的文化传播网，及时快捷地传播企业文化，开展形势教育和信息传递，引导激励广大职工紧密围绕企业“安全、稳定、效益”中心开展工作，深入强化各级领导干部的政治意识和分析问题、解决问题的能力，全方位培养了一批政治觉悟高、业务素质强，开拓意识浓的中层管理干部。思想政治工作的深入开展，增强了职工对企业文化的认知和执行力度，提高了企业的凝聚力和向心力，促进了企业两个文明建设的顺利开展。

（四）青远企业文化建设实践模

1. 党建领先，机制健全是推进企业文化的关键

在青远企业文化重塑和发展过程中，各级党组织始终发挥了不可替代的组织保证作用。公司结合实际先后成立了由公司党委及领导班子成员组成的企业文化建设推进委员会和各职能部门组成的企业文化建设工作小组，负责公司企业文化建设的整体规划、企业形象策划、经费支出等重大活动。领导班子首先身体力行、以身作则，成为青远文化的代言人和执行者，并向全体职工发出了积极倡导，即：“国家的富强在经济，经济的繁荣在企业，而企业的发展在文化。无形的企业文化可以创造有形的价值。企业发展的核心是文化的创新。”公司领导的超前意识和大力倡导，有力地保证了公司企业文化建设的推进，在培育青远特色的企业精神、价值观、安全理念等方面发挥了重要的领导作用。2003年公司经过机构改革，成立了新的领导组织机制。企业文化部负责企业文化建设策划、宣传、推进等日常工作，并对各基层单位、各船舶企业文化建设进行指导、检查、督促。船舶和各陆产单位的企业文化建设由船员公司和陆产公司具体负责，在公司统一指导下设置兼职企业文化推进员，负责企业文化建设工作的贯彻落实和内部联络。各船舶成立由船舶领导组成的船舶文化推进小组，负责本船文化基础建设，并定期汇报船舶文化建设情况。多年来，各基层党支部及船舶政委自觉当好领头雁，新的企业文化领导组织机制领导有力，措施到位，不断拓宽职工素质工程新思路，加强和改进思想政治工作。良好的运行和思维创新的工作使企业文化不断向管理渗透，向一线渗透，先后实施了加强船舶文化建设、改进调度会会议采用“无纸化”电子方式、打造“数字化青远”等多项建议，在企业经营管理的各个环节和员工特别是一线船员中彰显出企业文化强大的辐射力和影响力。

2. 不断创新管理文化，为青远文化注入动力

企业管理水平的高低直接决定着企业的生存和发展，也反映着企业文化的生命力。多年来，随着世界航运生产形势的不断发展变化和国家的经济体制改革，青远公司不断吸取国内外先进的经营管理理念，积极推行科技创新和管理创新，尤其是近年来，公司在质量与安全管理、战略管理、信息化建设、财务管理和资金运作等方面都加大了改革前进的步伐，取得了显著的成绩。

管理机制的优劣决定经营管理水平的高低，经营管理水平的高低决定企业的盈利能力。近几年来，公司针对在经营管理中存在的问题，有计划、有步骤地开展了涉及人事制度、机构设置、分配制度等三项内容的企业改革，每年都往前推动一步，主要目的是突出航运重点，精简机构设置，提高办公效率，提高管理水平。在改革过程中，公司以市场为导向，以效益为中心，以管理为重点，通过设立高效精简的机构，提高了对市场的反应速度；通过强化竞争机制，形成科学的用人机制；通过工资分配的杠杆作用，激励和调动员工工作积极性。公司的各项管理职能得到了进一步的理顺，减少了管理的层次，办公效率得到了大幅度的提高，改革取得了较明显的成效。

特别是2003年以来，公司在机关、陆地基层单位和船舶开展了竞争上岗活动，进一步增强了全体员工的紧迫感和危机感，体现了企业鼓励竞争、不断创新的文化氛围，形成了科学的用人机制，大批优秀青年人才进入领导岗位，为青远的发展注入新鲜的血液和活力。

不断创新、优化的管理环境，不但转变了员工观念，激发了员工潜能，提高员工素质，营造公司团队协作氛围，也进一步提升了青远文化的执行力和渗透力。

3. 坚持以人为本，加强人力资源管理，增强青远文化的执行力

职工是企业发展的根本，也是企业

文化建设的主体。为此，公司推进以人为本、与时俱进的人力资源开发工程，深化人事制度改革，着力打造合理的人才使用与流动机制，进一步明确了人才队伍建设在企业发展战略中的地位和重要性，并相继修订和出台了14个有关配套文件，使公司在人才工作的观念、措施和机制等方面实现了新的突破。

公司以“双百人才工程”推进为契机，将企业对职工的培养方向与职工个人的“职业生涯设计”紧密结合，积极营造“理解人、尊重人、关心人”的人才工作氛围，为每个职工设计了“职业生涯设计规划”，按照“经营型、组织型、专家型、操作型”的发展方向，制定出科学的人才发展规划，提高了人力资源的利用率，使广大职工尤其是青年职工在企业中找到自己的坐标。

致力于创建学习型企业的目标，按照国资委和中远集团“职工素质建设工程”要求，公司把对职工的终身培训作为重要的战略构想，倾力培育勤能、专业、一流的人才队伍。员工从入职开始就一步步接受各种有针对性的培训，从对新员工开展岗前培训，对换岗的员工开展岗位培训，到对青年和船舶领导开展创展训练等，每年举办各类培训班20多期，定期举办各类大型讲座，并定期选派优秀人才出国培训学习。公司用于培训方面的费用每年达几百万元，且一直呈递增趋势，以公司党校、团校为阵地，职工培训形式也不断创新。目前，青远公司已拥有高级船长、高级轮机长、轮机长等高级专业人才534人。

“以人为本”和对职工的情感管理，形成了弘扬正气、求真务实、敬业高效，紧密协作的工作作风，激发了全体船岸职工参与企业生产经营的自觉性、主动性和积极性，有效推动了青远的健康持续发展。

4. 关怀职工，构建“和谐青远”，增进青远文化的凝聚力

开展凝聚力工程是青远增强企业凝聚力、加强企业文化建设的重要措施。做职工的靠山，解职工之困，这又是公司凝聚力工程永远不变的航向。青远公司坚持“全心全意依靠职工办企业”的方针，想职工之所想，急职工之所急，在工资奖金、住房补贴、养老医疗保险等方面提供切实保障，赢得职工的信赖和支持。公司积极开展“送温暖”工程，在点滴小事中把真情与温暖送进了青远职工的千家万户。每年，公司领导都会分成不同的小组，分赴不同的地区和岗位，向困难职工家庭、坚守在一线的船员职工送上问候和祝福。2003年，公司在实施《职工应急互助基金使用及管理办法》、《献爱帮困基金会章程》的基础上成立献爱帮困基金会，对困难职工和受灾船员家庭进行慰问并发放慰问金，全年就走访慰问226户家庭，慰问船舶102艘次，发放困难补助8万多元，应急互助基金42万多元，献爱基金24万多元。2005年，公司更是结合企业实际，提出了构建“和谐青远”的目标。按照“五个都要有”的要求：困难职工生活都要有保障；困难职工的子女都要有学上；困难职工的子女都要有工作；患病的困难职工都要有救治；孤寡老人都要有抚养的总体要求，组织了大规模的省外贫困职工家庭走访慰问工作，帮助他们解决实际困难，取得了良好的成效。公司还精心制作了凝聚力工程专题片、船员班车观光片，成为青远企业文化宣传的流动风景线，图文并茂地反映了公司近两年来在关心爱护职工、稳定职工队伍等方面所做的主要工作。青岛市总工会、山东省总工会对青远厂务公开、职代会制度建设工作给予了高度的评价。2003年，公司被评为青岛市总工会“职代会建设合格星单位”；2004年，被评“职代会建设先进星单位”；2005年，被市总工会推荐报送为山东省总工会“职代会建设优秀星单位”。

温暖的真情和切实有效的手段让职工自己体会到了“作企业的主人”的尊严和自信，也让职工意识到了作企业的主人的义务和责任，激发起员工与企业同舟共济的情感。每年职工代表大会召开的时候，来自不同岗位的职工代表都以强烈的主人翁意识，积极参政议政，纷纷为企业的改革和发展献计献策。自2000年以来,公司共收到合理化建议877条，征集职代会提案408条，产生经济效益538万元。公司心系职工，情牵船岸，“和谐青远”的构建，激发出强大的凝聚力和向心力，构筑起企业与职工的命运利益共同体。

5. 把握时代脉搏，坚持与时俱进，保持青远文化的生命力

青远经历了从计划经济体制向现代化企业制度的转变，经历了从传统型管理向质量与安全管理综合体系的革新，企业文化建设也密切围绕公司的发展不断创新。在企业精神诞生的20世纪80年代中期，青远人总结创业初期的工作实践，形成了“团结、奋斗、开拓、奉献”的企业优良传统，并在社会主义市场经济的大潮中走向丰富和完善。进入90年代末期，青远开始二次创业，管理模式向质量与安全管理的转轨呼唤着更符合发展要求的企业文化理念的建立，以“诚信、认真、求是、创新”为灵魂的企业文化体系适应了新时期的要求。企业文化核心理念的建立，促进了青远文化的创新。青远公司先后提出了“行舟论”、“互为客户论”、“文化论”、“体系论”等理论，既反映了时代的特色，反映了航运主业发展的要求，也进一步拓宽了青远文化建设的理论视野和实践思路。事实证明，通过企业文化的不断创新，青远的人才、技术、经营、管理机制等各方面优势都得到了有机地融合，有效提升了青远的核心竞争力，保证了企业的持续健康蓬勃发展。

6. 导入CIS，打造形象工程，是开展企业文化建设的重要内容

青远公司抓住时机打造形象工程，塑造了优秀服务品牌和企业形象。根据中远集团CI手册设计的统一要求，青远加强对公司办公用品、建筑、车辆标识等统一规范，将价值观、青远精神、服务宗旨、安全理念等理念系统制作成标牌，下发至机关各部门、基层单位和船舶。公司组织制定了《机关职工行为规范》、《船员职工行为规范》、《陆产企业职工行为规范》，体现了青远的新理念、新服务、新形象。公司还逐步对现有办公环境进行了系统的改善，规范机关员工着装，制作宣传画册、员工手册、船员手册和形象专题录像片等，成为企业对外宣传交流、树立形象的有效工具。

借助新闻媒体，扩大在同行业的影响，提高了公司的知名度和美誉度。加强对企业文化的研讨和总结，定期编辑出版企业文化丛书，为深入建设远洋文化提供理论上的向导。公司十分注重社会形象的塑造，通过组织职工参加青岛电视台“冲击0532大满贯”、“迎奥运，李宁杯知识竞赛”等文化活动，向社会展现了青远职工拼搏进取的良好精神风貌和积极向上、朝气蓬勃的良好企业形象。

7. 注重“三个结合”，强调“四个第一”，突出鲜明的远洋特色

企业文化必须突出行业特色，以个性文化展示企业独特魅力，并以独特的企业文化实现企业差别化战略，提高企业的核心竞争力。

青远注重“三个结合”：紧密结合企业航运主业发展目标、结合公司质量与安全管理体系、结合思想政治工作，强调“四个第一”：坚持把依法抓好安全工作和各项管理基础工作作为检验企业文化建设实效性的“第一着眼点”，体现出行业特色；以广大船岸职工的呼声作为促进民主监督、科学决策的“第一信号”，将企业发展转化为职工群体的共同愿景；以严力宾为青远人的“第一楷模”，持续推进“人才兴企”工程，培养一支敬业爱岗、拼搏奉献的员工队伍；以华铜海精神和船风作为青远船舶及每个单位各项工作的“第一规范”，突出民族精神的导向性，深入开展了远洋特色的企业文化建设。作为大型专业化国际散货运输公司，青远企业文化建设紧紧围绕公司各个时期的战略发展规划，以推动经营管理观念的革新为主线，引导职工在顺境中抓住机遇，加快发展，增强实力以扩大优势，在逆境中稳健经营，坚韧不拔，同舟共济，苦练内功以渡过难关。质量与安全管理体系是青远公司提升管理水平的基本标准和努力方向。管理的规范化丰富和发展了青远企业文化的制度文化，建立了青远的“大航运体系”；企业文化理念的深入人心，又保障了质量与安全管理体系得以有效的实施，形成了广大船岸职工对提升管理水平，推动企业持续、稳定、健康发展的共同追求。企业文化建设与思想政治工作的紧密结合，是国有企业在社会主义市场经济中推进精神文明建设的一大特色。青远把加强职工的企业文化教育培训、文化氛围的营造、文化管理等作为思想政治工作的重要措施，引导广大干部职工以实际行动体现企业文化，把企业发展根植于肥沃的文化土壤，在企业形成了强大的合力和推动力。

二十多年来，青远企业文化以鲜明的时代特点和远洋行业特色、强大的感召力和独特的企业魅力，推动了青远的发展、壮大，得到了国内外各界的认同和赞誉。面对网络时代的来临，电子商务的兴起，现代物流理念的引进，航运市场的风云变幻，青远公司将继续弘扬“诚信、认真、求是、创新”的企业精神，以不断创新发展的企业文化为依托，以打造“数字化青远”和“学习型青远”为契机，提高经营管理水平，提升青远核心竞争力，用饱满的热情和蓬勃的活力，抒写更加辉煌壮美的蓝色篇章！

点评：

“服务客户最优，回报股东最大，”“诚信、认真、求实、创新”。这是青远的企业价值和企业精神。企业文化的根本价值目标是为企业服务。能给客户的最优服务、给股东最大的回报，这是企业的本质价值。还是由这种价值的实现，企业才能最后获取自己的效益，这种价值的实现需要依靠企业的精神去完成。青远的案例启示了企业文化建设的深层次问题。

七、提升科技竞争优势

——三航设计院文化建设实践

三航设计院是一家以港口、交通工程勘察设计为主的大型综合性国家甲级勘察设计院。1992 年以来已连续被建设部评为“中国勘察设计综合实力百强单位”。近年来，在继续保持“上海市文明单位”、“中港集团文明企业”荣誉的基础上，又先后荣获“全国交通系统创文明行业先进单位”、“上海市职工最满意企业”等荣誉称号。

近年来，三航设计院党委从实践

“三个代表”重要思想、贯彻科学发展观、落实“以人为本”原则、促进企业持续发展的战略高度出发，紧密结合承担上海国际航运中心洋山深水港总体设计等重点工程建设任务和科技型企业特点，积极推进企业文化建设，不断营造尊重知识、尊重人才、鼓励创新的氛围，不断完善有利于人才脱颖而出和人尽其才的环境，积极探索科技型企业以人为本、助人成才的新途径新方法，从而为洋山深水港一期等一系列国家和省市重点工程任务的圆满完成提供了重要的思想保证、智力支持和人才支撑。由于紧密结合科技型企业人才汇聚、智力密集的特点，紧紧抓住激活人才这个“第一资源”积极开展针对性强、形式多样、特色鲜明的企业文化建设，因而使“以人为本”原则落到了实处，有力地促进了企业的持续、健康、快速发展。近三年，全院合同额、营业收入指标年均增长率分别达到107.2%和58.7%。连续三届六年荣获“上海市文明单位”称号，连续九次被评为“中国勘察设计综合实力百强单位”。2004年又荣获首次评选表彰的“上海市人才工作先进单位”、“上海市职工最满意企业”和“全国交通系统创建文明行为先进单位”、“中国企业文化建设先进单位”等称号。在落实“以人为本”原则、积极推进企业文化建设的实践中，三航设计院的主要做法是：

（一）制定规划，明确目标，大力加强企业价值观建设

院党委坚持在全院企业文化建设中积极发挥政治核心作用，坚持以价值观建设为核心推进企业文化建设。自2000年以来，院党委把企业文化建设作为一项重要工作列入议事日程，组织有关同志深入基层开展党建和企业文化建设专题调研，结合全院工作实际，制定下发了《三航院2001~2003年党建和企业文化建设规划》，并连续五年分别制定下发《三航院党建和企业文化建设年度实施计划（实事项目）》，每年明确和落实20项重点工作和实事项目。2004年初，院党委又制定下发了《三航院2004~2006年党建和企业文化建设规划》。这些举措有力地指导和推进了全院党建和企业文化建设的深入开展。

2002年2月至11月，院党委在全院广泛开展了征集新世纪“三航院精神”文字新表述活动，通过书面征询、网上征集、专题研讨等活动和两上两下征求全院职工意见，最后由院党政联席会讨论通过并正式确立了“敬业奉献，开拓创新”的新世纪“三航院精神”，并为装饰一新的新

世纪“三航院精神”牌匾举行了隆重而简朴的揭牌仪式。同时还通过《院讯》、院“企业文化网站”等载体作了大张旗鼓的宣传。院还制定印发了《三航院职工道德规范》和《三航院员工手册》，这些都为在全院形成“人人敬业爱岗，个个争作贡献”的良好氛围起到了激励和导向作用。

为了充分发挥局域网在“沟通信息，交流情况，加强宣传，弘扬正气”方面的积极作用，院党委于2002年1月8日，利用全院局域网，建立并开通了“企业文化网站”，设有“三院新闻”、“生产经营”、“企业党建”、“科技动态”、“教育培训”、“文明创建”、“工会工作”、“青年工作”、“规章制度”、“光荣榜”等十个栏目，及时宣传和沟通全院方方面面的工作，受到广大职工的好评。“企业文化网站”还设立并开通了“院领导信箱”（设有密码专线），使全院职工能够通过局域网这一现代化载体，运用具名和不具名的方式对院的各项工作提出意见、建议和参与监督，企业民主氛围不断强化。

2004年6月，院党政制定并正式颁发了《三航院企业文化建设纲要（试行）》（以下简称《纲要》）。这是院党委在大力推进企业文化建设的基础上，经充分征求全院各级领导和网上征求广大职工的意见，最后由院党政审定、颁发的企业文化建设的重要指导性文件。《纲要》由“总则”、“企业精神层文化”、“企业行为层文化”、“企业形象层文化”、“企业文化的实施”和“附则”等六个章节共36个条款组成。《纲要》结合全院的实际，着重就开展企业文化建设的指导思想、建设目标、基本原则、企业理念、企业宗旨、企业核心价值观、企业精神、企业战略目标、企业道德、企业形象标准和企业文化的实施等，分别作了全面的阐述。《纲要》的颁发，对全院企业文化建设深入有效地开展起到十分重要的指导和推进作用。

为了切实加强企业价值观建设，2001年2月以来，院党委坚持以系列主题教育活动为载体，以党员教育管理为重点，切实加强有针对性的企业价值观建设，努力以党员的先进性影响和激励周围员工。2001年2月至9月，针对党员队伍中存在的如何正确处理新形势下利益关系等思想认识和实践问题，院党委在全体党员中开展了“新世纪党员形象大讨论”主题教育活动。在“大讨论”的基础上，经过“五上五下”，五易其稿，形成了“五个一流”（即：坚定信念，思想觉悟呈一流；勤奋学习，业务技能竟一流；开拓创新，工作绩效创一流；牢记宗旨，服务群众争一流；廉洁自律，遵章守纪显一流）为主要内容的《三航院党员行为规范（试行）》，并专门制定了《考核办法》，编印了《三航院党员手册》发给每一位党员。2002年以来，院党委又连续开展"实践'三个代表'，争创'五个一流'"、"学"十六大"报告，学新党章，争做'三个代表'实践者"（即"双学一争"）和"学党史，明责任，永葆先进性"（即"学史明责"）等系列主题教育活动，及时制定了《三航院党员先进性教育主题活动管理条例》，初步建立起了党员先进性教育的长效管理机制。院党委"用《三航院党员行为规范》考评党员的新机制"荣获上海市建设党委2001～2002年度"基层党建工作创新奖"。今年一月以来，三航设计院作为第一批单位之一，在全院党员中认真扎实地开展了以实践"三个代表"重要思想为主要内容的保持共产党先进性教育活动并取得了第一阶段的可喜成果，受到中央督导组和市委领导的高度评价，上海电视台还在黄金时段播出了反映我院以先进性教育活动促重点工程建设的专题片。

（二）以重点工程为载体，紧紧抓住激活"第一资源"，推进企业文化建设，努力加大人才培养力度，积极创造吸引人才、留住人才的文化环境

近年来，我们深切认识到，科技型企业的企业文化建设，必须更加注重以人为本，必须紧紧抓住人才这个"第一资源"。为此，院党政先后制定了《三航院"十五"人才培养规划》等五个规划，提出了建立"三支队伍"、实施"四个一"工程的"十五"人才培养的总体目标并积极加以推进。我们坚持把青年推向重大工程第一线挑大梁。近年来全院已有一批40岁左右的拔尖人才走上了各级行政技术领导岗位，其中新提任的11位年轻的院副总工已成为各专业的学科带头人，年仅36岁的程泽坤博士成为中港集团年龄最轻、学历最高的总工程师。目前，洋山深水港、长江口深水航道整治工程、宝钢马迹山30万吨级矿石码头等特大型工程的项目负责人都是40岁左右的年轻拔尖人才；洋山后续工程、东海大桥以及海港新城物流园区等工程，从项目负责人到各专业骨干大多由20世纪90年代毕业、30多岁的年轻专业技术人员担任。据统计，全院35岁以下的项目负责人达40%，专业负责人占60%以上。全院还为学有专长的青年技术人员设立组建了跨部门、非行政建制的"国际物流研究中心"、"岩土工程研究中心"和"应用软件研究中心"等群众性学术研究团体。

我们积极鼓励职工参加各类继续教育，并在35岁以下青年中广泛开展旨在提高政治和业务素质的"青年职业生涯双导航"活动，并建立了由100余人构成的青年后备人才库。近三年来，全员共有2000余人次参加了继续教育和资质培训，有110人获得了监理、造价、结构工程师及建筑师等各类注册资格，并有近300人次业务骨干赴国外、境外学习考察和业务项目合作，近10名青年被选送国外进修和进行项目锻炼。目前，院在设计主体人力资源中，具有大学以上学历的占90%,其中硕士生、博士生15%，形成了以高级专家领衔，一大批拔尖人才为骨干的高素质人才队伍。

三航设计院积极倡导在尊重人、理解人、关心人的过程中造就人才，把营造环境、优化环境作为服务人才的重要途径，努力营造鼓励人才干事业、支持人才干成事业、帮助人才干好事业的良好环境，激励他们充分发挥聪明才智，使他们充满实现自身价值的满足感、贡献社会的成就感和得到社会尊重的荣誉感。院党政定期表彰"十佳优秀党员"、"十佳先进生产（工作）者"和"十佳青年岗位能手"。对青年技术骨干提供购房无息贷款，建立了补充养老保险基金，对身患重病的骨干人才实行了医疗补贴等。

（三）加强软硬件建设，丰富职工精神文化生活，不断增强企业的向心力、凝聚力

在硬件建设上，三航设计院首先从改善职工的办公环境入手。几年来，已完成了对院属基层单位设计人员办公室大规模地改建和装修，首先给基层员工创造了一个全新的充满现代气息的办公环境，为每一位职工配置了一个卡位、一台电脑和一部电话；其次，引入市场竞争机制，建立了具有音乐背景的三航院食堂，彻底结束了20年没有职工食堂的历史，既给全院职工带来了方便，又进一步提供了领导与职工加强沟通的渠道；其三，还建立了集歌舞、影视、会议为一体的院多功能厅，为职工业余文娱活动的开展创造了必要的条件。2004年初，在少花钱、办好事的原则下，又最后完成了对院机关的改造，既庄重又简朴的办公环境，受到广大职工和外来人员的一致赞许，许多外来人员情不自禁地说："我们一走进三航院，就感觉步入了科学的殿堂"。

三航设计院在软件建设上，注意贴近生活，贴近群众，紧紧围绕经济建设这一中心任务，运用多种形式和载体，开展了一系列旨在凸现企业精神、弘扬先进典型、塑造企业形象、增强竞争力的企业文化建设活动。三航设计院坚持每年利用双休日举办中层干部、政工干部和党员理论培训班，大力普及企业文化理论，坚持用企业精神、企业价值观和企业制度规范等影响人、鼓舞人、激励人，努力把文化力转化为企业的核心竞争力。为了推动企业文化建设的实践，在普及基本理论的基础上，连续五年的院思想政治工作研究会年会都以"党建和企业文化建设"为主题，并将研讨成果汇编成册。

三航设计院结合勘察设计工作特点，积极营造政通人和、宽松和谐、催人奋进的文化氛围。在广大勘察设计人员中组织重点工程实事立功竞赛，开展诸如设计方案汇报比赛、计算机操作比赛和中青年科技论文征集评选赛等群众性活动，每年组织开展以弘扬爱国主义和企业核心价值观为主题的国庆系列活动，每年一次组织由100多位职工利用双休日自愿参加的骑着自行车到上海宝山钢铁总厂等企业文化建设先进单位参观学习活动，还坚持开展“月末俱乐部”活动。连续三年在传统佳节春节到来之际，在上海最高艺术殿堂——上海大剧院等场所成功举办“三航院之夜”、“三航院之声”和“三航院之音”专场新春音乐会，合唱《三航院之歌》。这些深受职工欢迎且具有广泛社会影响的企业文化佳作，充分展示了三航设计院奋发有为、蓬勃向上的文化氛围，也推动了党群、干群关系的进一步融洽。

实践中三航设计院深切体会到，企业文化建设是一个注重实践、与时俱进的过程。作为科技型企业，必须更加注重坚持“以人为本”的原则，必须更加注重企业文化建设的特色和创新，从而使企业文化建设更好地适应形势的变化，更好地切合本地区、本行业、本企业的特点，创造性地坚持“以人为本”的原则并赋予“以人为本”以新的时代内涵和着力重点。三航设计院要努力在邓小平理论和“三个代表”重要思想的指导下，在边实践、边研讨、边总结的过程中，积极探寻和把握企业文化建设的规律，不断增强企业文化建设的针对性、开创性、操作性、有效性。只有这样，才能在构建社会主义和谐社会的新形势下，真正贯彻好“三个代表”重要思想和科学发展观，真正落实和体现好“以人为本”原则，真正有效地推进企业文化建设。也只有这样，才能不断地以文化力打造企业的核心竞争力，以优秀的企业文化促进企业的持续发展。

点评：

科技型企业的企业文化建设确有难度，一是企业的价值目标确立，二是企业文化理念认同度，三是企业文化的影响力。三航设计院作为交通科技型企业，在进行企业文化建设中有成果有特色。他们在党委的统一领导下，把企业文化建设与党建工作紧密结合，取得显著的成效。这一案例很有价值的实践主义。

八、四航崛起的动力之源

——中港四航局文化建设实践

中港四航局在谋划和实现企业的

改革发展事业中，高度重视企业文化建设，并站在企业发展的战略高度，全面深入地推进企业文化建设，经过精心培育整合企业文化理念和全面推进企业文化建设两个阶段的努力实践，初步建立了具有四航特色、富有原创性的四航文化理念体系，取得了一批企业文化建设成果，有力地推进了企业的发展，企业年施工总产值由2002年的10多亿元快速增长到今年的50亿元，投资总额达到35亿多元，企业发展走上了持续健康的轨道。

四航文化，已成为了四航崛起的动力之源。然后，将分成四大部分，详细介绍四航局文化建设历程、四航文化理念体系、四航文化理念贯彻实施、四航文化建设成果。

（一）文化建设历程

四航局的企业文化来源于四航局50多年的发展史和四航人50多年的奋斗史、创业史，并在传承中不断创新、丰富和发展，这使四航局企业文化建设呈现出显著的原创性、传统性特征。根据规划，企业文化建设从1951年建局开始，主要划分为企业文化孕育整合培育、全面推进、完善提高三大阶段。

第一阶段：孕育和整合培育阶段（1951年9月12日至2003年9月14日）。四航局的前身是始创于1951年的中央人民政府交通部广州地区航道工程局。四航局企业文化正是随着四航局创建而产生，并在四航局发展壮大的历史长河中充分孕育，逐步形成了诸如倡导爱国、爱厂、爱护公物和艰苦创业精神等具有施工企业特点的企业文化传统和“四海为家、开拓为志、信誉为上、团结为本”的企业精神，这些宝贵的传统精神绵延传承、不断创新和提升，为四航局企业文化建设工作奠定了良好的文化传统和精神传统。

从20世纪80年代末开始，四航局开始进行了企业文化专题整合培育工作。首先，他们进行了一些文化建设的探索实践活动，积极培育文化理念。如1986年创办企业报《华南港工报》；1989年确立“四海为家、开拓为志、信誉为上、团结为本”的“四为”四航精神；1991年首次创作局歌《四航之歌》；1994年制定职业道德规范和职工守则；1995年确立“优秀的领导形象、优等的员工形象、优质的产品形象、优良的服务形象、优美的环境形象”为“五优形象”；1997年确定“履约信誉好、质量安全好、料机管理好、队伍建设好、环境氛围好、综合治理好”为文明工地“六好”标准；1999年制定“严格管理、信誉为上、信守合同、顾客满意”的质量方针；以及制定颁发员工行为礼仪规范、落实中港企业形象识别系统、修订完善管理规章制度。这一时期的文化建设探索活动比较零散，尚未形成规模体系。因此，四航局认真地将历史上所沉淀的企业文化进行总结、整合，于2003年8月召开了企业文化建设研讨会，邀请广东省企业文化建设知名专家、教授为四航局的企业文化建设献计献策，并通过广泛征求员工意见和认真研讨，推出了企业文化建设初步方案，确定了包括四航企业发展战略目标、四航价值观、四航哲学、四航精神、四航经营理念、四航“五优”形象等文化理念，初步搭建了四航文化的基本架构。

第二阶段：全面推进阶段（2003年9月15日至2006年12月31日）。全面推进企业文化建设是四航局企业文化规范化、体系化建设时期。到目前为止，四航局经历了企业文化全面推进开始年（2003年）、企业文化建设全面推进年（2004年）和企业文化建设全面推进“攻坚”年（2005年）三个年头。

2003年，四航局确立了企业发展战略目标，提出了“111”四航文化体系建设框架，全面启动推进文化建设，有效地促进了四航局由从求生存迈入了谋发展新阶段的战略转变。2002年四航局完成产值仅为17亿元，而2003年的产值任务将要翻番，要达到35亿元。在当时设备、人手不可能大幅度增加的情况下，唯一的方法就是加强文化建设和管理，培育和宣贯四航文化理念，将优秀的四航文化融入员工的工作，通过提高员工的自觉执行力，确保企业各项任务的完成。正是有了正确认识，四航局于9月15日隆重召开了企业文化建设推进大会，对四航局企业文化建设做出了全面规划和部署，并确立了“争港工第一，创建筑一流”的发展战略目标，正式启动四航局文化建设系统工程。随后，四航局印发了首个企业文化建设的纲领性文件——《四航局、四航局党委关于加强企业文化建设的若干意见》，提出了建设“111”文化体系框架，即：

（1）制定一项目标，即制定“争港工第一，创建筑一流”的企业发展战略目标；

（2）贯穿一条以员工为本的主线；

（3）围绕生产经营一个中心；

（4）确立一族文化理念，包括企业价值观、企业精神、企业哲学、企业质量方针、经营理念等；

（5）塑造一种形象，即“五优”企业形象；

（6）锻铸一流工程技术设备品牌；

（7）制订一组规范，指企业和员工行为规范；

（8）完善一套企业管理制度；

（9）运用一批载体，即五个文化建设平台；

（10）培育一批典型，是企业文

化建设的示范单位；

(11) 形成一种机制，即企业文化建设运行机制。

同时，四航局组织了专门的企业文化宣贯小组，由局领导带队，深入到各大公司和全国各地的工地等进行文化宣贯，使四航文化理念逐步深入人心，为大多数员工所认同和接受，并产生了巨大的精神动力。这一年，通过四航文化理念的培育和宣贯及全局热火朝天的劳动竞赛，四航局战胜了困难，胜利实现了35亿元的产值目标。

2004年，四航局着重从诚信教育、“五优形象”建设和示范点创建、编制企业发展纲要等入手，全面推进企业文化建设，初步建成了具有四航特色的企业文化体系。4月，四航局出台了《关于今年全面推进企业文化建设的意见》，对2004年企业文化建设提出要求和做出安排，随后，他们以“四创”企业价值观培育为诚信建设核心内容，大力开展诚信教育。组织了一场以“共铸诚信四航”为主题的演讲比赛，并组成巡回演讲团深入全国各地的工地进行巡回演讲，并邀请业主和地方官员参加。12月，四航局还将这些演讲稿、征集的理论文章和典型案例汇编成《诚信四航》一书、印发给职工学习。诚信教育活动的开展，不仅使职工受到了深刻的教育，也让地方和业主了解了四航局的诚信精神，扩大了四航局在社会上的影响。同时，四航局还注重将企业诚信建设和塑造“五优形象”有机结合，并高起点、有特色地抓好九个企业文化建设示范单位（集体）企业文化建设推进工作。实施方案的制订和落实，积极发挥其排头兵作用，进一步推进全局企业文化建设的深入发展。此外，还对四航局的企业发展战略进行详细规划，于8月正式颁发了《中港四航局发展战略纲要》，明确提出了四航局发展的指导思想、总体思路、近期、中期和远期的战略目标以及相关战略措施，并将四航文化建设纳入企业发展战略。2004年，四航局企业文化建设取得了显著的效果，富有四航特色的企业文化体系初步形成，有力地推动了企业的健康发展。2004年局新签合同额46亿元，总承包产值完成45.1亿元，企业的信誉度不断得到提升，荣获中国建设银行“AAA级信用单位”、国家工商行政管理总局“守合同重信用企业”和“首届全国诚信企业”等多项荣誉称号。

2005年，四航局全面推进文化建设的攻坚年，全局以三大基础文化建设和和谐四航建设为重要内容，不断夯实四航文化体系的基础。企业文化建设工作经过前段时间的实践，成效已初现，但如何卓有成效地全面深入推进企业文化建设，夯实四航文化建设基础，完善四航文化体系，是2005年四航局推进文化建设的攻坚任务。为此，局里决定将全面推进四航局企业文化建设时间由原计划到2004年结束延长至2006年底结束，并出台了《四航局、局党委关于全面深入推进企业文化建设的若干意见（2005～2006年）》，提出经过两年时间进一步全面深入推进企业文化建设，形成比较完善的四航文化体系。明确提出了加强和推进项目文化、安全文化和廉洁文化三大基础文化，并相继出台了推进三个基础文化的指导意见，大力从项目、安全、廉洁三个基础来加固企业文化建设体系，使企业文化建设体系结构更稳更扎实。同时，四航局将打造管理工作品牌、建设和谐四航和举办首届四航文化节作为今年文化建设重要新内容。四航局党委书记梁卓仁最近提出“效益四航、文化四航、亲情四航和绿色四航”新理念，将文化建设与和谐建设融为一体，要求从加强民主管理、加强思想政治工作、实行依法治企、加强企业文化建设，处理好改革发展稳定关系，建立公平机制等六个方面加大工作力度，努力构建和谐四航。2005年，四航局经营生产发展态势良好，年产值将达到50多亿元，企业发展又将再上一个新台阶。

第三阶段根据规划，从2007年1月1日起，四航局企业文化建设将进入完善、提高和深化的阶段。

（二）四航文化理念体系

文化理念是企业文化的精髓，是企业文化的特色所在。四航局的四航文化理念来源于四航、孕育于四航、发展于四航，属于典型的本土企业文化理念和原创企业文化理念。它逐步形成于四航局50多年的漫长发展史，并是由四航人用自己的血汗、智慧和精神创作出来的。

四航局十分重视企业文化理念的总结提炼，2003年就系统地整合了原已形成企业精神、企业职业道德规范和员工守则等企业文化成果，果敢地提出了“争港工第一、创建筑一流”的企业发展战略目标，并以此为核心，经过近一年的实践，在2004年7月确立了15项企业文化理念和标准体系，并以其为主要内容编辑出版了《四航文化手册》。

四航局的四航文化理念体系，是以四航发展战略目标为目标导向，以四航哲学为哲学基础，以四航精神为重要特色，以四航价值观为核心，以一系列文化理念和标准为基本内涵的文化体系，以明显的四航特色构筑了四航局的企业文化体系。

1. 四航发展战略目标——争港工第一，创建筑一流

“争港工第一、创建筑一流”的企业发展战略目标是四航人的理想和目

标，它的提出，振奋了全局，震动了同行，成为指引四航人奋勇前进的旗帜和鼓舞我们争取胜利的号角。它是四航文化理念体系的方向和坐标，它的内涵和要求有四个层面：即精神面貌争第一，社会信誉争第一，管理水平争第一，经济运行质量争第一。

2. 四航哲学——以经济为中心，以效率为生命，以创新为灵魂，以员工为根本

四航哲学是四航文化理念体系的哲学基础，决定了四航人开展各项工作的思维逻辑和价值取向。其中，以经济为中心是指经济工作是企业一切工作的中心和主线，抓好经济工作，推动企业可持续发展是企业的根本任务。以效率为生命，是指效率是企业的生命线，以效率求效益，坚持效率与质量、健康、安全、环保相统一。以创新为灵魂，是指企业的各项工作要坚持在继承中创新，在创新中发展。以员工为根本，就是要坚持把员工的根本利益作为出发点和落脚点，尊重、关心和爱护员工，充分调动广大员工的主观能动性。四航哲学是四航的创业哲学、发展哲学和处世哲学，它决定了四航的企业发展目标、企业精神和企业价值观等其他文化理念和标准。

3. 四航精神——四海为家，开拓为志，信誉为上，团结为本

四航精神充分反映了四航局施工企业的特点和四航人的优秀精神传统，是四航局的宝贵精神财富。其中“四海为家”是四航局企业精神特色的最集中体现，指发扬乐于奉献的精神，哪里有工程就到哪里干；勇于拼搏创业，勇于拓展国内外市场；以人为本，实行人本管理，把基层生产组织建设成为员工之家。“开拓为志”，是一种改革精神和创新精神。“信誉为上”，反映注重信誉和创造信誉的精神。“团结为本”，就是要培育和发扬团队精神。

4. 四航价值观——为顾客创造精品、为员工创造机会、为企业创造效益、为社会创造财富

四航价值观是四航文化理念的核心，是四航文化体系的心脏，它集中体现了四航人的事业观、人生观、文化观，是四航哲学和四航精神在四航价值观念体系的集中反映和具体体现。其中，为顾客创造精品是四航局首要的价值追求，是其他三“为”的基础和前提。为员工创造机会是四航局根本的价值追求。为企业创造效益是四航局生存的基础。只有创造较高的效益，才有可能扩大再生产，走可持续发展的道路，才能改善职工的工作条件和提高他们的生活水平。为社会创造财富，这是四航局追求的社会价值。

5. 基本文化理念和标准

四航局在“两个一”的发展战略目标指引下，以四航哲学为哲学基础，以四航精神为精神特征，以“四创”四航价值观为核心，逐渐形成并最终确立了一系列的基本文化理念和标准。这些基本理念和体系，涉及企业发展、经营生产、人才开发、科技创新、依法治局、职业道德和质量、安全、健康、环境综合管理等方方面面，是影响四航工作执行力的重要理念和标准。它主要包括“做强主业、多元经营、合作共赢、科学发展”的四航发展观；“尊重知识、尊重人才、德才兼备、人尽其才”的四航人才观；“科技为先、追求创新、多出成果、勇于攀登”的四航科技观；“诚信经营、恪守承诺、注重质量、顾客至上”的四航经营道德观；“外讲信用、依法经营，内讲制度、依法管理”的四航依法治企观；“干一项工程、创一个精品、拓一方市场、育一批人才”的四航经营理念和“热爱祖国，忠诚企业；与时俱进，开拓创新；注重信誉，打造品牌；确保安全，文明施工；追崇科技，精益求精；科学管理，提高效益；遵纪守法，团结协作；创建一流”的四航职工职业道德，并派生出“科学管理、持续改进、优质高效、顾客满意、以人为本、健康安全、保护环境、建筑一流”四航管理方针、“优秀的领导形象、优等的员工形象、优质的工程形象、优良的服务形象、优美的环境形象”的四航“五优”形象、“履约信誉好、质量安全好、料机管理好、队伍建设好、环境氛围好、综合治理好”的四航文明工地“六好”标准及“完成任务好、安全生产好、船舶管理好、船容船貌好、文化氛围好、队伍建设好”的四航文明船舶“六好”标准。

四航人认为，四航文化理念体系是四航局企业文化的核心和标准，体现了四航人的时代风范，反映了四航人的可贵精神，是四航人宝贵的文化财富和精神财富。它的培育、宣贯和实施必将为四航人的深化改革和发展战略提供了生生不息的价值导向、智力支持、精神动力、舆论引导和文化支撑，对四航局当前及未来的发展产生了深远的影响。

（三）四航文化理念贯彻实施

企业文化建设的关键在于对企业文化理念的贯彻实施，以建成行之有效的文化体系，形成员工的精神动力和自觉执行力，推进企业的发展。四航局企业文化理念的培育和贯彻实施中，始终坚持“观念决定方向，思路决定出路，细节决定成败”，从四航核心文化理念的培育实践和创新提升入手，开发出了一条以发展观把握方向、以人才观提供动力、以诚信观提升形象、以文化观创建和谐、以法治观保驾护航的“五观”四航文化建设基本之路，为推动四航局做强做大，推进企业文化建设发挥了积极作用。

1. 以发展观把握方向

四航局积极实践“做强主业，多元

经营，合作共赢，科学发展”的发展观，给企业带来了日新月异的变化，主要表现在：

（1）四航局在做专做强水工主业的基础上，积极拓展与水工相关的建设领域，实行水陆并举的经营策略，从过去以港口码头建设为主，发展到码头、桥梁、道路等建设并驾齐驱；从过去以华南地区的广东、广西、海南为主要施工地域，逐步向全国和海外延伸。

（2）四航局投资4亿多元建造或购买了2600吨起重船、93米长桩架打桩船、4000吨浮船坞、8000吨方驳、1000立方米自航开体抛石船等一批大型施工船舶，使施工船舶向大型化和抗风能力强方向发展，从而为经营工作赢得了先机。

（3）四航人积极探索新的经营模式，从单纯的施工总承包向多元化经营方向发展，特别是技术含量高、资金门槛高、管理要求高的方向。如开发了湘潭四桥、陕西省咸阳上林大桥、重庆涪陵李渡长江大桥、广东省广明高速公路BOT项目，总投资35亿多元，作为企业新的经济增长点。

2. 以人才观提供动力

四航局积极实践“尊重知识，尊重人才，德才兼备，人尽其才”的人才观，大力抓好三大开发：

（1）精于政策性开发人才。先后制订了有关人才资源开发规划及相配套制度达10多项。例如，为了解决年轻技术管理人才的住房问题，特别制订了《管理、技术、生产骨干购房贷款贴息管理办法》，平均每年拿出近百万元为职工购房提供帮助，仅2003、2004年就有195名年轻骨干受惠，今年又初步安排了105个名额，此项工作正在推荐评审中。

（2）善于使用性开发人才。四航局为企业每一位员工都创造一种公平的竞争环境，如在青年职工中开展“职业生涯设计”活动，出台了《岗位交流管理办法》，有计划地开展人才交流，实行岗位轮换。

（3）乐于培训性开发人才。四航局对新招聘的人才，都要进行上岗前的培训；进入企业的学生，在见习期内指定有经验的人员作指导老师，帮助他们尽快把理论知识转化为工作能力，过好从学校到社会的角色转换关。正确的人才观，使四航局赢得了人才，赢得了市场，也将赢得未来。2002~2004年，中港四航局先后从大中专院校和人才市场招收、招聘人才达600余人，今年又招聘了200多人。近几年中，一批“跳槽”人员重新归队，为企业的发展提供了强劲的动力。

3. 以诚信观提升形象

四航局对于诚信观的实践，主要表现在建设“诚信四航”和“塑造五优形象”上：

（1）2004年开展了“共铸诚信四

航”教育活动中，组织演讲组从广州到深圳、湛江、海南、漳州等工地，行程数千公里的巡回演讲，起到了较好的“共铸诚信”的效应。

（2）视业主为上帝，对合同负责，对质量负责。比如，2003年在上海承建的两个25000吨级的码头工程，项目部十分重视原材料质量。层层把关，严格控制，整体工程混凝土内实外美，棱角分明，光滑平整。工程荣获上海市“申港杯”优质工程奖。其三不但重合同、守信誉、保工期，而且处处为业主着想，在保证工程质量的前提下，尽最大可能地缩短工期。四航局承建的深圳盐田港三期四个10万吨级集装箱码头泊位的建设任务，根据要求，四年的施工期要压缩为两年，工程质量要达到50年不大修，这是许多行家认为不可能实现的目标，四航人用自己的聪明才智和顽强拼搏的精神使之逐步变成现实，工程于2004年9月全面竣工，创造了我国建港史上的新奇迹。

4. 以文化观创建和谐

四航局积极文化观，主要表现在：

（1）对文化理念的培育、提炼、解释和宣贯，编辑出版了一本富有特色、制作精美的《四航文化手册》，印制了文化理念挂图。

（2）党政工团齐抓共建，精心组织开展了创建文明企业的系列活动，塑造了四航人良好的文明形象。自1995年开始创建各项文明活动以来，局本部及局属单位、项目部荣获省、部、集团级的文明单位、先进单位、“两创一保”（创优质、创效益、保安全）先进单位就有40多个（次）。自1997年开展创建文明工地以来，被广东省、广州市政府部门及有关省市政府部门授予“文明样板工地”“安全样板工地”“安全先进单位”有30多个。建设了一支以局党政主要领导、科技专家、优秀船长等荣获“广东省劳动模范”称号和“广东省‘五一’劳动奖章”为代表的优秀员工队伍。其三，将企业文化建设作为建设和谐四航的重要平台，在全面推进企业文化建设的同时，努力构建和谐企业。

5. 以法治观保驾护航

2003年四航局提出了“外讲信用、依法经营，内讲制度、依法管理”的四航依法治企观，它体现在三个方面：

（1）设立专门的机构，为依法治企提供组织和人才保证。四航局率先将总法律顾问作为局领导班子成员，以便从源头上为企业的决策提供法律支持。并成立以局长为主任，以纪委书记、总法律顾问为副主任的法律事务工作委员会，设立专职职能部门法律事务处，对全局依法治企工作实行领导、组织、协调和指导。

（2）建章立制，实行规范化管理。他们先后制订了《四航局法律事务工作暂行规定》《四航局法律事务处工作规则》《四航局法律事务处基础工作管理细则》及按“三标合一”要求制订《法律法规和其他要求控制程序》等项制度，实行全方位、全过程和全员的依法管理，有效地堵塞了合同漏洞，规避了法律风险，规范了管理行为。2003年全局共发生诉讼案件27件，同比下降43.6%；全扭转了起诉、应诉均不能胜诉的被动局面，共为企业避免经济损失554万余元。

（3）坚持一诺千金，反对背信弃义。凡与业主和顾客签订的各类合同，做出的承诺，尤其是承包合同规定的工程质量、安全生产及施工进度和期限都做到承诺兑现。大多数工程从合同签订后，就加强合同全过程的管理，为业主提供优良服务，决不容许有违反合同规定的背信弃义行为发生。即使在施工中遇到意外的困难，都千方百计确保履行合同。近几年来，合同履约率和投诉整改率均为100%。

（四）四航文化建设成果

企业文化也是生产力，四航局对这一理论实践的效果可谓是立竿见影，成效显著。四航人花大力气搞企业文化建设，也尝到了文化建设的甜头，取得了文化建设的丰硕成果。

1. 形成了文化建设的良好氛围，建立了富有特色的四航文化体系

通过对四航文化的培育、整合、宣贯和实践，四航局广大员工对企业文化建设的重要性达成了共识，“四航局要建设企业文化”已成为广大员工的共识和迫切要求。在这种良好氛围下，四航局全面推进企业文化建设有声势、有思路、有方法、有载体，成功地建立起以15个文化理念为基本内涵的，有四航特色、有四航风格、有四航气派、有四航风采的四航优秀文化体系，从过去主要着重于精神层面的文化建设，发展成为物质层面、精神层面和政治层面的四航大文化建设，走出了一条大型国企以文化建设推进企业发展的新路子。

2. 提升了企业的凝聚力，推动了企业的快速发展

四航局企业文化推进大会召开以来，确立了以“争港工第一、创建筑一流”企业发展目标为核心的四航文化理念，鼓舞了四航人的斗志，提升了企业的凝聚力。广大员工团结协作、奋力拼搏搞好经营生产，企业各项管理工作得到加强，全局各项经济指标连续创历史新高，企业发展不断上新台阶。前些年，四航局连续多年总产值在14~15亿元徘徊，自2002年起总产值快速增长达到17.7亿元，2003年实现总产值翻一番达到35.5亿元，2004年总产值突破45亿元，再创历史新高，2005年将跃上50亿元的新台阶。这些闪亮的数字是他们讲文化建设、实践文化建设的结果，是企业文化建设带来的生机和活力。企业文化建设给四航局带来了实惠，带来了四航经济的腾飞和崛起，将四航局推进了迅速发展的快车道。

3. 塑造了一批品牌工程，提升了企业的竞争力

四航文化理念激励着四航人脚踏实地，奋力拼搏，科学管理，精心施工，打造精品，树立品牌，实现了合同履约率达到100%，投诉整改率为100%。尤其是工程质量和施工工期的兑现，使大多数工程都优于合同规定，使一大批工程荣获国家、省（部）级优质工程奖项：深圳盐田二期水工工程获中国建筑工程鲁班奖；澳门国际机场人工岛工程和新沙港6-10号泊位分别获第二、第三届詹天佑土木工程大奖；黄埔港洪圣沙水转水码头和广东沙角电厂A厂码头、广州市内环路主线桥梁工程获国家优质工程银质奖；广州市珠江隧道黄沙段获中国市政工程金杯奖；广州人民南高架桥、湛江港一区南一期工程、深圳蛇口招商局二突堤码头、深圳妈湾电厂煤码头、广州海印大桥北引桥、广州文冲船厂15万吨级修船坞等工程获交通部优质工程奖；并有40多项新技术、新工艺成果获国家、部、省奖励。尤其是，近年来，四航局将诚信建设和塑造“五优形象”有机结合起来，打造了一个个诚信品牌。例如，深圳盐田港三期工程高质量高速度地提前两年完成四个10吨级集装箱泊位，工程质量达到50年不大修的先进水平；广州港南沙港区赢得了广州市政府和业主的高度评价，受到市府的通报表彰；上海孚宝化工码头工程被誉为讲诚信的样板工程，获得了申港杯奖。

4. 加强了对外文化交流，提升了知名度

为了加强对外文化交流，提高知名度所做工作包括：

（1）对外宣传报道得到切实加强，及时宣传报道如2600吨起重船“四航奋进”号移交投产、盐田港、南沙港的建设、宁波大榭项目、广明高速公路BOT项目等工作亮点，扩大企业的影响。近两年中，每年都有120篇次左右的文章、新闻在中央电视台、《人民日报》等中央和地方的报刊杂志、电视台刊播。同时，加强了《华南港工》报和四航局外部网站建设，积极对外宣传企业的形象。

（2）积极参加社会上的一些企业文化建设活动。如2004年11月在北京召开的首届中国企业文化论坛、2004年12月在广州召开的中国企业文化国际论坛、今年1月在广州召开的广东省思想政治工作研究会第十一次年会暨“企业文化建设与文化大省建设研讨会”、交通部政研会工程分会第十七次会议等，通过交流和学习，扩大了企业的影响，也促进了自身的文化建设。

（3）2003年和2004年，四航局两度组队参加全省十六大知识竞赛和“三树立、五落实”知识竞赛，分别获得了二等奖和三等奖的好成绩，是全省唯一两度进入决赛的企业。广东卫视台每次都录像播放达50分钟以上，使四航局在社会上的知名度大大提高。

5. 赢得了广泛的社会荣誉，树立了良好的企业形象

四航局企业文化建设获得了上级授予的许多荣誉。2002年以来，局先后获得了“广东省思想政治工作优秀企业”、“广东省企业文化建设先进单位”，“广东省直属机关先进基层党组织”、“全国模范职工之家”、“全国诚信企业”等一系列荣誉称号。局党委被评为局长陈奋健被授予“全国优秀企业家”称号；原局党委书记沈长林荣获了“广东省五一劳动奖章”。四航局还荣获全国工商总局授予“重合同、重信誉企业”称号，获得中国建设银行AAA资信等级。

6. 生产了一批丰富的文化成果，承载了四航文化的生命力

四航局企业文化建设实践过程形成了一批丰富的文化产品和文化成果。主要表现是：

（1）在实践过程制订出台了一系列文化建设的规划、制度和办法，指导和规定了四航局企业文化建设的实践。

（2）在企业文化建设宣贯和推进过程中，推出了一批企业文化建设的载体和成果，成为了四航局企业文化建设的宝贵财富。如编印了《风雨历程——中港四航局发展史（1951~2001年）》、《四航文化手册》（宣传手册和挂图）、《企业文化简报》、《四航局大事记》、《诚信四航》、《局经营宣传画册》、《四航局企业文化建设大事记》等；重新创作并发布了局歌《四航之歌》；拍摄编辑了电视专题片《中港四航局》和深圳盐田、伤害孚宝、广州南沙等项目专题片；改版了中港四航局外部网站，在局内网创办了《四航文化网页》和党员先进性教育栏目等等。

（3）企业文化建设融入党员先进性教育及和谐四航建设，积极打造了一批党员先进性教育活动、企业文化建设活动及和谐四航建设的品牌。如在星海音乐厅举办2004年新春音乐会、2005年5月和广州市文联联合举办“一家亲”艺术团慰问南沙港区建设者文艺表演、2005年6月举办全局范围的“党员先进性教育和四航文化知识竞赛”、耗资60万元将在广州市中山纪念堂举办首届四航文化节联欢晚会等系列活动；向印度洋海啸灾区捐款50万元，捐款

30万元援建广西百色希望小学以及捐款10万元对广东阳江河洞扶贫。

四航人体会到，四航局企业文化建设能顺利进行并较快取得良好成效，基本的经验是企业各级领导高度重视文化建设工作，积极抓好了企业文化建设的五个平台建设，并根据企业发展形势和企业文化体系建设的实际需要，大胆创新思路、创新方法、创新载体，开拓出了符合四航局实际，体现四航局特色的四航文化建设之路。

点评：

企业文化的个性化是企业和文化建设的质量体系。没有个性化就没有质量，这是企业文化建设的普遍规律。中港四航局还是在寻求企业文化建设的个性化上，形成了自己企业文化的核心理念：为顾客创造精品，为员工创造机会，为企业创造效益，为社会创造财富。这种个性化比较完整的企业文化核心理念的表述很有实践意义。

九、交通企业永恒的课题

——大庆石油运输公司文化建设实践

大庆石油管理局运输公司成立于1960年3月。现有职工1633人，拥有各种活动设备1160台，下设6个专业化运输分公司、47个基层队，具有全国道路货物运输一级资质和国际道路运输许可证，可从事国际国内货物、危险货物道路运输业务，平均日行程约30万公里，年行程达4500万公里以上，已通过QHSE“四位一体”管理体系认证审核，获质量、环境和职业安全健康体系三个认证证书。公司成立40多年来，广大干部职工自觉发扬大庆精神、铁人精神，大力弘扬“硬骨头”精神，当先锋、打头阵、拉重载，累计行程10亿7千万公里，为大庆油田的开发建设和社会发展做出了突出贡献，先后13次被油田会战工委和管理局授予安全生产先进单位和金牌单位。2004年8月，大庆石油管理局按照“三转一调整”总体部署和集团化、专业化运作的具体要求，对运输公司进行了战略重组。重组以来，我们以打造平安企业为目标，以中国石油天然气集团公司开展的“安全环保年”系列活动为载体，进一步规范安全管理，强化交通安全专项整治，经过全体职工的共同努力，2006年度再次获得大庆石油管理局“安全生产、文明生产”金牌单位称号。

（一）在夯实基础上下工夫，实施安全过程控制

作为专业运输公司，公司清醒地认识到，道路交通安全事关人民群众生命财产安全，直接关系到企业的稳

定与发展。基础不牢，地动山摇。为此，公司以“强三基、反三违”为主线，不断夯实安全基础工作。

1. 强化“三基”工作，配齐设备设施

重心向下，关口前移，变事后处理为事前预防，是安全管理的重大转变。而事前预防的关键是抓好基础和基层工作。因此，公司以“三基”工作为总抓手，不断完善和提升“三基”工作的内涵和标准，规范基础管理，加大资金投入，增加设施设备，为安全工作提供保障。首先，公司以全员素质提升工程为载体，按照QHSE管理体系要求，分期分批对驾驶员和安全监管人员进行业务素质、企业文化、服务理念、安全法律法规知识培训，使干部职工真正树立起“安全第一、预防为主”的思想。其次，制定各种突发事件应急预案，并定期组织应急演练，提高应急救援能力，使公司的应急救援体系得到不断完善。再次，公司重组三年来先后投资上千万元，用于设备安全技术改造，使设备的安全性能得到有效保障；投资350多万元，用于购置安全消防设备，确保安全消防设施常备有效，提高了公司的抗风险能力。

2. 突出典型示范，促进基层建设

公司的“硬骨头”十三车队是一支具有优良传统的运输车队，自1964年被原石油工业部命名为“硬骨头”车队以来，一直以“当先锋、打头阵、拉重载”享誉油田内外。重组以来，在公司的领导下，十三车队干部职工在坚持优良传统的基础上，创新了车队三级管理（即队干部承包班组，班组长承包驾驶员、驾驶员相互监督）、“135”带队跟班制（即一台车执行任务，派党员或素质全面的驾驶员；三台车执行任务，派班组长带队；五台车以上执行任务，由队干部带队）等安全管理方法，连续多年实现安全生产无重大责任事故，已获得大庆石油管理局授予的“安全生产二星级车队”荣誉称号，树立了新一代运输人的品牌形象。公司及时总结了十三车队的成功经验，并在全公司进行推广，发挥了典型的示范引领作用。2006年，公司有四个基层车队荣获大庆石油管理局“星级车队”称号，运输二分公司被整体评为“星级分公司”，并涌现出一大批先进班组和先进个人，有力地促进了公司的基层安全建设。

3. 抓住关键环节，实施过程控制。

在交通安全管理上，公司坚持狠抓责任落实，狠反“三违”行为。在急、难、险、重任务面前，要求领导干部深入一线盯关键，并在基层车队设专职安全监督员，重点加强对交通运输关键环节和过程的控制，确保各项生产任务的完成。去冬今春，东北地区普降大雪，道路运输风险极高。但公司担负的从大庆到海拉尔和蒙古国塔木察格地区的钻井队、地震队的搬迁以及钻井、物探、固井、压裂所需物资的运输工作，事关塔海石油会战的成败，必须如期完成。在长达1700余公里的运输线上，无论是爬行小兴安岭的盘山公路，还是穿越塔木察格的茫茫雪原，公司领导都亲临现场，安排专人查路选线、制定应急预防措施，鼓励驾驶员克服困难，确保行车安全。经过全体参战职工的顽强拼搏，安全优质地完成了12次大型钻机的长距离搬迁任务，行程达100万公里，为塔海石油会战做出了突出的贡献，得到了会战前指的高度赞扬。

（二）在规范管理上下工夫，打造安全长效机制

俗话说，没有规矩，不成方圆。几年来，公司不断加强安全制度建设，进一步完善制度体系，提高规范管理水平，全力打造安全管理的长效机制。

1. 加强监督检查，提高管控能力

管理措施、规章制度，重点在落实，关键在考核，成效在兑现。公司在中国石油天然气集团公司开展的“安全环保年”系列活动中，按照上级安全组织的要求，在公司内部严厉查处违法违规行为，不断加大安全生产监督检查和考核评比的工作力度。今年以来，全公司现场查处违规人员121人次，罚款26719元，并在每月一次的经营考核中对所属单位安全考核扣分25.8分，折合金额4万余元。通过监督检查力度的进一步加大，广大驾驶员依法行车的意识得到了进一步提高。

2. 突出管理重点，解决工作难点

为进一步做好道路交通安全工作，确保道路运输平安畅通，公司始终坚持：驾驶员安全意识、安全能力达不到规定要求不准上岗出车；车辆安全部件和安全技术性能达不到国家标准不准派出执行任务。特别是近几年来，全国范围内危险品运输泄漏或爆炸事故不断发生，给人民的生命财产带来了极大的损失。为此，公司进一步规范危险品运输安全管理，建立健全危险品专业运输规章制度，健全危险品运输车辆台账，掌握所运危险品的理化特性，建立危险品运输应急预案，并严格执行专用停车场规定，确保了化学危险品运输无事故。同时，公司还针对钻机搬迁存在超限问题的实际，研制了昼夜通用，可折叠、伸缩的超限警示用具，并在长途搬迁过程中合理避开繁华地段和交通高峰期，会同用户安排专人押运，确保安全行驶。通过上述措施的实施，使交通事故起数、伤亡人数和经济损失呈逐年下降趋势。今年以来，三项指标同比分别下降了5%、7%和6%。

3. 完善责任体系，健全长效机制

根据油田运输企业的生产实际，公司不断修订完善《运输公司安全环

保管理办法》等规章制度，以提高制度体系的可操作性，形成对全体干部职工的有效约束。公司还将上级下达的安全环保管理指标细化分解到所属各单位，逐级签订了《安全环保责任状》，并与所有岗位操作人员签订了《安全、环保、职业健康协议书》，形成了人人肩上有责任、个个头上有指标的安全责任体系，强化了干部职工对自己负责、对家庭负责、对企业负责、对社会负责的责任意识。同时，经过不断探索与实践。逐步建立健全了"安全责任目标管理机制"、"安全教育培训机制"、"安全预测预警机制"、"班组安全建设自控机制"、"安全监督管理、考核奖惩与责任追究机制"和"突发事件应急救援响应处置机制"等安全管理机制，使安全管理工作在机制上得到有效保证。

（三）在地企合作上下工夫，共建良好平安环境

实践使公司体会到，要确保交通安全，打造平安企业，就必须在狠抓自身安全管理的同时，加强地企合作，搞好地企共建，共建良好平安环境。

1. 在培训教育上合作，提高干部职工的安全素质

在公安部开展的"五进"宣传活动中，为营造公司良好的安全氛围，提高干部职工的安全意识，公司加强与地方交管部门在安全培训教育上的合作，邀请地方交管部门的道路安全管理专家，到公司公司指导安全培训教育工作，宣讲交通法律法规，剖析交通事故案例，使公司干部职工受教育面达90%以上。通过教育学习，使"人人为安全、安全为人人"的思想更加入脑入心，干部职工的安全素质得到了明显提高。

2. 在交通运行上合作，确保道路运输的平安畅通

由于公司经常执行大型设备的搬迁任务，这给道路交通安全带来了更多的风险和更大的考验。特别是在大型钻机的搬迁过程中，由于一些设备设施无法拆卸，运输中存在着货物超宽、超长、超高等问题，公司积极与交管部门沟通，共同研究解决办法。并根据运输线路的不同，对全程进行提前规划、设计，协调沿途交管部门在一些高风险路段设置临时指挥岗，必要时出动警车帮助疏通线路，保证畅通，有力地保证了钻机长途搬迁任务的顺利完成。

3. 在硬件建设上合作，提升宣传教育的综合效应

为提升公司的安全建设水平，公司通过与大庆市交警支队共同磋商、调研，并在其指导下，建立了大庆市第一家功能先进的交通安全宣传教育基地。此项工程分三期建成，现已完成一期工程建设，正在筹备模拟驾驶、事故体验和驾驶适应性检测等二期工程设施的建设。整个宣教基地占地面积3000多平方米，分为标志标线展区、交通肇事车辆展区、多功能展厅、驾驶技能鉴定四个展区。在多功能展厅配备了国内最先进的LED智能化荧幕以及模拟事故过程系统、室内电子监控系统，可同时容纳200人观摩学习。这一地企共建成果，填补了大庆市在这一领域的空白，不仅为公司职工的安全教育培训提供了保障，也为全市广大驾驶员营造了一个接受安全教育的场所。

（四）在提档升级上下工夫，建设特色安全文化

安全文化建设是通过创造一种良好的安全人文环境和和谐的人、机、环境关系，发挥其激励和约束功能，对人的不安全行为进行控制，以达到减少人为事故，保护职工身心健康，实现安全生产的目的。为此，我们在安全文化建设的提档升级上下工夫，努力构建具有运输特色的安全文化体系。

1. 构建安全文化建设的物质基础

几年来，公司不断加大投资力度，进行车辆更新，开展尘毒治理，改造车容车貌和工作场所；建立了交通安全宣传教育基地和GPS导航监控中心；开发了“运输企业生产管理信息系统”软件；在基层单位开辟安全文化活动室，购买了安全宣教挂图和安全书籍，在作业场所设置安全警示标识，构建了较为完备的安全文化物质基础。特别是交通安全宣传教育基地和GPS导航监控中心的建立以及“运输企业生产管理信息系统”软件的开发应用，使公司形成了教育培训、组织管理、监督控制三位一体的安全管理模式。

2. 构建安全文化建设的观念体系

公司始终坚持“以人为本”、“一切事故都是可以控制和避免的”、“安全就是生命、安全就是幸福、安全就是效益”的安全管理理念，不断培育全体职工牢固树立“安全第一、预防为主”的思想观念；“重视生命、全家幸福”的情感观念；“遵法驾驶、文明行车”的行为观念；“优质、诚信、安全、快捷”的服务观念。初步构建了公司的安全文化观念体系。

3. 构建安全文化建设的行为体系

公司按照决策层、管理层、操作层三个层面，制定了相应的行为准则。决策层牢固树立“以人为本”的安全理念，一切以职工的生命和健康为重，坚持中国石油天然气集团公司的“五严”（安全思想要严肃，安全制度要严谨，安全组织要严密，安全管理要严格，安全纪律要严明）安全方针，抓好本质安全；管理层牢固树立安全就是效率、安全就是效益的思想，落实安全责任，杜绝违章指挥；操作层牢固树立珍惜生

命、重视健康的安全理念，狠反“低标准、老毛病、坏习惯”，杜绝违章操作，做到不伤害自己、不伤害他人、不被他人伤害，努力实现“零违章、零事故、零伤害”的安全管理目标。

4. 构建人性化管理、亲情化关爱的管理模式

公司在厂区设置以亲情提示、漫画解读、安全全家福、安全知识窗等为主要内容的安全文化长廊，让易懂、易记的安全提示语和醒目的事故案例图片形成强烈的视觉冲击，提醒职工时刻注意安全。采取给职工家属发送慰问信、到职工家中走访、给职工过生日、邀请职工家属参加安全管理座谈会等形式，发挥家庭“警察”作用，从家庭情感的角度引导职工自觉做到安全生产。针对单车作业通信困难的实际，按岗位配备了手机，并坚持在异常天气和节假日期间，通过短信平台向职工发送诸如“能见度低，注意瞭望”、“雪天路滑，减速行驶”、“节日快乐”等温馨提示和祝福信息。在车上配备电加热椅垫、凉垫等劳保用品，改善了驾驶员的工作条件。组织工、青、妇群众组织，定期帮助驻外职工解决家庭困难。亲情化的管理，使每位职工及职工家属都主动参与到公司的安全文化建设中来，形成了“遵法守规安全光荣、违法违规肇事可耻”的良好道德风尚，实现了由“要我安全”到“我要安全、我能安全”的转变。

点评：

安全是企业的永恒课题，安全管理需要认同，安全管理的核心是人的安全行为和物的安全状态、持续性、良好性，安全管理本身既是企业文化的主要组成部分，部分企业提出企业的安全文化很有价值。大庆石油运输公司提出的以人为本的安全理念“人人为安全，安全为人人”集中体现了交通企业自身安全与社会公众安全的双重属性。这一案例值得关注。

后记

企业文化是企业的灵魂。

1998年经济学诺贝尔奖得主阿马蒂亚•森提出“企业文化和经济伦理在下一个10年将成为企业兴衰、国家经济振兴与否的关键因素”。近10年来的经济实践充分证实了，这位诺贝尔奖得主的预言。美国兰德公司、麦肯锡公司、国际管理咨询公司通过对全球增长最快的30家企业的跟踪后，联合撰写了《关于企业增长的研究报告》，其最后一段话强调指出：“世界500强胜出其他公司的根本原因，就在于这些公司善于给他的企业文化注入活力，这些一流公司的企业文化同普通公司的企业文化有着显著的不同，它们最注重四点：一是团体协作精神；二是以客户为中心；三是平等对待员工；四是激励和创新。凭着这四大支持所形成的企业文化力，使这些一流公司保持百年不衰。在大多数企业里，实际的企业文化同公司希望形成的企业文化出入很大，但对这些杰出的公司来说，实际情况同理想的企业文化之间关联却很强，它们对公司的核心准则，企业价值遵循始终如一，这一理念可以说是世界最受推崇的公司得以成功的一大基石”。一位国内500强企业的总裁是这样认识企业文化重要性和企业需求的：“一个企业面对的很大挑战，就是每个人的经历和经验都不一样。如何结合每个人不同的经历，把它作为企业的财富，唯一的方法就是加强企业文化建设与管理。”如果企业文化不统一，每个人又有不同的性格和不同的经验在具体执行过程中就很难把所有人的力量凝聚在一起。如果有一种更高的理想和愿望，就可以把个人的东西融合在更大的大地之中。否则，就可能使发展受到非常大的局限。

作为一个企业，最重要的是让员工都能忠于企业的价值理念。企业的行为、员工的行为都以企业的灵魂为准则；企业的行为要体现企业家符合企业实际情况意志思想，这一切都是企业文化内含和企业文化行为。在企业的实践中，企业文化有着非常重大的意义。

随着全国企业文化建设浪潮的推进，全国交通企业也在思考企业文化与本企业的生存与发展问题。他们有的是寻找专家和专业企业文化咨询公司帮助，建立本企业的企业文化，有的是自己建立本企业的企业文化系统，在这个过程中就涌现出了像招商局、天津港、一航局、邯郸交运、青岛交运等一批企业文化建设有成效的企业。但就全国交通企业来看，企业文化建设其规范性、特色性、绩效性、广泛性都存在一定问题。

本书编写的目的，在于从企业文化实务的角度，为交通企业提供一些理念方法、核心内容、成效企业案例，以及交通企业文化案例，以作为交通企业文化建设的参考。在此感谢招商局、天津港、青岛交运集团、西汉高速、广州北环、中国船级社对企业文化研究工作的大力支持，感谢国务院发展研究中心林泽炎博士为本书作序。愿本书能给大家带来一点启示。

参考文献

1.张德，潘文军.企业文化.北京：清华大学出版社，2007.

2.挨德加·H·沙因.企业文化与领导.北京：中国友谊出版公司，1998.

3.挨德加·H·沙因.企业文化生存指南.北京：机械工业出版社，2004.

4.刘光明.企业文化.北京：经济管理出版社，1999.

5.彼得·德鲁克.创新和企业家精神.北京：企业管理出版社，1989.

6.威廉·大内.Z理论——美国企业界怎样迎接日本的挑战.北京：中国社会科学出版社，1984.

7.罗长海.企业文化学.北京：中国人民大学出版社，2006.

8.Peters T，Waterman R.H.追求卓越.北京：中央编译出版社，2003.

9.加里·胡佛.愿景.北京：中信出版社，2003.

10.魏杰.企业文化塑造.北京：中国发展出版社，2002.

11.张德，刘冀生.中国企业文化——现状与未来.北京：中国商业出版社，1991.

12.张云初，王清，陈静.让企业文化起来.北京：海天出版社，2003.

13.刘大星.共同愿景.北京：北京大学出版社，2004.

14.温德诚.精细化管理.北京：新华出版社，2005.

15.林泽炎.转型中国企业人力资源管理.北京北京：中国劳动和社会保障出版社，2004.

16.刘理辉.组织文化度量模型的构建与应用研究，清华大学博士论文，2005.

17.李宗琦，李和仁.全国交通行业企业文化优秀成果汇编，2006.